普通高等教育计算机专业“十四五”系列教材

Java程序设计教程

主　编 宋笑雪　葛　萌　欧阳宏基
副主编 陈　伟　张　伟

图书在版编目(CIP)数据

Java程序设计教程/宋笑雪,葛萌,欧阳宏基主编. —西安:西安交通大学出版社,2022.7(2024.7重印)

ISBN 978-7-5693-2660-4

Ⅰ.①J… Ⅱ.①宋…②葛…③欧… Ⅲ.①JAVA语言-程序设计 Ⅳ.①TP312

中国版本图书馆CIP数据核字(2022)第109934号

Java程序设计教程
Java Chengxu Sheji Jiaocheng

主　　编　宋笑雪　葛　萌　欧阳宏基
责任编辑　郭鹏飞
责任校对　王　娜

出版发行　西安交通大学出版社
　　　　　(西安市兴庆南路1号　邮政编码710048)
网　　址　http://www.xjtupress.com
电　　话　(029)82668357 82667874(市场营销中心)
　　　　　(029)82668315(总编办)
传　　真　(029)82668280
印　　刷　西安日报社印务中心

开　　本　787 mm×1092 mm　1/16　**印张** 22.875　**字数** 557千字
版次印次　2022年7月第1版　2024年7月第2次印刷
书　　号　ISBN 978-7-5693-2660-4
定　　价　56.00元

如发现印装质量问题,请与本社市场营销中心联系。
订购热线:(029)82665248　(029)82667874
投稿热线:(029)82669097　QQ:8377981
读者信箱:lg_book@163.com

前　言

引导部分本科高校向应用型转变是国家重大决策部署，是高等教育结构调整的重要内容，但是在普通本科向应用型本科的大规模转型发展过程中，缺乏合适的教材成为制约应用型本科院校发展的重要因素。本书作者均为应用型本科高校教师，长期从事Java课程的教学与实践，对应用型本科院校的基本环境、学生特点非常了解，并在上海、西安等软件公司从事过软件开发，具有丰富的Java教学及软件开发经验，能够在教学过程中有针对性地设计相关教学案例。

全书共分12章，内容涉及Java语言基础、程序流程控制、类与对象、抽象类与接口、常用类、数组与字符串、集合框架、Java异常处理机制、图形用户界面程序设计、IO操作、JDBC数据库编程、多线程等。

第1章介绍Java语言的发展、特点、运行平台等基本知识。第2章介绍Java程序的基本流程控制，包括Java语法、分支结构、循环结构。第3章介绍类与对象的概念、创建和构造方法等，使读者对类与对象的概念有初步的理解。第4章介绍抽象类与接口的基本概念及使用方法，并结合实际应用场景，对抽象类和接口的使用进行了分析。第5章介绍数组与字符串的基本概念及使用方法。第6章对Object类、Date类、Calendar类、Random类、Math类等常用类进行了介绍。第7章为Java异常处理机制相关内容，对异常的体系结构，try、catch、finally关键字的使用，异常抛出等进行介绍。第8章介绍了集合框架的基本概念及Collection接口、Set接口、Map接口等的基本使用方法。第9章对图形用户界面进行讲解，包括各种组件、布局管理器、事件监听器等的介绍。第10章介绍File对象及输入、输出流。第11章介绍JDBC的基本概念、体系结构，对Connection、ResultSet等接口的常用方法进行讲解，还介绍事务及元数据的基本概念及使用。第12章介绍线程的概念、调度和控制、实现等相关内容。另外，每章配有大量的习题，便于教师进行讲练结合教学。

本书的特点主要体现在以下几方面：

(1)对Java知识体系进行了合理规划，知识模块衔接紧密。

(2)内容丰富、覆盖面广。从类到继承再到模板，直至标准模板库以及输入/输出流，系统叙述了Java语言的特性和Java的编程思想。

(3)案例丰富、有趣，贴近生活。所设计的案例有的便于学生掌握各个知识点，有的能综合应用各章所学知识点。案例均来源于生活，鲜活生动，能调动学生的学习积极性，使学生快乐编程、快乐学习。

(4)引入Java新增加的内容。

(5)注意培养学生良好的程序设计风格，依据行业中的编程规范展现案例。

(6)本书提供电子教案和课件，为教师授课和学生学习提供方便。

本书第1至第3章由陈伟老师编写，第4至第5章由宋笑雪老师编写，第6章由张伟老师编写，第7至第9章由葛萌老师编写，第10至第12章由欧阳宏基老师编写。编写本书的过程是作者不断向同行学习的过程。在此对所有使用本书的教师、学生，以及热心向我们提出宝贵意见的读者致以诚挚的感谢。本书受咸阳师范学院教材建设项目(J20162711)、陕西省教育科学"十四五"规划2021年度项目(SGH21Y0201)、咸阳师范学院软件工程校级一流专业建设项目、咸阳师范学院教学改革研究项目(2019Y015)资助。本书的编写得到了咸阳师范学院计算机学院的大力支持，作者在这里表示衷心的感谢。

由于作者水平有限，书中难免有不当和疏漏之处，恳请广大读者批评指正。

编　者

2021年11月

目　录

第1章 Java语言基础

本章学习目标

1. 了解程序设计语言的基本概念。
2. 了解Java语言的发展史。
3. 了解Java语言的3个平台:Java SE、Java EE和Java ME。
4. 理解Java语言的特点及其与其他高级语言的差别。
5. 理解JVM的基本概念。
6. 掌握JDK的下载、安装和环境变量的配置。
7. 掌握命令提示符窗口下Java程序的编写、编译和运行的基本过程。
8. 掌握常用Java集成开发工具的基本使用。
9. 掌握基本JDK的命令使用:javac、java和javadoc。

1.1 程序与程序设计语言

1.1.1 计算机与程序

20世纪30年代中期,美籍匈牙利科学家冯·诺伊曼提出了“程序存储与程序控制”的计算机基本原理,从而奠定了现代计算机技术的基础。如今的计算机,尽管技术发展迅猛,但并没有脱离这个原理。

指令是指示计算机进行某种操作的命令。计算机的指令系统是一台计算机所能执行的各种不同类型指令的集合,反映了计算机的基本功能。一个指令对应一个基本操作,如实现一个加法运算或实现一个数据的传送操作。虽然指令系统中指令的个数有限,每个指令所能完成的功能也比较简单,但一系列指令的组合却能完成许多复杂的功能,这也正是计算机的奇妙之处。为了使计算机能完成某一任务,人们预先把动作步骤用一系列指令表达出来,这个指令序列就称为程序。程序是计算机的灵魂,可以说,没有安装程序的计算机“只能看,不能用”。计算机首先要求人们在程序设计上付出大量的创造性劳动,然后才能享受到它提供的服务。为计算机编写程序是一项具有挑战性和创造性的工作,自计算机问世的80多年来,人们一直在研究编写各种各样的程序,使计算机能够完成不同类型的任务。

1.1.2 程序设计语言

程序设计语言可以理解为人与计算机交流的工具，它包含向计算机描述计算过程所需的词法和语法规则。从计算机问世至今，人们一直在为发明更好的程序设计语言而努力。程序设计语言的数量不断增加，目前已有的程序设计语言成千上万种，但只有极少数得到了人们的广泛认可。程序设计语言在发展的过程中经历了由低级到高级的演化过程，一般分为机器语言、汇编语言和高级语言。

1. 机器语言

机器语言是最原始的程序设计语言，提供了一组二进制串形式的机器指令，每个机器指令能让计算机完成一个基本的操作。用机器语言编写的程序可以被计算机直接识别和执行。用机器语言编写程序是一项难度很高且非常容易出错的工作，因为开发人员要记住每一条指令的二进制代码与含义是非常困难的。而且，由于不同类型计算机的机器语言一般有所不同，为一种机器编写的程序不能直接在另一种机器上运行。

2. 汇编语言

汇编语言利用人们便于记忆与理解的符号来表示机器指令的运算符与运算对象。例如，用“ADD”来代替“1010”，表示加法操作；用“MOVE”来代替“0100”，表示数据传送。用汇编语言编写的程序需要通过一个专门的翻译程序进行处理，将其中的汇编语言指令逐条翻译成相应的机器指令后才能执行。虽然汇编语言在一定程度上克服了机器语言难以阅读和记忆的缺点，但对大多数用户来说，理解和使用汇编语言仍然很困难。

汇编语言和机器语言都属于低级语言，其缺点是依赖于机器，在可移植性、可读性、可维护性方面无法与高级语言相比。

3. 高级语言

高级语言与人们所习惯的自然语言、数学语言比较接近，与低级语言相比，具有自然直观、易学易用等优点。目前比较流行的高级语言有 Java、C、C＋＋、Python 等，这些语言具有各自不同的特色，其侧重点和适用领域存在一定的差异。但是高级语言本质上是相通的，掌握了一门高级语言之后再学习其他高级语言会非常容易。用高级语言编写的程序不能直接被计算机执行。每种高级语言都有自己的语言处理程序，语言处理程序的功能是将用高级语言编写的程序转换成计算机能直接执行的机器语言程序，包括解释方式和编译方式这两种转换方式。在解释方式下，解释程序逐个语句地读取源程序，将语句解释成机器指令并提交给计算机硬件执行。这类似于新闻发布会中的翻译，演讲者讲一句，翻译者译一句。在编译方式下，语言处理程序将全部源程序文件一次翻译成计算机系统可以直接执行的机器指令程序文件。

目前比较流行的程序语言中 C 语言采用编译方式，Basic 采用解释方式。Java 语言是一种比较特殊的高级语言，它采用的是先编译、再解释的执行方式。也就是先把 Java 语言的源程序编译成字节码程序，然后在运行时由 Java 解释器对字节码程序解释执行。

1.2 Java语言简介

1.2.1 Java语言发展历史

1991年4月，美国太阳微系统(Sun Microsystems)公司的绿色计划开始着手于发展消费性电子产品，所使用的语言是C、C++和Oak(Java语言的前身)。后因语言本身和市场的问题，消费性电子产品的发展无法达到预期的目标，再加上网络的兴起，绿色计划改变发展方向。从1993年开始，互联网的蓬勃发展给Oak带来了新的机遇。互联网上的计算机硬件和操作系统往往种类多样。例如，Sun工作站的硬件是SPARC体系，操作系统是UNIX，而普通计算机的硬件是Inter体系，操作系统是Windows或者Linux。互联网上迫切需要一种跨平台的编程语言，使得程序在网络中的各种计算机上能够正常运行。考虑到Oak具有跨平台的特征，太阳微系统公司将Oak语言的应用背景转向网络市场。1995年1月，Oak更名为Java。

1996年1月，太阳微系统公司发布了Java的第一个开发工具包(JDK 1.0)，这是Java发展历程中的重要里程碑，标志着Java成为一种独立的开发语言。1998年12月Java 2平台发布，它是Java发展过程中最重要的一个里程碑，标志着Java的应用开始普及。2004年9月，J2SE 1.5发布，成为Java语言发展史上的又一里程碑。为了表示该版本的重要性，J2SE 1.5更名为Java SE 5.0(内部版本号1.5.0)，代号为“Tiger”。Tiger包含了从1996年发布1.0版本以来的最重大的更新，其中包括泛型支持、基本类型的自动装箱、改进的循环、枚举类型、格式化I/O及可变参数等。2009年4月，Oracle(甲骨文)公司通过收购太阳微系统公司获得Java的版权。2011年，甲骨文公司举行了全球性的活动，以庆祝Java 7的推出，随后Java 7正式发布。Java的版本持续在更新中。截至2021年底，已经发布了Java 17正式版。

由于符合了互联网时代的发展要求，Java语言获得了巨大成功，已经成为软件开发领域最流行的开发语言之一，在TIOBE程序设计语言排行榜上多年来始终位列第一。近年来市场对Java开发人员的需求一直旺盛。

1.2.2 Java平台的三个版本

Java语言平台目前主要有三个版本:Java SE、Java EE和Java ME。

1. Java SE(Java Platform Standard Edition)

Java SE是Java平台的标准版，是工作站、计算机、服务器、桌面、嵌入式环境和实时环境中使用的Java应用程序。Java SE包含了支持Java Web服务开发的类，并为Java EE提供基础。

2. Java EE(Java Enterprise Edition)

Java EE用于帮助开发和部署可移植、健壮、可伸缩且安全的服务器端Java应用程序。Java EE是在Java SE的基础上构建的，它提供Web服务、组件模型、管理和通信应用程序编程接口(Application Programming Interface，API)，可以用来实现企业级的面向服务体系结构(Service-Oriented Architecture,SOA)和 Web 2.0 应用程序。2017 年 Oracle 决定将 Java EE 移交给开源组织 Eclipse 基金会。2018 年 3 月,开源组织 Eclipse 基金会宣布,Java EE 被更名为 Jakarta EE。

3. Java ME(Java Micro Edition)

Java ME 为移动设备和嵌入式设备(比如手机、掌上电脑、电视机顶盒和打印机)上运行的应用程序提供了一个可靠且灵活的环境。Java ME 包括灵活的用户界面、可靠的安全模型、许多内置的网络协议,以及对可以动态下载的联网和离线应用程序的丰富支持。

1.2.3 Java 语言的特点

Java 是一种面向对象的程序设计语言,具有如下特点。

1. 简单易学

Java 的语法和 C++非常相似,但是它摒弃了 C++中很多低级、困难、容易混淆、容易出错或不经常使用的功能,例如运算符重载、指针运算、程序的预处理、结构体、多重继承等。与经典的 C++相比,Java 语言更简单易学。

2. 安全性

Java 语言摒弃了指针和释放内存操作,从而避免了开发人员对内存非法操作的可能性。同时,Java 程序在执行过程中会经过多次检查:首先必须经过字节码校验器的检查;然后 Java 解释器将决定程序中类的内存布局;随后 Java 类加载器负责把来自网络的类装载到单独的内存区域,从而避免程序之间的相互干扰。此外,用户还可以限制来自网络的类对本地文件系统的访问。所以 Java 语言的安全性较高。

3. 平台无关性

平台是指计算机硬件体系以及操作系统环境。一般用高级语言设计的程序要在不同的平台上运行,需要编译成不同的目标代码。用 Java 语言编写的程序经过一次编译,产生字节码文件后,可以不经过修改直接在各种平台环境中运行(例如 Windows、Linux、Mac OS 等),即所谓的“一次编写,到处运行”。Java 语言正是因为这一特性得以迅速普及和发展。

4. 多线程机制

Java 语言的多线程机制使得一个应用程序中的多个小任务可以并发执行,其中的同步机制保证了对共享数据的正确操作。多线程带来的更大的优势是强大的交互性能和实时控制性能。Java 对多线程的支持是在语言级别上,而不是操作系统级别上。

5. 面向对象

高级程序设计语言经历了从面向过程到面向对象的发展。面向对象技术较好地解决了面向过程的软件开发中出现的各种问题,面向对象程序设计语言比面向过程程序设计语言具有更好的可维护性、可重用性和可扩展性,有利于提高程序的开发效率。C++从 C 发展而来,具备了面向对象的特征,但也保留了对 C 的兼容。与 C++语言相比,Java 是一种更为纯粹的面向对象程序设计语言。

1.2.4 Java 虚拟机

Java 语言一个非常重要的特性就是平台无关性,Java 虚拟机是实现这一特征的关键。

Java 虚拟机(Java virtual machine,JVM)是一种抽象化的计算机,是通过在实际的计算机上仿真模拟各种计算机功能来实现的。JVM 有自己完善的硬体架构,例如处理器、堆栈、寄存器等,还具有相应的指令系统。JVM 的核心任务是执行 Java 程序。由于 Java 语言是一种解释执行的语言,Java 编译系统先将源文件(. java)编译为字节码文件(. class),然后再由 Java 虚拟机解释为具体平台上的机器指令执行。字节码不能直接在操作系统上运行,只能通过 JVM 解释执行。

JVM 将字节码文件和操作系统及硬件分开,使得 Java 程序能在不同硬件和操作系统平台上执行。目前几乎各种类型的计算机系统都有各自对应的 JVM,因而都可以执行字节码文件。在源文件中编写 Java 代码,通过编译器(javac. exe)对源文件进行编译,生成对应的字节码文件;JVM 解释字节码文件,翻译成机器语言,产生运行结果,如图 1-1 所示。

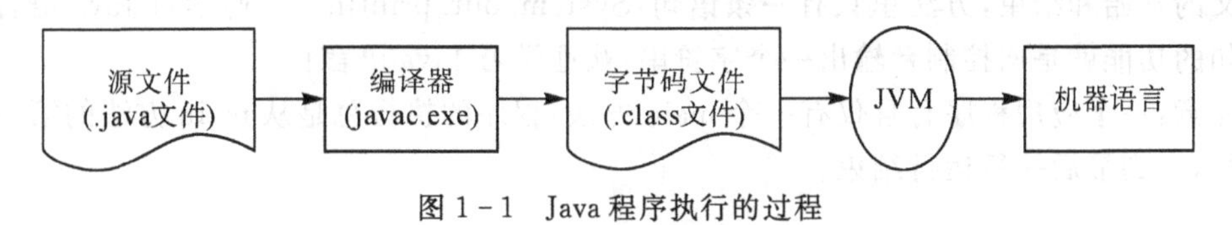

图 1-1　Java 程序执行的过程

注意:Java 语言是平台无关的,但 JVM 并不是平台无关的,不同平台都有自己专门的 JVM。也就是说 Windows 平台有对应的 JVM,Linux 平台有对应的 JVM 等。

1.3　初识 Java 程序

Java 程序有三种类型:应用程序(Application)、小应用程序(Applet)和 Java Web 程序。Java Application 是完整的程序,包含 main()方法,可以独立运行;而 Java Applet 则是嵌入在网页中的非独立运行的程序,它由浏览器内含的 Java 解释器来解释执行;Java Web 程序主要是指通过 JSP/Servlet 技术开发的、运行在 Web 容器中的程序。本节介绍简单的 Java Application 和 Java Applet,目的是让读者对 Java 程序的结构有一个初步的认识。关于 Java Web 程序的相关知识请读者参考 JSP 相关书籍,本书不再讨论。

1.3.1　Java Application

实例代码 Demo1_1 展示了一个简单的 Java Application。

```
/* 这是一个简单的 Java Application 程序 */
public class Demo1_1
{
        public static void main(String args[])
        {
          System.out.println("欢迎学习 Java 语言!");
        }
}
```

程序的运行结果是输出字符串:欢迎学习 Java 语言!

程序中第一行被“/ * * /”包含的内容称为注释语句。注释语句的作用是便于开发人员对程序进行理解，不会对程序的功能有任何影响。添加注释语句编译之后生成的程序文件长度不会因此增加。每个 Java 程序可以包含若干个类(class)，每个类可以有若干个方法，每个方法又包含一系列语句。class 是定义类的关键字，上述例子中类的名字是 Demo1_1，紧随其后的“{”表示这个类定义的开始，而最后一行的“}”表示该类定义的结束。public 表示该类的性质是公共类，一个 Java 源文件中最多只能有一个类是公共类，并且该程序文件的文件名必须与公共类的名称一致，所以 Demo1_1 源文件名只能是 Demo1_1. java。

public static void main(String args[])是 Demo1_1 的一个方法。main 是方法名；public、static 分别表明 main 方法是公共的、静态的方法；void 表示 main 方法没有返回值；String args[]定义了一个数组 args，作为 main 方法的参数。方法后的一对花括号则表示方法定义的开始和结束，方法里只有一条语句：System. out. println(“欢迎学习 Java 语言!”)。该语句的功能就是向控制台输出一个字符串：欢迎学习 Java 语言!

注意：一个应用程序有且仅有一个 main 方法，程序的执行总是从 main 方法的第一行开始运行，直到最后一行运行结束。

1.3.2 Java Applet

实例代码 Demo1_2 展示了一个简单的 Java Applet。

```
import javax.swing.JApplet;
import java.awt.Graphics;
public class Demo1_2 extends JApplet
{
    public void paint(Graphics g)
    {
      g.drawString(“欢迎学习 Java 语言!”,80,100);
    }
}
```

这是一个简单的 Java Applet，程序中首先用两个 import 语句引入程序需要用到的两个系统类 JApplet 和 Graphics。然后定义了一个公共类 Demo1_2，并用 extends 表明要继承自 JApplet 类。在类中重写 JApplet 类的 paint()方法。在 paint()方法中调用了 Graphics 的 drawString()方法，在坐标(80，100)处输出字符串“欢迎学习 Java 语言!”。

Applet 程序不能单独运行，必须将对应的字节码文件嵌入到网页文件中才能执行。需要定义 HTML 文件，通过<applet></applet>标签加载 Demo1_1. class 文件。由于 Applet 技术基本已经被淘汰，这里就不再过多介绍。

1.4 搭建 Java 程序开发环境

1.4.1 下载 JDK

JDK(Java Development Kit)是面向 Java 程序的开发者提供的 Java 开发环境和运行环

境，主要由 JRE(Java Runtime Environment)及编译、运行、调试 Java 应用程序的各种工具和 Java 基础类库等构成，由 Oracle 公司免费提供。

在 Oracle 公司的官方网站上(https://www.oracle.com)可以下载 JDK。下载地址是 https://www.oracle.com/java/technologies/downloads/，在该页面选择要下载的 JDK 版本，例如要下载 Windows 64 位的 JDK1.8 版本，可以看到如图 1-2 所示的页面，点击下载链接在图 1-3 中选择接受协议许可后便可以下载 JDK 了(需要注册成为 Oracle 的会员)。不同操作系统所对应的 JDK 是不同的，下载时应根据当前计算机操作系统的类型选择正确的 JDK 版本。

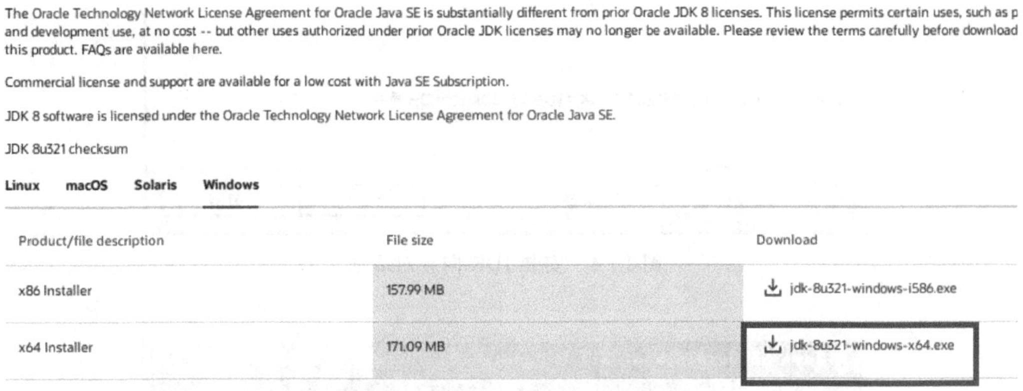

The Oracle Technology Network License Agreement for Oracle Java SE is substantially different from prior Oracle JDK 8 licenses. This license permits certain uses, such as p and development use, at no cost -- but other uses authorized under prior Oracle JDK licenses may no longer be available. Please review the terms carefully before download this product. FAQs are available here.

Commercial license and support are available for a low cost with Java SE Subscription.

JDK 8 software is licensed under the Oracle Technology Network License Agreement for Oracle Java SE.

JDK 8u321 checksum

Linux macOS Solaris Windows

Product/file description	File size	Download
x86 Installer	157.99 MB	jdk-8u321-windows-i586.exe
x64 Installer	171.09 MB	jdk-8u321-windows-x64.exe

图 1-2 Oracle 官网 JDK1.8 版本下载页面

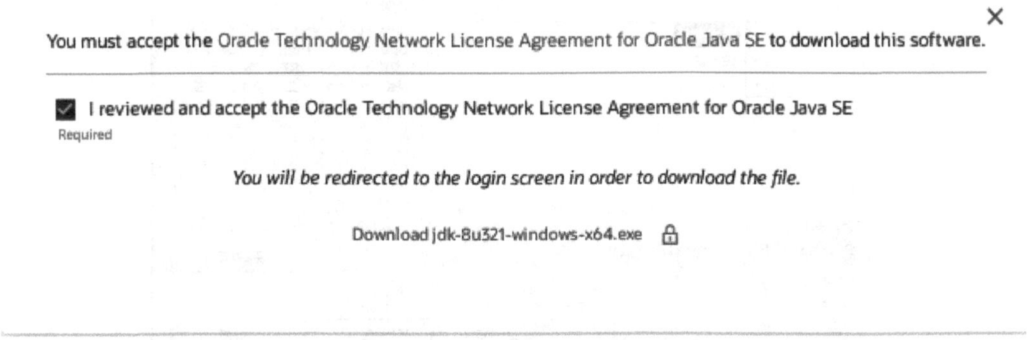

You must accept the Oracle Technology Network License Agreement for Oracle Java SE to download this software.

I reviewed and accept the Oracle Technology Network License Agreement for Oracle Java SE

Required

You will be redirected to the login screen in order to download the file.

Download jdk-8u321-windows-x64.exe

图 1-3 各版本 JDK 下载页面

1.4.2 安装 JDK

下载了 JDK 文件之后，即可进行安装。安装 JDK 的步骤如下。

(1)双击 JDK 安装文件，例如 jdk-8u111-windows-x64.exe，弹出如图 1-4 所示的安装向导窗口。

(2)单击“下一步”按钮，进入如图 1-5 所示的“定制安装”对话框。

(3)在图 1-5 所示的对话框中，用户可以选择欲安装的项目。然后确定安装位置，用户可以单击“更改”按钮选择欲安装的路径或使用默认路径；如果使用默认的安装路径，也就是

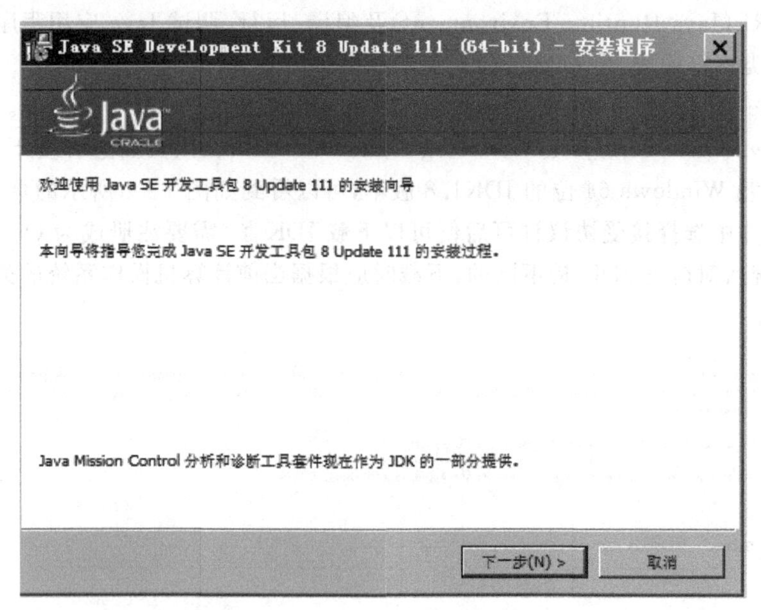

图 1-4 安装 JDK 向导对话框

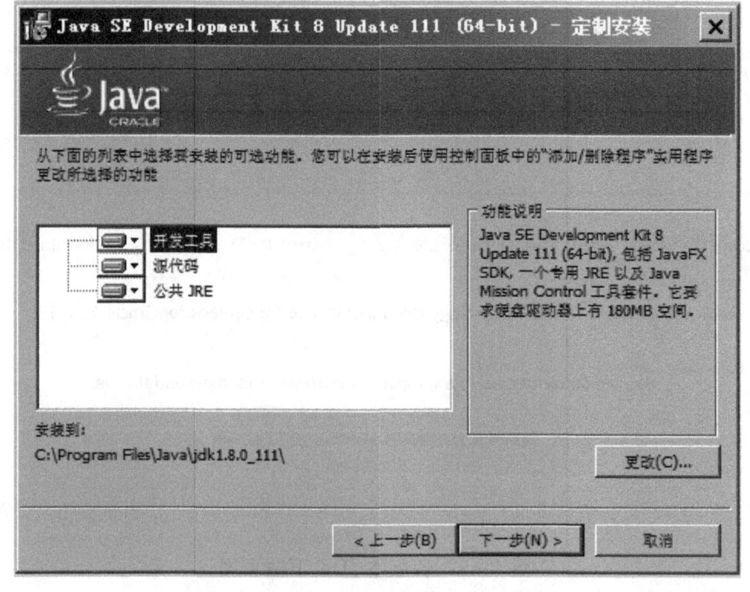

图 1-5 选择 JDK 安装选项对话框

C:\Program Files\Java\jdk1.8.0_111\，单击“下一步”按钮继续。

(4)开始进行文件复制和安装。

(5)出现图 1-6 所示的“目标文件夹”对话框，要求设定 JRE 安装文件夹，也可以单击“更改”按钮进行修改，但建议直接使用默认的安装路径，单击“下一步”按钮继续。

(6)继续进行文件复制与安装，安装完成后弹出图 1-7 所示的完成对话框。

安装完成后，找到 JDK 的安装目录，例如 C:\Program Files\Java\jdk1.8.0_111\，此文件夹称为 JDK 安装文件夹或安装路径。在该文件夹下有如下几个子文件夹。

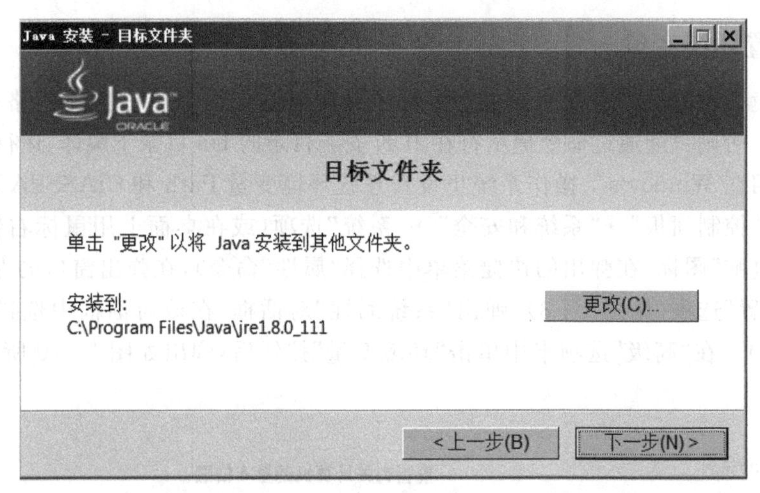

图1-6　设置Java运行环境的目标文件夹对话框

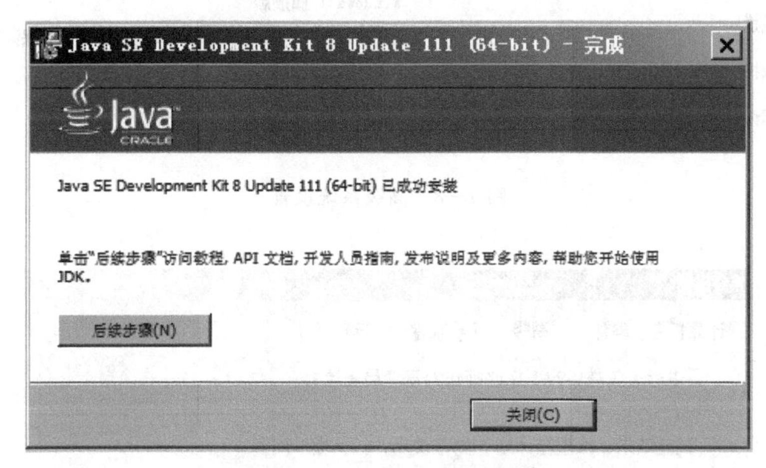

图1-7　JDK安装完成对话框

- bin:该文件夹存放javac.exe、java.exe、AppletViewer.exe等命令程序。
- db:该文件夹下包含一个纯Java实现、开源的内嵌式数据库管理系统。
- include:该文件夹存放与C程序相关的头文件。
- jre:该文件夹存放Java运行环境(如JRE)相关的文件。
- lib:该文件夹存放Java类库。

另外,在安装文件夹下还有名为src.zip的压缩文件,该文件中含有Java API所有类的源代码,有兴趣的读者可以解压缩此文件,阅读并学习其中的源程序。

注意:JRE是面向Java程序的使用者提供的Java运行环境,主要由JVM、API类库、发布技术三个部分构成。如果只想运行已有的Java程序,只需安装JRE即可。JRE安装在C:\Program Files\Java\jre1.8.0_111文件夹下。但从上面的JDK安装文件夹C:\Program Files\Java\jdk1.8.0_111\中可以看出,该文件夹下也有一个jre文件夹,这个jre是JDK本身所附带的,主要是在开发Java程序时做测试之用。

1.4.3 配置环境变量

设置环境变量的目的是能够通过命令提示符窗口在当前计算机的任意路径下编译、运行 Java 程序。否则只能通过命令提示符在 JDK 安装目录的 bin 目录下编译、运行 Java 程序。

本节介绍在 Windows 7 操作系统里设置系统环境变量 Path 和 ClASSPATH 的方法。

(1)选择“控制面板”→“系统和安全”→“系统”选项(或在桌面上用鼠标右键单击“计算机”或“我的电脑”图标,在弹出的快捷菜单中选择“属性”命令),在弹出窗口的左侧窗格选择“高级系统设置”选项(见图 1-8),弹出“系统属性”对话框,在该对话框中选择“高级”选项卡(见图 1-9)。在“高级”选项卡中单击“环境变量”按钮后,弹出如图 1-10 所示的“环境变量”对话框。

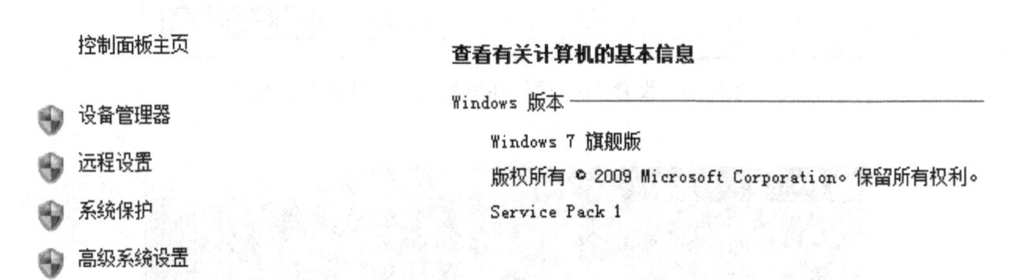

图 1-8 高级系统设置

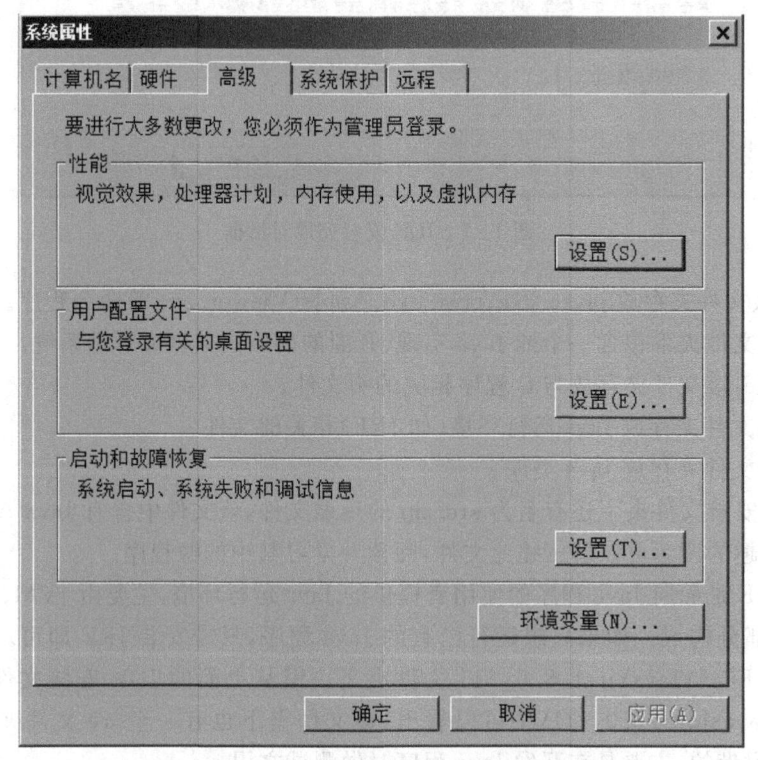

图 1-9 “系统属性”对话框中的“高级”选项卡

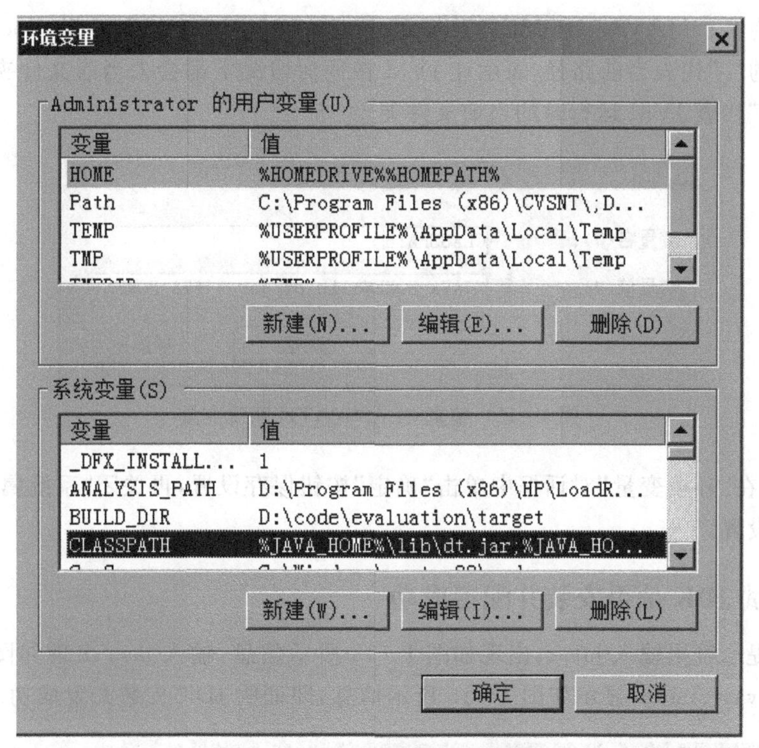

图 1-10 “环境变量”对话框

(2)在“环境变量”的“系统变量”区域中，单击“新建”按钮，进入如图 1-11 所示的“新建系统变量”对话框，输入变量名 JAVA_HOME，变量值是 C:\Program Files\Java\jdk1.8.0_111(该变量值为读者的 JDK 安装路径，此处也可通过选择“浏览目录”找到 JDK 安装目录)，设置完成后点击“确定”按钮。

图 1-11 “新建系统变量”对话框

(3)在“环境变量”对话框的“系统变量”区域中选择 Path 变量，再单击“编辑”按钮，此时弹出“编辑系统变量”对话框，在“变量值”文本框中原有的字符串最前面输入“%JAVA_HOME%\bin;%JAVA_HOME%\jre\bin;”(其后的分号“;”是路径分隔符，一定不能少)，设置完成后单击“确定”按钮。

注意：如果在“环境变量”对话框中找不到 Path 变量，则单击“系统变量”区域的“新建”按钮，在出现的“新建系统变量”对话框中输入“%JAVA_HOME%\bin;%JAVA_HOME%\jre\bin;”，完成后单击“确定”按钮。

(4)在“系统变量”对话框中，编辑或新建 ClASSPATH 系统变量，如图 1-12 所示，设置其变量值为“.;%JAVA_HOME%\lib\dt.jar;%JAVA_HOME%\lib\tools.jar”，其中路径最前面的“.”代表当前路径，表示让 JVM 在任何情况下都会去当前文件夹下查找要使用的类，即“.”代表 JVM 运行时的当前文件夹。

图 1-12　编辑 CLASSPATH 系统变量

(5)最后在“环境变量”对话框中单击“确定”按钮保存设置，再关闭“系统属性”对话框即完成路径的设置。

1.4.4　测试 JDK 是否安装并配置成功

在命令提示符里输入 javac，出现如图 1-13 所示信息，输入 java 出现如图 1-14 所示信息，输入 java-version，显示如图 1-15 所示信息，即证明 JDK 安装配置成功。

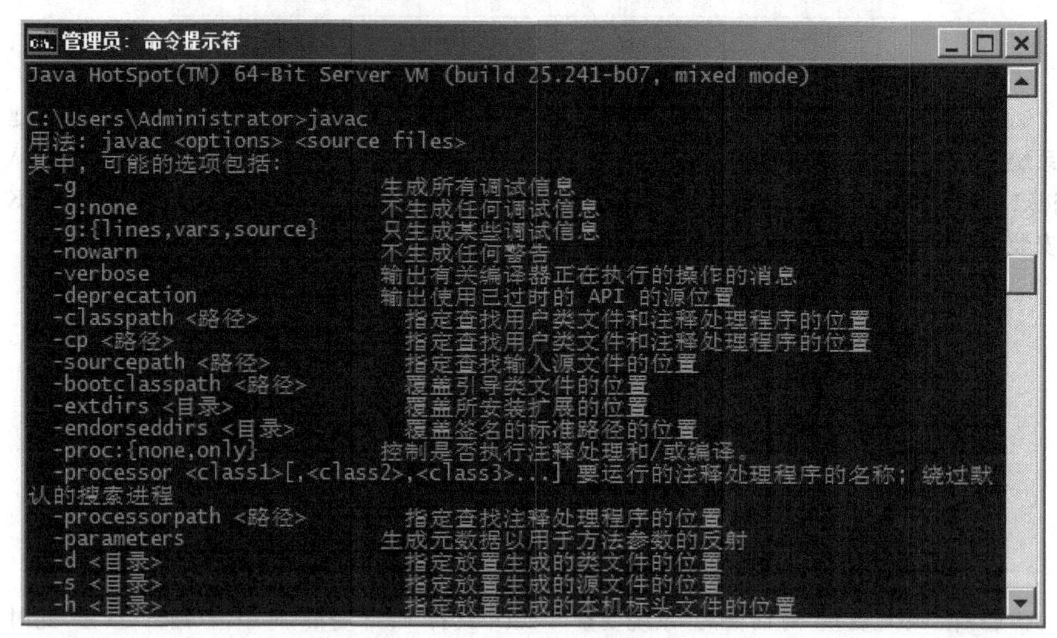

图 1-13　javac 命令显示信息

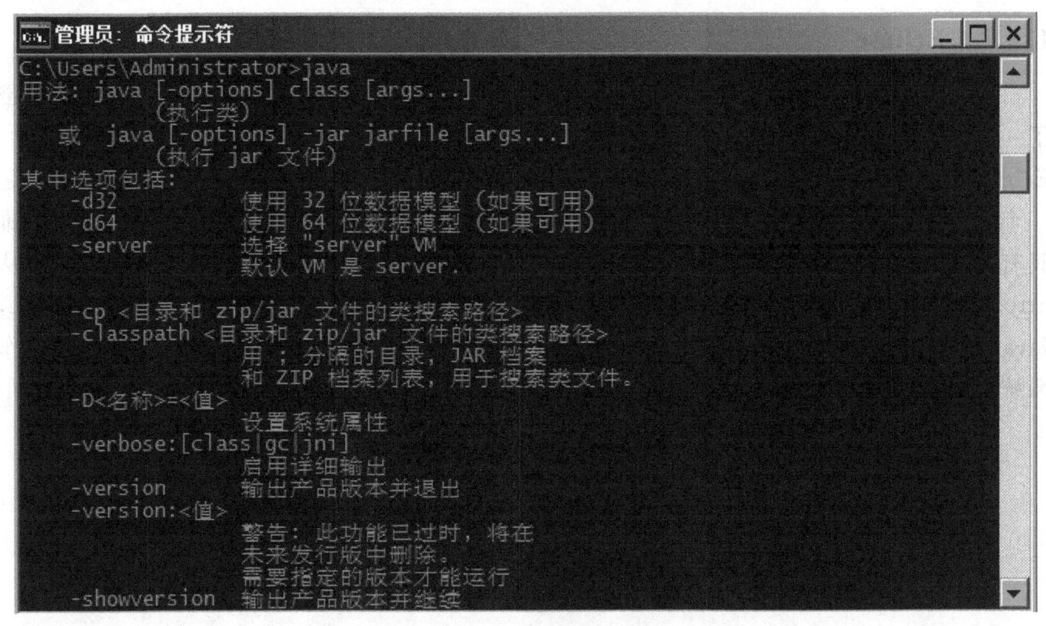

图 1-14 java 命令显示信息

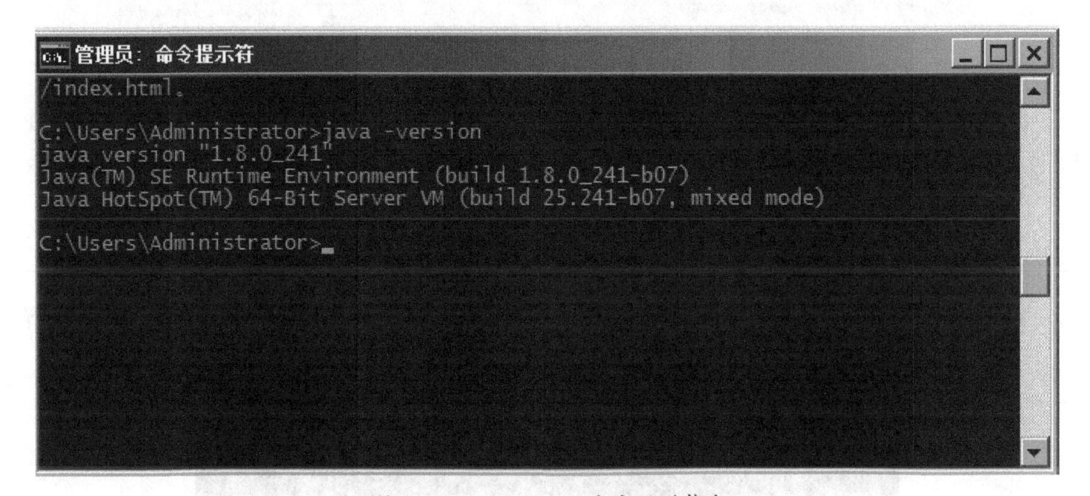

图 1-15 java-ersion 命令显示信息

1.5 集成开发环境

集成开发环境(Integrated Development Environment,IDE)是用于提供程序开发环境的应用程序,一般包括代码编辑器、编译器、调试器和图形用户界面等工具,是集成了代码编写功能、分析功能、编译功能、调试功能等的一体化软件开发服务套件。其方便程序开发,可提高实际的开发效率,简化程序设计中的很多操作。Java 语言的集成开发环境有很多,最常用的有 Eclipse、JCreator、NetBeans 和 IntelliJ 等。本节主要介绍 Eclipse、IntelliJ IDEA 和 JCreator 这三款 IDE 的基本使用方法。

1.5.1 Eclipse

Eclipse 是由 IBM 公司于 2001 年首次推出的开源、免费的集成开发环境。Eclipse 附带了一个标准的插件集(包括 JDK),最初主要用来进行 Java 程序开发,通过安装不同的插件,Eclipse 可以支持不同的计算机语言,比如 C++和 Python 等开发工具。Eclipse 本身只是一个框架平台,但是众多插件的支持使得 Eclipse 拥有其他功能相对固定的 IDE 软件很难具有的灵活性。目前很多软件企业都使用 Eclipse 作为主要的集成开发环境,开发人员可从 https://www.eclipse.org/downloads/eclipse-packages/网址选择下载合适的 Eclipse,Java入门开发通常选择"Eclipse IDE for Java Developers",如图 1-16 所示。根据当前操作系统和 JDK 的版本,选择 32 位或 64 位的对应版本下载。

图 1-16 Eclipse 官网下载页面

下载完成后,解压 zip 文件夹,找到 eclipse.exe,双击启动,如图 1-17 所示。随后选择

图 1-17 Eclipse 启动页面

合适的 Workspace 作为存放 Java 工程的路径，如图 1－18 所示。随后就可以正式启动 Eclipse了。

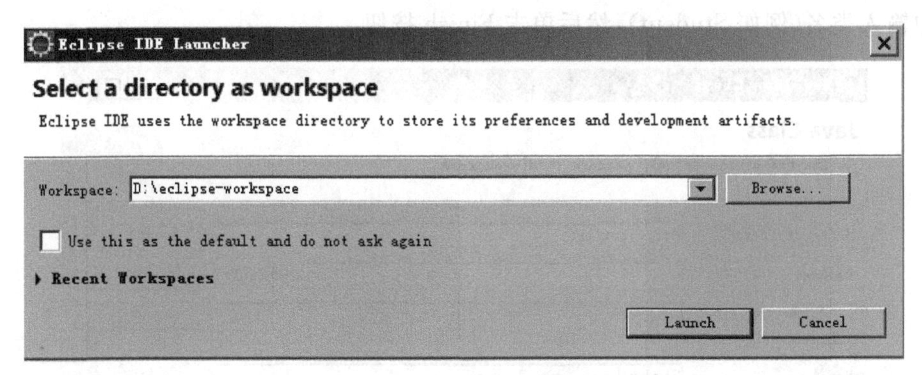

图 1－18 选择 workspace

在 Eclipse 中开发简单的 Java 程序，主要按照以下步骤完成。

（1）创建项目。在菜单栏中选择 File→New→Java Project 命令，弹出 New Java Project 对话框，如图 1－19 所示。在窗口中输入项目名（例如 MyProject），然后单击 Finish 按钮。

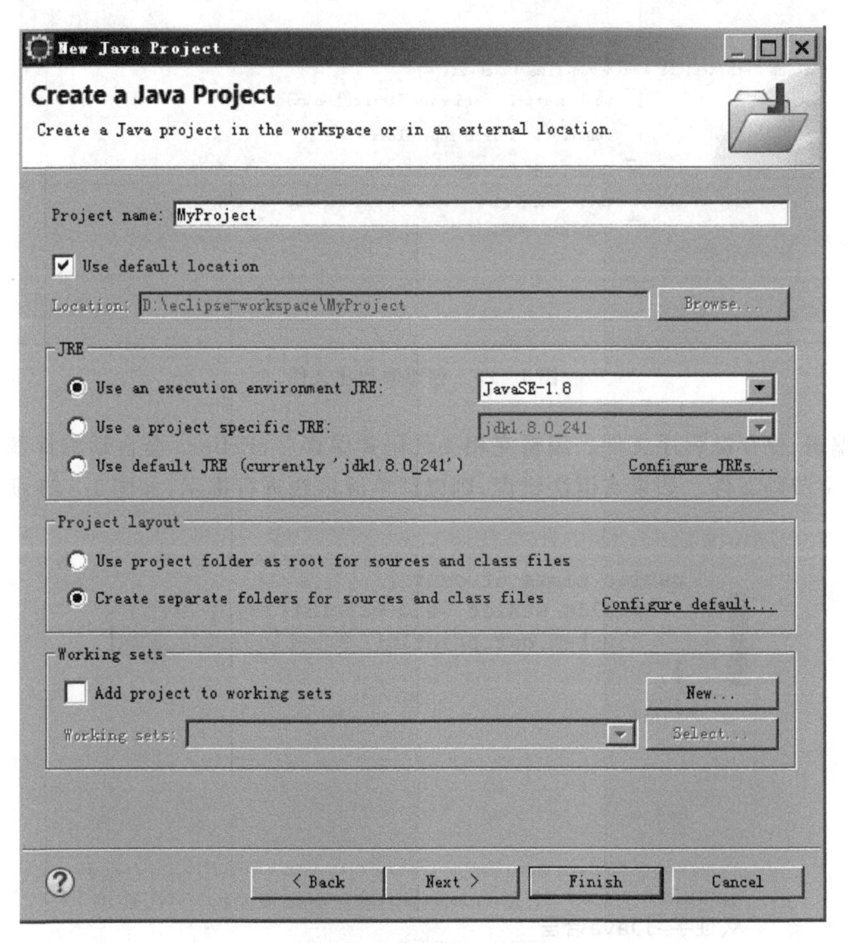

图 1－19 创建 Java 项目

（2）创建源程序文件。一个项目中可以包含多个源文件，创建源程序文件的步骤：首先选择 File→New→Class 命令，弹出 New Java Class 对话框，如图 1－20 所示。在 Name 文本框中输入类名（例如 Student），然后单击 Finish 按钮。

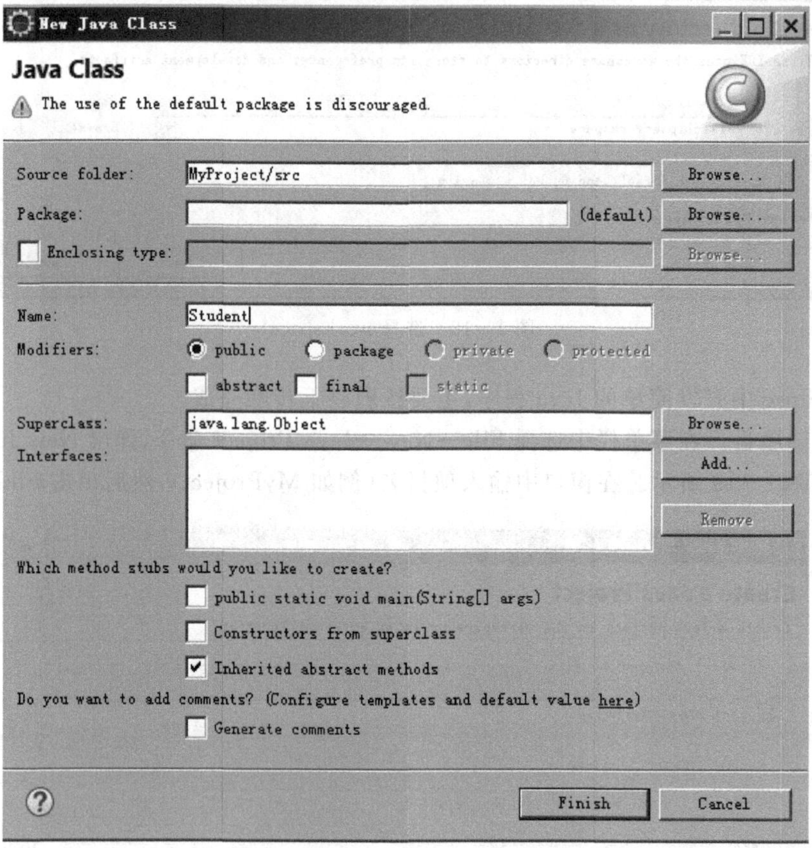

图 1－20　创建源程序文件

（3）编辑、保存源程序文件。编辑完相关代码并保存后，Eclipse 会自动编译源文件并生成对应的字节码文件。如果有语法错误，则以红色波浪线进行提示，如图 1－21 所示。

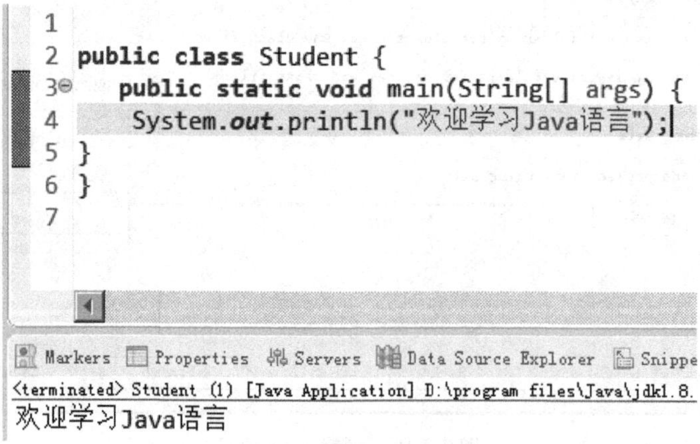

图 1－21　程序编辑、运行界面

(4)运行程序。在菜单栏中选择 Run→Run As→Java Application 命令,运行程序。或者在包含 main 方法的 Java 源文件中,用鼠标右键单击文件按照上述命令运行程序。程序运行结果会在 Console 控制台显示。

1.5.2 IntelliJ IDEA

IntelliJ IDEA 也是一款 Java 编程语言的集成开发环境。IntelliJ 在业界被公认为最好的 Java 开发工具之一,尤其在智能代码助手、代码自动提示、重构、Java EE 支持、各类版本工具(git、svn 等)、JUnit、CVS 整合、代码分析、创新的 GUI 设计等方面的功能是超常的。通过 https://www.jetbrains.com 这个网址可选择下载 IntelliJ IDEA。

在 IntelliJ IDEA 中开发简单的 Java 程序,主要按以下步骤执行。

(1)创建项目。在菜单栏中选择 File→New→Project→Java 命令,弹出 New Project 对话框,如图 1-22 所示。点击 Next 按钮,输入工程的名称并选择工程存放的路径。

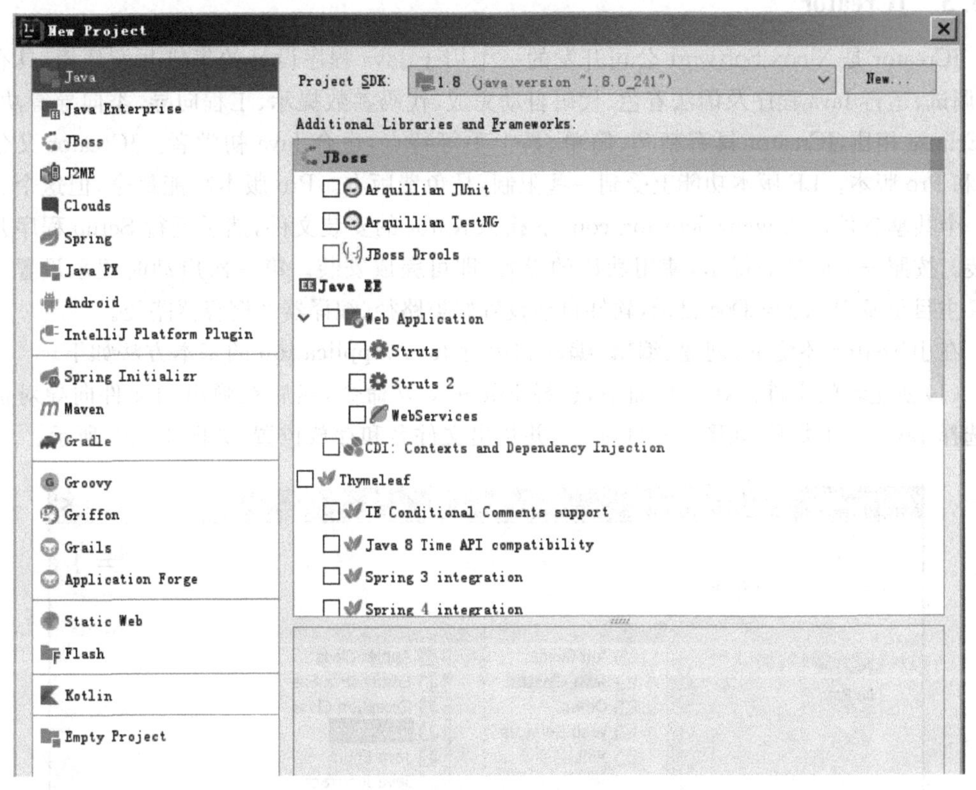

图 1-22　创建工程界面

(2)创建源程序文件。选中工程文件下的 src 文件夹,单击鼠标右键,选择 New→Java Class 选项,如图 1-23 所示。在弹出的对话框中输入类的名称,然后单击 OK 按钮。

(3)编辑源文件并运行程序。编辑完 Java 源文件后,在菜单栏中选择 Run 命令或者在包含 main 方法的 Java 源文件中单击鼠标右键选择 Run 选项。程序运行结果会在 Console 控制台显示。程序运行后,会在工程文件下生成 out 文件夹,里面包含对应的字节码文件。

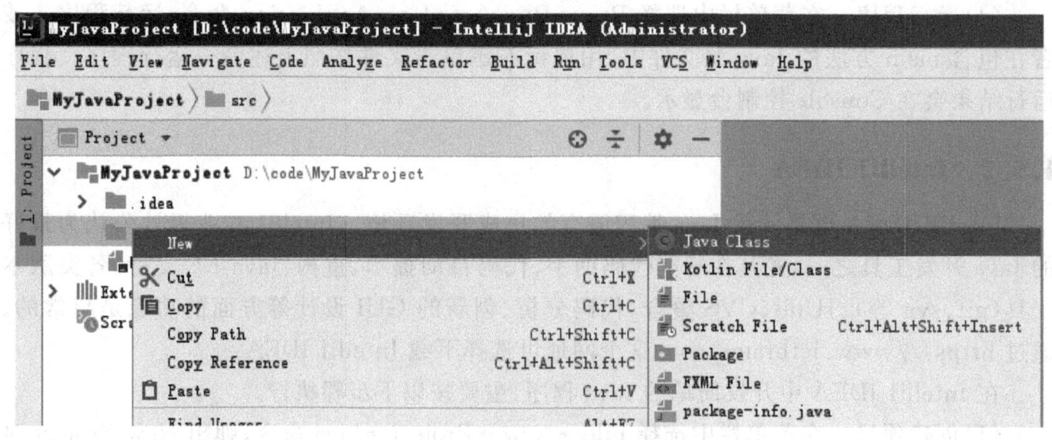

图 1-23 创建 Java 源文件

1.5.3 JCreator

JCreator 是 Xinox Software 公司开发的一个用于 Java 程序设计的集成开发环境，具有编辑、调试、运行 Java 程序及语法着色、代码自动完成、代码参数提示、工程向导、类向导等功能。与 Eclipse 相比，JCreator 具有精巧、简单、易上手等特点，适合 Java 初学者。JCreator 又分为 LE 和 Pro 版本。LE 版本功能上受到一些限制，是免费版本。Pro 版本功能最全，但这个版本是一个共享软件。从 www.jcreator.com 下载 JCreator 的安装文件，然后运行 Setup 程序开始安装。按照安装向导的提示，使用默认的设置，即可完成安装。第一次启动时提示设置 Java JDK 主目录及 JDK JavaDoc 目录，软件自动设置好类路径、编译器及解释器路径。

在 JCreator 环境下，创建、编辑、编译和运行 Java Application 的基本方法如下。

(1)创建新的文件。在主界面中，选择 File→New 命令，然后在弹出的文件向导对话框中选择 Java 文件类型，如图 1-24 所示，并指出文件名和存放位置，如图 1-25 所示。

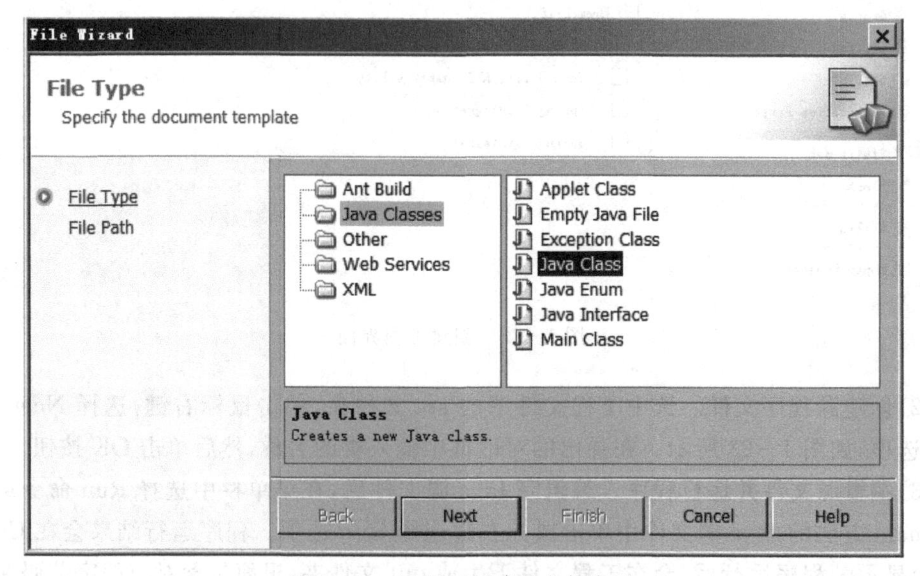

图 1-24 选择要创建的文件类型

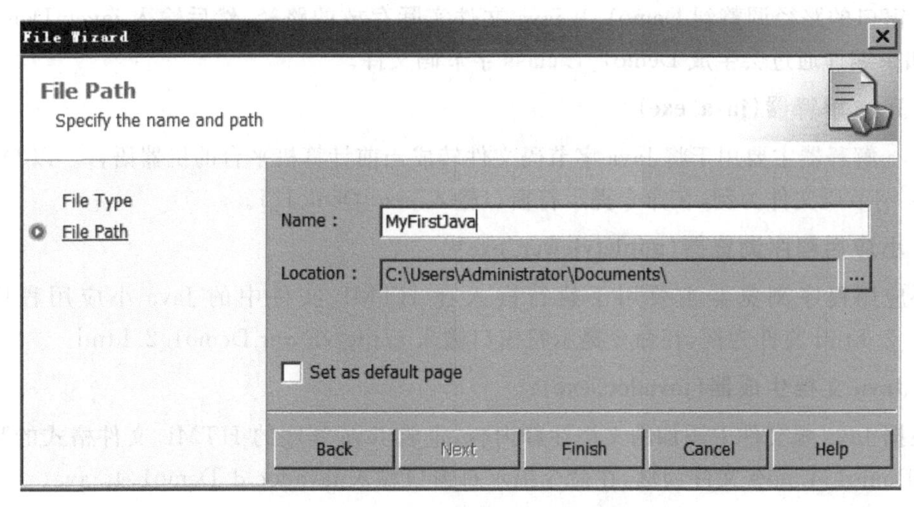

图 1-25　确定文件名和保存路径

(2)编辑、编译与运行程序。文件创建后,即进入如图 1-26 所示的程序编辑窗口,逐行输入源程序代码后,选择 File→Save 命令。程序编辑完成后,选择 Create→Compile 命令,可启动编译源文件。如果源程序没有语法错误,则在 Build Output(调试输出)窗口提示"处理已完成"。如果源程序有语法错误,则在"调试输出"窗口提示出错信息,程序员可以修改程序后重新编译程序,直至处理完成。处理完成后,选择 Create→Run 命令,则可以运行程序。

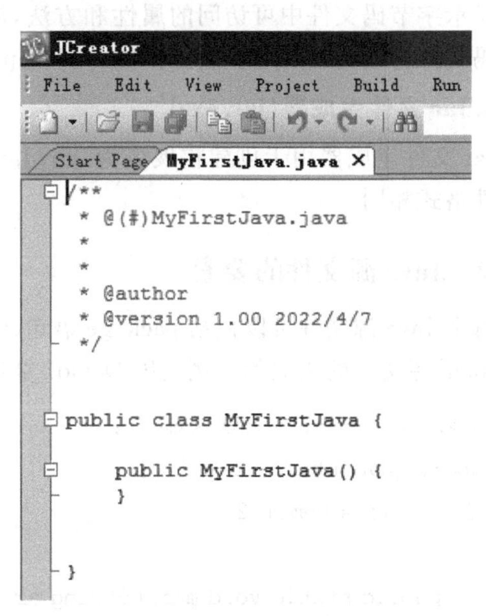

图 1-26　Java 源文件编辑窗口

1.6　JDK 常用命令与 Java 程序构成

1.6.1　JDK 常用命令

JDK 安装成功后,在其 bin 目录下会有一些可执行文件,这些文件就是 JDK 自带的一些常用命令。本节只介绍一些最基础的 JDK 命令。

1. Java 编译器(javac.exe)

Java 编译器主要用于生成字节码文件,在 Java 源文件没有语法错误的前提下通过 javac.exe 程序可生成与源文件对应的字节码文件。以 Demo1_1.java 源文件为例,将命令提示符窗口的路径调整到 Demo1_1. java 文件实际存放的路径，然后输入 javac Demo1_1. java，如果编译通过会生成 Demo1_1. class 字节码文件。

2. Java 解释器(java. exe)

Java 解释器主要用于将 Java 字节码文件转成当前计算机平台的机器语言。以 Demo1_1. class 字节码文件为例，在命令提示符窗口输入 java Demo1_1。

3. 小应用程序浏览器(appletviewer. exe)

小应用程序浏览器主要用于执行嵌入在 HTML 文件中的 Java 小应用程序。以 Demo1_2. html 文件为例，在命令提示符窗口输入 appletviewer Demo1_2. html。

4. Java 文档生成器(javadoc. exe)

根据 Java 源文件中添加的文档注释内容，生成 Java 程序的 HTML 文件格式的帮助文档，以 Demo1_4. java 文件为例，在命令提示符窗口输入 javadoc-d. Demo1_4. java。

5. Java 反汇编器(javap. exe)

显示字节码文件中可访问的属性和方法，同时显示字节代码含义。以 Demo1_1. class 字节码文件为例，在命令提示符窗口输入 javap Demo1_1。

6. Jar 文件生成器(jar. exe)

Jar 文件生成器用于创建扩展名为. jar(Java Archive，Java 归档)的压缩文件，与 zip 压缩文件格式相同。

1.6.2 Java 源文件的要素

每个 Java 源文件可以包括 package 语句、import 语句、类、接口的定义等。一个较为完整的 Java 源文件的构成如实例代码 Demo1_2 所示。

```
package cn.xysfxy.assessment;
import java.util.ArrayList;
public class Demo1_2
{
    public static void main(String args[])
    {
        ArrayList <String> list = new ArrayList<String>();
        list.add("one");
        list.add("two");
    }
}
class FirstClass
{
     public void print()
    {
        System.out.println("这是 FirstClass 的 print 方法");
```

```
    }
}
class SecondClass
{
    public void print()
    {
        System.out.println("这是 SecondClass 的 print 方法");
    }
}
abstract class ThirdClass
{
    public abstract void print();
}
interface FirstInterface
{
    double getArea();
}
interface SecondInterface
{
    String getObjectId();
}
```

Demo1_2.java 源文件包括以下部分。

1. package 语句

package 语句是包的定义语句，它是 Java 源文件的第一条语句，表明该源文件编译生成的字节码文件所在的目录位置。例如 Demo1_2.java 生成的字节码文件应该在 cn.xysfxy.assessment 这个目录中。package 语句最多只能有一句，必须是源文件的第一句。如果源文件中没有 package 语句，那么生成的字节码文件会与源文件处于同一个位置。

2. import 语句

import 语句表示当前源文件中编写的代码需要引用其他的字节码文件。引用的字节码文件可以是 JDK 自带的，也可以是第三方提供的。import 语句可以没有，也可以有多条，具体数目取决于当前源文件中所编写代码的功能。系统总是会默认引用 java.lang 包下的所有字节码文件，如 import java.lang.*，这句代码可以不写。

3. 公共类的定义

用 public 关键字所定义的类是公共类。一个 Java 源文件中至多只能有一个公共类的定义，这个公共类的名称必须和它所在的源文件的文件名相同，例如实例代码 Demo1_2 的文件名为 Demo1_2，这个文件中定义的公共类的名称必须是 Demo1_2。

4. 非公共类和接口

没有用 public 关键字定义的类或者接口是非公共的，例如 Demo1_1.java 源文件中的

FirstClass、SecondClass 和 ThirdClass 是非公共类；FirstInterface 和 SecondInterface 是非公共接口。非公共类或接口的定义可以有 0 个或多个。关于类和接口的详细说明见后续章节。

1.6.3 Java 源文件中的注释

注释主要是对代码起解释说明作用，帮助开发人员阅读代码的含义，编译器会忽略源文件中的注释。Java 语言中一共包含三种注释，分别是单行注释、多行注释和文档注释。

单行注释表示从“//”开始到本行结束的内容都是注释。

例如：

```
//下面的语句表示从控制台输出 Hello Java!
System.out.println("Hello Java!");
```

多行注释表示在“/ * ”和“ * /”之间的所有内容都是注释。

例如：

```
/ * 下面的语句表示从控制台输出 Hello Java!
 * out 为 System 类中的一个常量，称为标准的输出流
 * /
System.out.println("Hello Java!");
```

文档注释是 Java 特有的注释方式，可以通过 Javadoc 命令生成 HTML 文件形式的帮助文档，凡是在“/ * * ”和“ * /”之间的内容都是文档注释。单行注释和多行注释可以出现在源文件中的任何位置，而文档注释一般只出现在类、属性和方法定义的上方。实例代码 Demo1_3 展示了一个简单的文档注释。

实例代码 Demo1_3

```
/ * * 这是一个文档注释的例子，主要说明该类的含义 * /
public class Demo1_3
{
    / * * 属性注释，下面的这个属性主要充当整数计数 * /
    public int i;
    / * * 方法注释，下面的这个方法返回当前计数数值 * /
    public int count()
    {
        return i;
    }
}
```

在命令提示符下输入“javadoc-d. \doc Demo1_3. java”，如图 1 - 27 所示。就在当前目录下的 doc 目录中生成了介绍 Demo1_3 的 index. html 等文件，其中 index. html 文件中的部分内容如图 1 - 28 所示。

注意：生成的 doc 文档包括一系列的. html 文件和资源文件，javadoc 仅生成 public 和 protected 标识的属性和方法，private 标识的属性和方法不显示在 index. html 文件中。

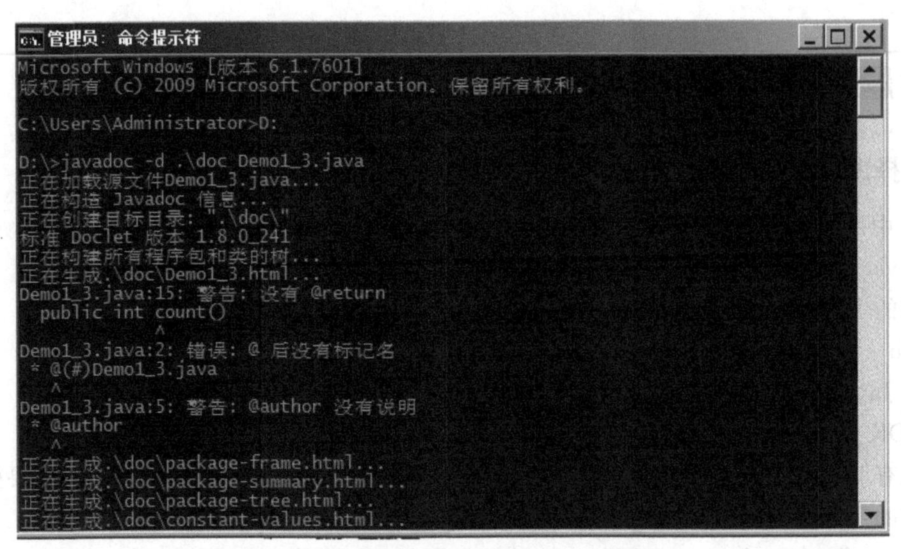

图 1-27　在命令提示符窗口生成文档注释

程序包　类　树　已过时　索引　帮助

上一个类　下一个类　框架　无框架

概要：嵌套 | 字段 | 构造器 | 方法　详细资料：字段 | 构造器 | 方法

类 Demo1_3

java.lang.Object
　Demo1_3

```
public class Demo1_3
extends java.lang.Object
```

字段概要

字段

限定符和类型	字段和说明
int	i 属性注释，下面的这个属性主要充当整数计数

构造器概要

构造器

构造器和说明
Demo1_3()

方法概要

图 1-28　文档注释生成的文件

练习题

一、选择题

1. JDK 中用来生成文档注释的命令是________。
   A. javac　B. javap　C. java　D. javadoc
2. 常用的 JDK 命令位于 JDK 安装目录的________中。
   A. lib　B. src　C. bin　D. config
3. 表示 Java 开发工具的简称是________。
   A. JDK　B. JRE　C. JVM　D. Java SE
4. 已知有 java 源文件 Student.java，该文件中只有一个公共类 Student 的定义，现要生成该文件的字节码，则在控制台要输入的命令是________。
   A. javac Student.java　B. javac Student
   C. java Student.java　D. java Student
5. 关于 Java 应用程序的入口方法声明正确的是________。
   A. public static void main(int args[])　B. public static void main(String args)
   C. public static void main(String args[])　D. public static void main(int args)
6. 下列说法正确的是________。
   A. 记事本文件不能用来编写 Java 源程序
   B. JDK 安装完成后，一定要配置环境变量才能运行 Java 程序
   C. javac.exe 能够将 java 源文件转换成机器语言
   D. JVM 的全称是 Java 虚拟机，JVM 本身不是跨平台的

二、简答题

1. Java 语言有哪些优点？
2. 相比于 C/C++语言，Java 有哪些特点？
3. 如何设置环境变量？设置环境变量的目的是什么？
4. 一个 Java 源文件中可以包含哪些元素？
5. 什么是 JVM？它的主要作用是什么？
6. Java 有哪三个平台？各平台都有什么特点？

三、操作题

1. 创建一个记事本文件，改名为 Student.java，然后输入以下代码，利用命令提示符窗口编译、运行该程序，观察运行结果。

```
public class Student
{
    private String name;
    private int age;
```

```
    public student(String name,int age)
    {
        this.name = name;
        this.age = age;
    }
        public String toString()
        {
            return "姓名:" + this.name + " ,年龄:" + this.age;
        }
            public static void main(String args[])
        {
            Student s1 = new Student("张三",20);
            System.out.println(s1);
        }
}
```

2. 下载并安装 Eclipse 开发工具,然后重新输入上题中的代码运行并观察结果。对比理解 Eclipse 开发工具的便利性。

第 2 章　程序流程控制

本章学习目标

1. 熟练掌握 Java 中的语句类型。
2. 掌握顺序结构程序设计。
3. 掌握三种分支结构和 switch 程序设计。
4. 掌握三种循环结构的程序设计。
5. 掌握 break 和 continue 的用法。

2.1　语句

程序的执行部分是由语句组成的，程序的功能也是由执行语句实现的。

Java 语言中的语句主要分为以下五类。

1. 表达式语句

表达式语句由一个表达式加一个分号构成。表达式语句的功能是计算表达式的值。其一般形式为：

表达式；

例如：

z=x+y　（是表达式，不是语句）

在其后加一个分号就形成了表达式语句：

z=x+y；（是语句，也称为赋值语句）

2. 空语句

空语句只有分号，没有内容，不执行任何操作。有时用来作为流程的转向点（流程从程序其他地方转到此语句处），也可用来作为循环语句中的循环体（循环体是空语句，表示循环体什么也不做）。

3. 复合语句

复合语句是用花括号“{}”将多条语句括起来，在语法上作为一条语句使用。例如：

```
{
    z = x + y;
```

```
    t = z/100;
    }
```

当程序中某个位置在语法上只允许一条语句，而实际上要执行多条语句才能完成某个操作时，需要将这些语句组合成一条复合语句。

4. 方法调用语句

方法调用语句由方法调用加一个分号组成。其一般形式为

方法名(参数列表)；

例如：

System. out. println(“Java Language”)；

5. 控制语句

控制语句用于完成一定的控制功能，包括以下三类语句。

选择语句：if 语句、switch 语句；

循环语句：do - while 语句、while 语句、for 语句；

转移语句：break 语句、continue 语句。

其中，表达式语句、空语句、转移语句和方法调用语句称为简单语句；复合语句、选择语句和循环语句称为构造语句，是按照一定语法规则组织的包含其他语句的语句。

结构化程序设计的基本思想是采用“单入口单出口”的控制结构，基本控制结构分为三种：顺序结构、分支结构和循环结构。

2.2 顺序结构

顺序结构是最简单的一种程序结构。程序中的所有语句都是按自上而下的顺序执行的。

【例 2-1】 计算圆的面积和周长。

已知圆面积公式为 $S=\pi R^2$，圆周长公式为 $S=2\pi R$。

```
public class Circle{
    public static void main(String args[]){
        float r,s,c;
        float pi = (float) 3.14;
        r = 2;
        s = pi * r * r;
        c = 2 * pi * r;
        System.out.println("radium = " + r);
        System.out.println("Square = " + s);
        System.out.println("Perimeter = " + c);
    }
}
```

程序运行结果如下：

```
radium=2.0
Square=12.56
Perimeter=12.56
```

【程序解析】 main()方法中声明了 r、s 和 c 三个 float 类型的变量，分别表示圆半径、圆面积和圆周长，还有 pi 这个量赋值为 3.14，接着给 r 赋值 2，通过 $S=\pi R^2$，$S=2\pi R$ 计算对应的面积和周长，最后给出 f、s 和 c 的值。

main()方法中，各语句按照书写的先后顺序执行，属于顺序结构。

【例 2-2】 输入三角形的三个边长，求三角形的面积。

```
import java.util.Scanner;
class Area{
    public static void main(String[] args){
        Scanner input = new Scanner(System.in);
        System.out.print("请输入三角形的三个边长:");
        double a,b,c,s,area;
        a = input.nextDouble();
        b = input.nextDouble();
        c = input.nextDouble();
        s = (a + b + c)/2;
        area = Math.sqrt(s * (s - a) * (s - b) * (s - c));
        System.out.println("三角形的面积为:" + area);
    }
}
```

程序运行结果如下：

```
请输入三角形的三个边长:3 4 5
三角形的面积为:6.0
```

【程序解析】 main()方法中声明了 a、b、c、s、area 共 5 个 double 类型的变量，分别表示三角形的三边、计算面积的中间量即三角形三边的一半和三角形的面积。接着，创建 Scanner 对象 input，接收从键盘输入的三角形的三个边长 3、4、5，并分别赋值给 a、b、c，然后计算三角形的面积 area，最后输出 area 的值。

main()各语句按照书写的先后顺序执行，属于顺序结构。

2.3 选择结构

在实际生活中经常需要作出一些判断，比如开车来到一个十字路口，通过路口是有条件的，这时需要对红绿灯进行判断：如果提示是红灯，就停车等候；如果是绿灯，就通行。同样，在程序中有些程序段的执行也是有条件的，当条件成立时执行一些程序段；当条件不成立时执行另一些程序段，或不执行，称为选择结构程序。

选择结构程序通过 Java 提供的选择语句对给定条件进行判断，根据条件满足与否执行对应的语句。选择结构有两种：if 语句和 switch 语句。

2.3.1　if 语句

if 语句中包含一个判断条件，用布尔表达式表示。用来判定所给定的条件是否满足。如果布尔表达式的值为 true，表示条件满足，执行某一条语句；如果布尔表达式的值为 false，表示条件不满足，执行另一条语句。

1. if 语句

if 语句的格式如下：

```
if(布尔表达式)
    语句 1
[else]
    [语句 2]
```

说明：

(1)如果布尔表达式的值为 true，执行语句 1；否则执行语句 2。其中 else 子句是可选项，如果没有 else 子句，在布尔表达式的值为 false 时，什么也不执行，形成单分支选择。

(2)语句 1 和语句 2 可以是一条简单语句，也可以是复合语句或其他构造语句。

if 语句的执行流程如图 2-1 所示。

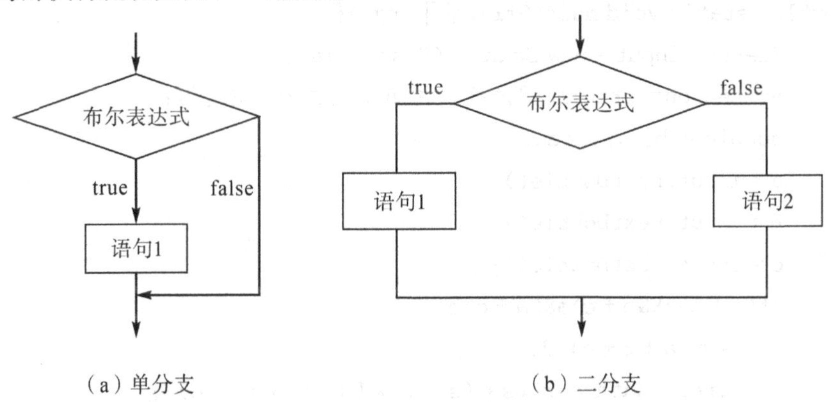

图 2-1　if 语句流程图

【例 2-3】　通过键盘输入一个整数，判断奇偶数。

```
import java.util.Scanner;
public class jiou{
    public static void main(String args[]){
        Scanner input = new Scanner(System.in);
        System.out.print("请输入一个数判断奇偶:");
```

```
        int num;
        num = input.nextInt();
        if(num % 2 = = 0)
        System.out.println("num 是一个偶数");
        else{
    System.out.println("num 是一个奇数");
        }
    }
}
```

程序运行结果如下：

```
请输入一个数判断奇偶:5
num 是一个奇数
```

【程序解析】 main()方法中声明了 num 是一个 int 类型的变量，表示从键盘输入一个需要判断奇偶的数。接着，创建 Scanner 对象 input，接收从键盘输入的需要判断奇偶的数。在 if 语句中，如果这个数可以被 2 整除，num 为偶数；否则，num 为奇数。输出 num 是奇数还是偶数。

【例 2-4】 输入三角形的三个边长，求三角形的面积。

```
import java.util.Scanner;
class Area{
    public static void main(String[] args){
        Scanner input = new Scanner(System.in);
        System.out.println("请输入三角形的三个边长:");
        double a,b,c,s,area;
        a = input.nextDouble();
        b = input.nextDouble();
        c = input.nextDouble();
        if(a + b>c&&b + c>a&&a + c>b){
            s = (a + b + c)/2;
            area = Math.sqrt(s * (s - a) * (s - b) * (s - c));
            System.out.println("边长为 a = " + a + " b = " + b + " c = " + c + "的三
                角形的面积为:" + area);
        }else{
            System.out.println("这三条边不能构成三角形!");
        }
    }
}
```

程序运行结果如下：

```
请输入三角形的三个边长：
3 4 5
边长为a=3.0 b=4.0 c=5.0 的三角形的面积为:6.0

请输入三角形的三个边长：
1 2 3
这三条边不能构成三角形!
```

【程序解析】 本例与例2-2的功能基本相同，都是根据接收到的三角形的三个边长求解三角形的面积。在例2-2中存在着隐患，当任意两边之和小于或等于第三边时，该三条边不能构成三角形，也就不能再计算三角形的面积了。本例中为解决此隐患，首先判断三条边中两两相加是否都大于第三边，如果满足条件，则计算由这三条边所构成的三角形的面积并输出；如果不满足条件，则输出“这三条边不能构成三角形”的提示。

2. if 语句嵌套

if 语句中可以包含 if 语句，形成 if 语句的嵌套。if 语句嵌套的一般形式如下：

```
if(布尔表达式 1)
    语句 1
else if(布尔表达式 2)
    语句 2
...
else if(布尔表达式 n)
    语句 n
```

【例2-5】 求三个数中的最大值

```
import java.util.Scanner;
public class Max{
    public static void main(String args[]) {
        Scanner input = new Scanner(System.in);
        System.out.println("输入三个数:");
        int a,b,c;
        int max;
        a = input.nextInt();
        b = input.nextInt();
        c = input.nextInt();
        if(a>b&&a>c)
            max = a;
        else if(c>a&&c>b){
            max = c;
        }else
```

```
            max = b;
        System.out.println("最大值是" + max);
    }
```

程序运行结果如下：

```
输入三个数：
3 6 10
最大值是 10
```

【程序解析】 main()方法中声明了 int 类型变量 a、b、c，表示三个数，max 表示最大值。接着，创建 Scanner 对象 input，接收从键盘输入的三个数并赋值给 a、b、c。在 if 语句中嵌套 if 语句，判断三个数谁最大。

2.3.2 switch 语句

一般情况下，简单的 if 语句仅可以处理一两个分支，分支较多的时候就必须用多分支 if 语句或者嵌套的 if 语句。但是分支越多，程序层次越庞大，可读性越差，容易产生错误，而且理解也比较困难。为此 Java 提供了一个专门用于处理多分支结构的条件选择语句，称为 switch 语句。switch 语句能够根据给定表达式的值，从多个分支中选择一个分支来执行。

switch 语句的格式如下：

```
switch(表达式)
{
    case 常量 1:语句序列 1;
        [break;]
    case 常量 2:语句序列 2;
        [break;]
...
    case 常量 n:语句序列 n;
        [break;]
    [default:  语句序列 n+1;]
}
```

说明：

(1)表达式的数据类型可以是 byte、char、short 和 int 类型，不允许使用浮点数类型和 long 类型。break 语句和 default 子句是可选项。

(2)switch 语句首先计算表达式的值，如果表达式的值和某个 case 后面的常量值相等，就执行该 case 子句中的语句序列，直到遇到 break 语句为止。如果某个 case 子句中没有 break 语句，一旦表达式的值与该 case 后面的常量值相等，在执行完该 case 子句中的语句序列后，继续执行后继的 case 子句中的语句序列，直到遇到 break 语句为止。如果没有一个常量值与表达式的值相等，则执行 default 子句中的语句序列；如果没有 default 子句，switch 语句不执行任何操作。

【例 2-6】 通过命令行输入 1～7 中的一个整数,输出相应的中文格式的星期。

```
import java.util.Scanner;
public class Level{
    public static void main(String args[]){
        Scanner input = new Scanner(System.in);
        System.out.print("请输入 1-7 中的一个整数:");
        int week;
        week = input.nextInt();
        switch(week){
            case 1: System.out.println("星期一");break;
            case 2: System.out.println("星期二");break;
            case 3: System.out.println("星期三");break;
            case 4: System.out.println("星期四");break;
            case 5: System.out.println("星期五");break;
            case 6: System.out.println("星期六");break;
            case 7: System.out.println("星期日");break;
            default:System.out.println("输入的数字不正确!");
        }
    }
}
```

程序运行结果如下:

```
请输入 1-7 中的一个整数:6
星期六
```

【程序解析】 main()方法中声明了 int 类型变量 week,表示通过命令行输入的整数。接着,创建 Scanner 对象 input,接收从键盘输入的整数,即 7,并赋值给 week。判断 week 的值与哪个 case 后面的常量相等,就执行该 case 子句中的输出语句,再执行 break 语句,显示对应中文格式的星期,结束 switch 语句;若 week 的值与 case 后面的常量都不匹配,则执行 default 中的输出语句,结束 switch 语句。

【例 2-7】 根据输入的数字判断是否中奖及获得的是几等奖。

```
import java.util.Scanner;
public class Level{
    public static void main(String args[]){
        Scanner input = new Scanner(System.in);
        System.out.print("请输入一个整数:");
        int num;
        num = input.nextInt();
        switch(num){
```

```
                case 36: System.out.println(num + "获得一等奖");break;
                case 29: System.out.println(num + "获得二等奖");break;
                case 70: System.out.println(num + "获得二等奖");break;
                case 45: System.out.println(num + "获得三等奖");break;
                default:System.out.println(num + "未获奖");
            }
        }
    }
```

程序运行结果如下：

```
请输入一个整数:36
36 获得一等奖
请输入一个整数:70
70 获得二等奖
请输入一个整数:33
33 未获奖
```

【程序解析】 本例使用 switch 语句，其关键是需要构造一个表达式。本例中，构造整数型数值表示中奖对应的号码，比如 36 对应一等奖，29、70 对应二等奖，45 对应三等奖。除了上面的号码，输入其他数字都对应未获奖。

程序中，用 int 类型变量 num 表示中奖对应的号码。创建 Scanner 对象 input，接收从键盘输入的整数，判断是否中奖。

2.4 循环结构

在实际生活中经常会将同一件事情重复做很多次。同样，有些程序段在某些条件下会重复执行多次，称为循环结构程序。

Java 提供了三种循环语句实现循环结构，包括 while 语句、do…while 语句和 for 语句。它们的共同点是根据给定条件来判断是否继续执行指定的程序段(循环体)。如果满足执行条件，就继续执行循环体，否则就不再执行循环体，结束语句。另外，每种语句都有自己的特点。在实际应用中，应该根据具体问题选择合适的循环语句。

2.4.1 while 语句

while 语句的语法如下：

```
while(布尔表达式)
    循环体
```

说明：

(1)布尔表达式表示循环执行的条件。

(2)循环体如果包含一个以上的语句，则应该用大括号括起来，以复合语句形式出现。如果不加大括号，则 while 语句的范围只到 while 后面第一个分号处。

(3)while 语句的执行过程是:计算布尔表达式的值,如果其值是 true,执行循环体;再计算布尔表达式的值,如果其值是 true,再执行循环体,形成循环;直到布尔表达式的值变为 false,结束循环,执行 while 语句的下一条语句。

while 语句的执行流程如图 2-2 所示。

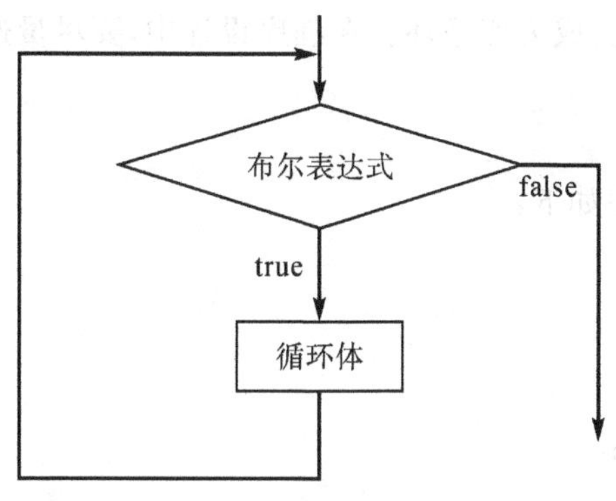

图 2-2　while 语句流程图

可见 while 语句的特点是先判断表达式,后执行循环体。

【例 2-8】 计算 1+1/2! +1/3! +1/4! +…前 10 项和。

```
public class Sum
{
    public static void main(String args[])
    {
        double sum = 0,item = 1;
        int i = 1,n = 10;
        while(i< = n)
    {
        sum + = item;
        i = i + 1;
        item = item * (1.0/i);
    }
    System.out.println("sum = " + sum);
  }
}
```

程序运行结果如下:

```
sum=1.7182818011463847
```

【程序解析】 程序中声明了 int 类型变量 i 和 n,并分别赋初值为 1 和 10,用来计算算式和控制循环次数,double 类型变量 sum、item 分别赋值 0、1,用来存放和计算算式。在 while 语句中,首先计算 i≤10 的值,其值为 true,执行循环体,sum 的值为 1,使 i 的值变为 2;再计算 i≤10 的值,其值为 true,执行循环体,使 sum 的值变为 1.5,使 i 的值变为 3;再计算 i≤10 的值，执行循环体……，直到 i 的值变为 11，计算 i≤10 的值，其值变为 false，结束 while 语句，输出 1+1/2！+1/3！+1/4！+…前 10 项和。

while 语句的特点是先判断，后执行。如果一开始布尔表达式的值就是 false，则循环体一次也不执行，所以 while 语句的最少循环次数是 0。在 while 语句中，如果循环条件保持 true 不变，循环就永不停止，成为死循环。在程序设计中，要尽量避免死循环的发生。

2.4.2 do…while 语句

do…while 语句的语法如下：

```
do
{
    循环体
}while(布尔表达式);
```

说明：

(1)布尔表达式表示循环执行的条件。

(2)循环体可以是一条语句，也可以是语句序列。

(3)do…while 语句的执行过程是：执行循环体，计算布尔表达式的值，如果其值是 true，再执行循环体，形成循环；直到布尔表达式的值变为 false，结束循环，执行 do…while 语句的下一条语句。

do…while 语句的控制流程如图 2-3 所示。

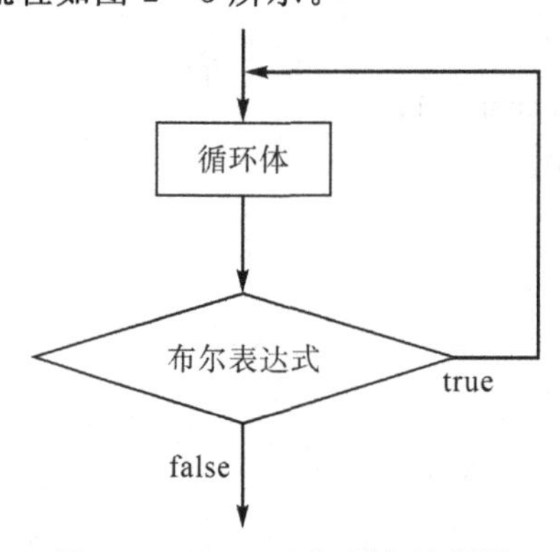

图 2-3 do…while 语句流程图

可见 do…while 语句的特点是先执行，后判断。所以 do…while 语句的循环体至少执行一次。

【例 2-9】 计算 10!。

```
public class Factorial{
    public static void main(String args[]){
        int i = 1;
        double s = 1;
        do{
```

```
            s* = i;
            i = i + 1;
        }while(i< = 10)
        System.out.println("10! = " + s);
    }
}
```

程序运行结果如下：

```
10! =3628800.0
```

【程序解析】 程序中声明了 int 类型变量 i 和 double 类型变量 s，并给 i 和 s 赋初值 1，分别用来控制循环次数和存放阶乘值。当 i 的值小于等于 10 时，循环执行循环体。在循环体中，首先计算 i≤10 的值，其值为 true，执行循环体，s 的值保持 1 不变，使 i 的值变为 2；再计算 i≤10 的值，其值为 true，执行循环体，使 s 的值变为 2!，使 i 的值变为 3；再计算 i≤10 的值，执行循环体……，直到 i 的值变为 11。计算 i≤10 的值，其值变为 false，结束 while 语句，输出 10!。

【例 2-10】 统计 1～50 中的奇数和与偶数的个数。

```
public class Num{
    public static void main(String args[]){
        int i = 1,oddCount = 0,evenCount = 0;
        do{
            if(i % 2 = = 0)
                evenCount + = 1;
            else
                oddCount + = 1;
            i++;
        }while(i< = 50);
        System.out.println("odd count = " + oddCount);
        System.out.println("even count = " + evenCount);
    }
}
```

程序运行结果如下：

```
odd count=25
even count=25
```

【程序解析】 程序中声明了 int 类型变量 i、oddCount 和 evenCount，并给 i 赋初值 1，给 oddCount 和 evenCount 赋初值 0，分别用来控制循环次数、存放奇数个数值及偶数个数值。当 i 的值小于等于 50 时，循环执行循环体。在循环体中，如果 i%2==0 的值是 true，表明 i 是偶数，将 evenCount 加 1；如果 i%2==0 的值是 false，表明 i 是奇数，oddCount 加

1。最后输出 oddCount 和 evenCount 的个数。

2.4.3 for 语句

for 语句是使用比较频繁的一种循环语句，其语法如下：

```
for(表达式 1;表达式 2;表达式 3)
    循环体
```

说明：

(1)表达式 1 的作用是给循环控制变量(及其他变量)赋初值；表达式 2 为布尔类型，给出循环条件；表达式 3 给出循环控制变量的变化规律，通常是递增或递减的。

(2)循环体可以是一条简单语句，也可以是复合语句。

(3)for 语句的执行过程是：执行表达式 1 给循环控制变量(及其他变量)赋初值；计算表达式 2 的值，如果其值为 true，执行循环体；执行表达式 3，改变循环控制变量的值；再计算表达式 2 的值，如果其值是 true，再执行循环体，形成循环，直到表达式 2 的值变为 false，结束循环，执行 for 语句的下一条语句。

for 语句控制流程如图 2-4 所示。

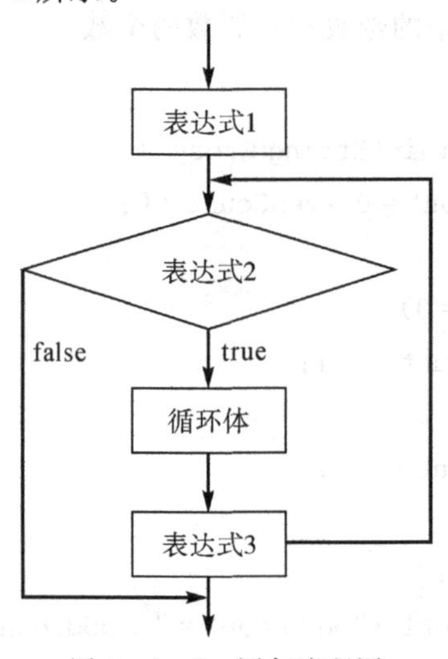

图 2-4 for 语句流程图

【例 2-11】 利用 for 语句循环输出 1～10。

```
public class test {
    public static void main(String[] args) {
        for (int i = 1; i <= 10; i++) {
            System.out.print(i + " ");
        }
    }
}
```

程序运行结果如下：

```
1 2 3 4 5 6 7 8 9 10
```

【程序解析】 程序中声明了 int 类型变量 i，用来表示第几项。在 for 语句中，循环控制变量的初值是 1，每循环 1 次，其值增加 1，根据循环条件 i≤10，很容易判断出共循环 10 次。在循环体中，每次都基于上一次的值加 1。

【例 2-12】 求 1～100 的偶数和及 1～100 的奇数和。

```
public class Demo01 {
    public static void main(String[] args) {
        int total;
        total = 0;
        for(int i = 1;i< = 100;i ++ ){
            if(i % 2 = = 0){
                total + = i;
            }
        }
        System.out.println("求 1 - 100 的偶数和:" + total);
        System.out.println("-------------------");

        //求 1～100 的奇数和

        total = 0;
        for(int i = 1;i< = 100;i ++ ){
            if(i % 2 = = 1){
                total + = i;
            }
        }
        System.out.println("求 1 - 100 的奇数和:" + total);
        System.out.println("-------------------");
}
```

程序运行结果如下：

```
求 1 - 100 的偶数和:2550
-------------------
求 1 - 100 的奇数和:2500
-------------------
```

【程序解析】 程序中声明了首先使用 int 定义了变量 total，作为 1～100 的和，每次运行结束后会使 total 变为 0。在每个循环里设置想要求出的奇数和或偶数和的判断条件，将它们利用 for 循环累加起来，循环结束后输出值。

2.4.4 多重循环

如果循环语句的循环体中又包含循环语句，就形成多重循环结构，成为循环嵌套。循环嵌套既可以是一种循环语句的自身嵌套，也可以是不同循环语句的相互嵌套。循环嵌套时，要求内循环完全包含在外循环之内，不允许出现相互交叉。

例如：

```
for(; ; )           //外循环开始
{ …
    for(; ; )       //内循环开始
    {…}             //内循环结束
}                   //外循环结束

for(; ; )           //外循环开始
{ …
    do              //内循环开始
    {…
    }while();       //内循环结束
}                   //外循环结束
```

【例 2-13】 百鸡百钱：一只公鸡 1 文钱，一只母鸡 2 文钱，一只小鸡半文钱，需要买 100 只鸡，正好花完 100 文钱，可以怎么买？有多少种买法？

```
public class Array{
    public static void main(String args[]) {
    int ff = 0;
    for(int g = 0;g< = 100;g ++ )
    {
        for(int m = 0;m< = 50;m ++ )
        {
            for(int x = 0;x< = 200;x ++ )
            {
                if(g + m + x = = 100 && g + 2 * m + 0.5 * x = = 100)
                {    ff ++ ;
                    System.out.println("可买公鸡" + g + "只，母鸡" + m + "只，小
                                        鸡" + x + "只");
                }
            }
        }
    }
```

```
        System.out.print("共有" + ff + "种方法购买");
    }
}
```

程序运行结果如下：

```
可买公鸡 1 只,母鸡 33 只,小鸡 66 只
可买公鸡 4 只,母鸡 32 只,小鸡 64 只
可买公鸡 7 只,母鸡 31 只,小鸡 62 只
可买公鸡 10 只,母鸡 30 只,小鸡 60 只
可买公鸡 13 只,母鸡 29 只,小鸡 58 只
可买公鸡 16 只,母鸡 28 只,小鸡 56 只
可买公鸡 19 只,母鸡 27 只,小鸡 54 只
可买公鸡 22 只,母鸡 26 只,小鸡 52 只
可买公鸡 25 只,母鸡 25 只,小鸡 50 只
可买公鸡 28 只,母鸡 24 只,小鸡 48 只
可买公鸡 31 只,母鸡 23 只,小鸡 46 只
可买公鸡 34 只,母鸡 22 只,小鸡 44 只
可买公鸡 37 只,母鸡 21 只,小鸡 42 只
可买公鸡 40 只,母鸡 20 只,小鸡 40 只
可买公鸡 43 只,母鸡 19 只,小鸡 38 只
可买公鸡 46 只,母鸡 18 只,小鸡 36 只
可买公鸡 49 只,母鸡 17 只,小鸡 34 只
可买公鸡 52 只,母鸡 16 只,小鸡 32 只
可买公鸡 55 只,母鸡 15 只,小鸡 30 只
可买公鸡 58 只,母鸡 14 只,小鸡 28 只
可买公鸡 61 只,母鸡 13 只,小鸡 26 只
可买公鸡 64 只,母鸡 12 只,小鸡 24 只
可买公鸡 67 只,母鸡 11 只,小鸡 22 只
可买公鸡 70 只,母鸡 10 只,小鸡 20 只
可买公鸡 73 只,母鸡 9 只,小鸡 18 只
可买公鸡 76 只,母鸡 8 只,小鸡 16 只
可买公鸡 79 只,母鸡 7 只,小鸡 14 只
可买公鸡 82 只,母鸡 6 只,小鸡 12 只
可买公鸡 85 只,母鸡 5 只,小鸡 10 只
可买公鸡 88 只,母鸡 4 只,小鸡 8 只
可买公鸡 91 只,母鸡 3 只,小鸡 6 只
可买公鸡 94 只,母鸡 2 只,小鸡 4 只
可买公鸡 97 只,母鸡 1 只,小鸡 2 只
可买公鸡 100 只,母鸡 0 只,小鸡 0 只
共有 34 种方法购买
```

【程序解析】 定义的 g、m、x 分别代表母鸡数、公鸡数和小鸡数，g+m+x==100 && g+2*m+0.5*x==100 表示三种鸡共 100 只，先买公鸡，再买母鸡，最后买小鸡。

【例 2-14】 求 9×9 乘法表。

```
public class MultiplicationTable {
    public static void main(String[] args){
        for(int i=1;i<=9;i++){
            for(int j=1;j<=i;j++){
                System.out.print(j+"×"+i+"="+i*j+"\t");
            }
            System.out.println();
        }
    }
}
```

程序运行结果如下：

```
1×1=1
1×2=2 2×2=4
1×3=3 2×3=6  3×3=9
1×4=4 2×4=8  3×4=12 4×4=16
1×5=5 2×5=10 3×5=15 4×5=20 5×5=25
1×6=6 2×6=12 3×6=18 4×6=24 5×6=30 6×6=36
1×7=7 2×7=14 3×7=21 4×7=28 5×7=35 6×7=42 7×7=49
1×8=8 2×8=16 3×8=24 4×8=32 5×8=40 6×8=48 7×8=56 8×8=64
1×9=9 2×9=18 3×9=27 4×9=36 5×9=45 6×9=54 7×9=63 8×9=72 9×9=81
```

【程序解析】 定义的 int 类型 i、j 分别表示行数和列数，外层控制行数、内层控制列数，当行数 i 确定后，列数是小于等于 i 的，左边数字表示 j，右边数字表示 i。

2.5 跳转语句

在 Java 语言中，提供了 break 和 continue 语句，可用于控制流程转移。

1. break 语句

在执行循环语句时，在正常情况下只要满足给定的循环条件，就应当一次一次地重复执行循环体，直到不满足给定的循环条件为止。但是在有些情况下，需要提前结束循环。

break 语句可以用来实现提前结束循环。它可用于 switch 语句或 while、do…while、for 循环语句。如果程序执行到 break 语句，则立即从 switch 语句或循环语句退出。

break 语句的一般形式为

break;

break 语句不能用于循环语句和 switch 语句之外的任何其他语句中。

【例2-15】 编写程序,判断元素是否存在于所给的数组中,并指出索引下标。

```
public class Main{
    public static void main(String[] args){
        int[] arr = { 99,12,22,34,45,67,5678,8990 };
        int no = 22;
        int i = 0;
        boolean found = false
        for ( ; i < arr.length; i++){
            if (arr[i] == no){
                found = true;
                break;
            }
        }
        if (found){
            System.out.println(no + " 元素的索引位置在:" + i);
        }
        else{
            System.out.println(no + " 元素不在数组中");
        }
    }
}
```

程序运行结果如下所示:

```
22 元素的索引位置在:2
```

【程序解析】 main()方法中共声明了3个int类型的变量,分别表示给定数组、数组中元素、索引下标。Boolean判断元素是否在数组中,在for循环中使用if语句判断是否能在数组中找到所给元素的下标值,若满足条件,则输出下标值。当满足条件后,使用break语句结束循环。

2. continue语句

continue语句可以用来提前结束循环。它可用于for、do…while和while语句的循环体中,如果程序执行到continue语句,则结束本次循环,回到循环条件处,判断是否执行下一次循环。

continue语句的一般形式为

continue;

【例2-16】 求1~100内的奇数之和。

```
public class Sum{
    public static void main(String args[]){
        int sum = 0;
```

```
        for(int i = 1;i< = 100;i ++ ){
            if(i % 2 = = 0)
                continue;  //结束本次循环
                sum + = i;
            }
            System.out.println("1 + 3 + 5 + … + 99 = " + sum);
        }
    }
```

程序运行结果如下所示：

```
1+3+5+...+99=2500
```

【程序解析】 main()方法中声明了 1 个 int 类型的变量 sum，用来放置 1～100 内奇数的和值。接着，使用 for 循环遍历 1～100 内的数，若 i 是奇数，则累加到 sum；若 i 是偶数，则使用 continue 结束本次循环，并回到循环条件处，判断是否执行下一次循环。

continue 语句和 break 语句的区别是 continue 语句只结束本次循环，而不是终止整个循环的执行；而 break 语句则是结束整个循环过程，不再判断执行循环的条件是否成立。

break 语句和 continue 语句能够控制循环体的执行流程，但从结构化程序设计的角度考虑，不鼓励使用这两种跳转语句。

练习题

1. 下面是一个 switch 语句，利用嵌套 if 语句完成相同的功能。

```
switch(grade)
{
    case 7:
    case 6: a = 11;
        b = 22;
        break;
    case 5: a = 33;
        b = 44;
        break;
    default: aa = 55;
        break;
}
```

2. While 和 do…while 语句有何异同？
3. 利用 switch 语句，将百分制成绩转换成 5 级制成绩。其对应关系如下所示。

    0～59 ：E

    60～69：D

70～79：C

80～89：B

90～100：A

4. 输入一个16位的长整型数，利用switch语句统计其中0～9每个数字出现的次数。
5. 利用while语句计算2＋4＋6＋…＋100。
6. 利用for语句计算1＋3＋5＋…＋99。
7. 利用do…while语句计算1！＋2！＋…＋10!。
8. 水仙花数是指其个位、十位和百位3个数的平方和等于这个三位数本身的数。求所有的水仙花数。

第3章　类与对象

本章学习目标：

1. 理解面向过程和面向对象的区别。
2. 理解类、对象、消息、封装、继承、多态等基本概念。
3. 掌握类的定义、对象的创建与使用。
4. 掌握 private、protected、public、static、this、super 以及 final 关键字的用法。
5. 理解方法重载和方法覆盖的基本概念，掌握方法重载和方法覆盖的定义。
6. 掌握上转型和下转型对象的定义与使用。
7. 掌握内部类和匿名内部类的定义与使用。

3.1　面向对象的概念

在面向对象程序设计技术产生之前，人们普遍采用面向过程的方式进行软件开发。面向过程只是针对程序本身来解决问题，以实现程序的基本功能为主，实现之后就完成了程序设计，不太关注程序修改的可能性。面向对象更多的是要进行子模块化的设计，每一个模块都需要单独存在，并且可以被重复利用。所以面向对象的开发更像是一个标准的开发模式。

利用面向对象技术进行软件开发一般分为三个过程：面向对象分析（object oriented analysis，OOA）、面向对象设计（object oriented designing，OOD）和面向对象编程（object oriented programming，OOP）。OOA 是从世界观的角度去分析问题，认为世界是由各种各样具有自己的运动行为和内部状态的对象所组成的，不同对象之间的相互作用和通信构成了完整的世界。了解某个问题所涉及的对象、对象之间的关系和作用，抽象该问题的对象模型，使这个对象模型能够真实反映出问题的本质。针对不同的问题性质选择不同的抽象层次，了解和解决问题的本质属性。OOD 是从方法论的角度去设计对象模型，围绕世界中的对象构造系统，而不是围绕功能构造系统。根据所应用的面向对象软件开发环境的不同，在对问题的对象模型分析的基础上，对其进行修正，在软件系统内设计各个对象、对象之间的关系和通信方式等。OOP 是从程序实现的角度去解决问题，程序对象应该是将组成对象的状态数据代码和对象具备的行为功能代码封装成一个整体，符合“高内聚、低耦合”的原则。OOP 实现对象的内部功能，确定对象的哪些功能在哪些类中描述，确定并实现程序的界面、输出形式及其他控制机制等，完成在面向对象设计阶段所规定的各个对象应该完成的任务。

3.2 类与对象概述

3.2.1 类的基本概念

类的出现是为了让程序设计语言能更清楚地描述日常生活中的事物。类是对某一类型事物在概念上的抽象描述。而对象则是实际存在的属于某类型的一个单独个体，因而也称为实例(instance)。在现实世界中与我们打交道的都是各种不同类型的对象，而类是看不见、摸不着的。类可以看作是生产对象的“模板”，通过这些“模板”就可以创建出属于这些类的多个不同的对象，这些对象之间相互作用，就可以完成软件的功能。因此如何设计出类是面向对象程序设计的重点。

通常类是由数据成员(data member)和方法成员(method member)两大部分构成的，其中数据成员表示类的属性，方法成员表示类具有的行为，也就是说类规定了对象所具有的属性和行为。假如要用Java语言来描述矩形(假定只考虑矩形的尺寸信息)，能够保存矩形的宽度和高度，还能计算出矩形的面积和周长。高度(height)和宽度(width)可以说是矩形类(Rectangle)的数据成员。对矩形类而言，除了宽度和高度这两个数据之外，还需要把计算面积与周长的这两个方法包含到矩形类中，使它们成为类的方法成员。在面向过程的程序设计语言里，计算面积与周长等相关的功能通常可交给独立的函数来处理，但在面向对象程序设计中，这些函数需要被封装在类中，充当类的方法成员。

3.2.2 类的定义

由于类是将数据和方法封装在一起的一种数据结构，其中数据表示类的属性，方法表示类的行为，所以定义类实际上就是定义类的属性与方法。用户定义一个类实际上就是定义一种新的数据类型。在使用类之前，必须先定义它，然后才可以利用所定义的类来创建并使用对象。

1. 类的结构

定义类的一般语法结构如下：

```
[类修饰符] class 类名 [extends 父类名] [implements 接口列表名]
{
    [修饰符] 数据类型 成员属性名称 [= 初始值] [,属性名[=初始值]…];   } 定义成员属性
        ⋮
[修饰符] 返回值数据类型 方法名([参数1,参数2,…]) [throws 异常类型列表]   ┐
{                                                                      │
    语句序列;                                                          ├ 定义成员方法
    return [表达式];                                                   │
}                                                                      ┘
        ⋮
}
```

其中,方括号"[…]"中的内容是可选项。class 是定义类的关键字,类名应该符合 Java 标识符命名规则。修饰符是一组限定类、成员属性和成员方法是否可以被程序里的其他部分访问和调用的控制符。其中,类的修饰符可以使用 public、abstract、final 和缺省等关键字(具体含义如表 3-1 所示)。extends 表示当前类是哪个类的子类,后面跟父类名称,如果没有 extends 子句,Java 编译器默认当前类的父类是 java. lang. Object。implements 子句是指该类要实现的一个或多个接口。

表 3-1 类修饰符的含义

修饰符	功能说明
public	表示将该类声明为公共类,它可以在任何类中被访问
abstract	表示将该类声明为抽象类(具体见 abstract 关键字的说明)
final	表示将该类声明为最终类,它不能被其他类继承(具体见 final 关键字的说明)
缺省	表示将该类声明为缺省类,该类只能被相同包中的对象使用

注意:abstract 和 final 这两个修饰符不能同时出现在一个类的定义中。

2. 成员属性

一个类的成员属性描述了该类的内部信息,一个类可以有任意多个成员属性,取决于类的复杂程度。不同的成员属性可能属于同种数据类型,也可能属于不同的数据类型。成员属性的定义格式如下:

[修饰符] 属性的数据类型 属性名 [= 初始值][,属性名[=初始值]…];

例如:

```
protected double radius = 4.5,perimeter = 2.5;
```

注意:

(1)定义成员属性时可以同时赋初值,如果没有赋初值,成员属性都有缺省的初值。

(2)只能在类的方法中操作成员属性。

成员属性的修饰符可以使用 public、protected、缺省、private、final、static、transient 和 volatile 等,它们的具体含义如表 3-2 所示。成员属性的数据类型可以是 Java 的 8 个基本数据类型,也可以是引用数据类型。属性名称必须是 Java 语言合法的标识符,命名要做到见名识意。属性可以在定义的时候赋初值,也可以在其他方法(例如构造方法)中赋值。如果属性在定义的时候没有显式赋初值,系统会根据属性类型给出默认的初始值见表 3-3。

表 3-2 成员属性修饰符的含义

修饰符	功能说明
public	公共访问控制符,表示该属性是公共的,可以被任何类所访问
protected	保护访问控制符,表示该属性只可以被它自己、子类以及同一个包中的其他类访问
缺省	缺省访问控制符,表示该属性只可以被它自己和同一个包中的其他类访问,非同一个包中的其他类不能访问

续表

修饰符	功能说明
private	私有访问控制符，表示该属性只能被它自己的类访问，其他任何类(包括子类)均不能访问此属性
final	最终修饰符，表示该属性的值不能被修改
static	静态修饰符，表示该属性能够被该类的所有对象共享
transient	过度修饰符，表示该属性是一个系统保留、暂无特别作用的临时性属性
volatile	易失修饰符，表示该属性可以同时被几个线程控制和修改

注意：public、protected、缺省和 private 这四个修饰符中只能选择一个作为属性的访问控制符。

表 3-3 成员方法修饰符的含义

修饰符	功能说明
public	公共访问控制符，表示该方法是公共的，可以被任何类所访问
protected	保护访问控制符，表示该方法只可以被它自己、子类和同一个包中的其他类访问
缺省	缺省访问控制符，表示该方法只可以被它自己和同一个包中的其他类访问，非同一个包中的其他类不能访问
private	私有访问控制符，表示该方法只能被它自己的类访问，其他任何类(包括子类)均不能访问此方法
final	最终修饰符，表示该方法不能被覆盖(重写)
abstract	抽象修饰符，表示该方法没有方法体
static	静态修饰符，表示该方法可以通过类名称来调用
synchronized	同步修饰符，在多线程程序中，该修饰符用于在运行前对它所修饰的方法加锁，以防止其他线程访问。方法运行结束后释放锁
native	本地修饰符，表示此方法的方法体是用其他语言(例如 C 语言)在程序外部定义的

注意：

(1)public、protected、缺省和 private 这四个修饰符中只能选择一个作为方法的访问控制符。

(2)final 和 abstract 这两个修饰符不能同时用来修饰成员方法。

3. 成员方法

成员方法表示类的行为，也就是该类所具有的操作功能，在成员方法内部用来对成员属性、局部变量或者其他对象的方法进行操作，也是类与外界进行交互的重要窗口。声明成员方法的语法格式如下：

```
[修饰符]返回值的数据类型 方法名([参数1,参数2,…]) [throws 异常类型列表]
{
    语句序列;
    return [表达式];
}
```

成员方法的修饰符可以使用 public、protected、缺省、private、final、abstract、static、synchronized 和 native 等，它们的具体含义如表 3-3 所示。返回值的数据类型是指该方法执行结束后会返回一个此类型的值，可以是 Java 基本数据类型，也可以是 Java 的引用数据类型。返回的值必须由方法体中的 return 语句显式标出；如果没有返回值，那么返回的数据类型写 void，且不用写 return 语句。形参列表是指该方法所需要的参数，可以有 0 个或多个。throws 异常列表是指该方法在被调用时可能会产生的异常类型，需要编写程序时提前指明。

下面定义表示矩形的类：

```
public class Rectangle
{
    private int width;//表示宽度
    private int height;//表示高度
    public int perimeter() //计算周长的方法
    {
        return (width + height) * 2;
    }
    public int area() //计算面积的方法
    {
        int area = 0;
        area = width * height;
        return area;
    }
}
```

4. 成员属性(变量)与局部变量的区别

类体中定义的变量是成员属性，而方法体中定义的变量是局部变量。它们的区别主要表现在以下几个方面。

(1)从语法形式比较：成员属性是属于类的，可以被当前类中定义的所有方法所访问，而局部变量是在方法体中定义的变量或方法的参数，只能在定义它的方法中使用(例如上述 Rectangle 类中 area()方法中的 area 就是局部变量)；成员属性可以被表 3-2 中列举的修饰符所修饰，而局部变量只能被 final 修饰。

(2)从存储方式比较：成员属性是对象的一部分，随对象存储在堆内存中；而局部变量存在于栈内存中。

(3)从生存周期比较：成员属性随对象的创建而存在，当对象被当作垃圾回收，成员属性就消失；局部变量随着方法的调用而产生，随着方法调用的结束而消失。

(4)从赋初值方式比较：成员属性如果没有被赋初值，系统会自动以类型的默认值赋值(被 final 修饰的成员属性必须显式赋值)；局部变量不会自动赋初值，必须显式赋初值后才能使用。

(5)如果局部变量与成员属性同名，那么在局部变量所在的方法内，同名的成员属性会被隐藏,优先使用局部变量。

3.2.3 创建对象

面向对象程序中使用类来创建对象,一旦对象被创建,那么这个对象就可以使用类中定义的属性和方法。一个面向对象程序中会存在多个不同类型的对象,对象之间靠互相传递消息而相互作用。程序复杂,对象的类型和个数就多;程序简单,对象的类型和个数就少。消息传递的结果是启动了方法,执行相应的行为或者修改接收消息的对象属性。对象一旦完成了它的工作,就会被当作垃圾回收,所占用的资源将被系统回收以供其他对象使用。所以一个对象在内存中的生命周期是创建→使用→销毁。

要创建属于某类的对象,可通过如下两个步骤来完成。

(1)定义指向"由类创建的对象"的变量,这个变量就是对象名。

(2)利用 new 运算符在堆内存中为要创建的对象分配内存空间,并将内存首地址赋值给(1)中定义的对象名。

Java 语言把内存分为两种:栈内存和堆内存。在方法中定义的一些基本类型的变量和对象的引用变量都在方法的栈内存中分配,当在一段代码块中定义一个变量时,Java 就在栈内存中为这个变量分配内存空间;当超出变量的作用域后,Java 会自动释放掉为该变量所分配的内存空间。

堆内存用来存放由 new 运算符创建的对象和数组,在堆中分配的内存,由 Java 虚拟机的自动垃圾回收器来管理。在堆中创建了一个对象或数组后,同时在栈中定义一个特殊的变量,让栈中的这个变量的取值等于对象或数组在堆内存中的首地址。栈中的这个变量就成了对象或数组的引用变量。引用变量实际上保存的是对象或数组在堆内存中的首地址(也称为对象的句柄),以后就可以在程序中使用栈的引用变量来访问堆中的对象或数组。引用变量就相当于为对象或数组起的一个名称。引用变量是普通的变量,定义时在栈中分配,引用变量在程序运行到其作用域之外后被释放。而对象或数组本身在堆内存中分配,即使程序运行到使用 new 运算符创建对象或数组的语句所在的代码块之外,对象或数组本身所占据的内存也不会被释放。对象和数组在没有引用变量指向它时会变为垃圾,不能再被使用,但仍然占据内存空间不放,在随后一个不确定的时间被垃圾回收器回收(释放掉),这也是 Java 比较占内存的原因。

Java 有一个特殊的引用型常量 null,如果将一个引用变量赋值为 null,则表示该引用变量不引用(指向)任何对象。

例如要创建矩形类的对象,可以使用如下两条语句来完成,内存示意如图 3-1 所示。

```
Rectangle  rec1;           //定义指向矩形类对象的名字 rec1
rec1 = new Rectangle( );   //利用 new 创建矩形类的对象,并让变量 rec1 指向它
```

一般情况下,在创建对象时也可以将上面的两个语句合并成一行,即在定义对象名称的同时使用 new 运算符创建对象,并将对象名称与具体对象关联起来。语句如下:

```
Rectangle rec1 = new Rectangle ( );   //定义并创建新的对象,让 rec1 指向该对象
```

当一个对象被创建时,会对其中各种类型的成员属性进行初始化。如果成员属性没有被显式地初始化,那么该成员属性就会按表 3-4 自动进行初始化。除了基本类型之外的变

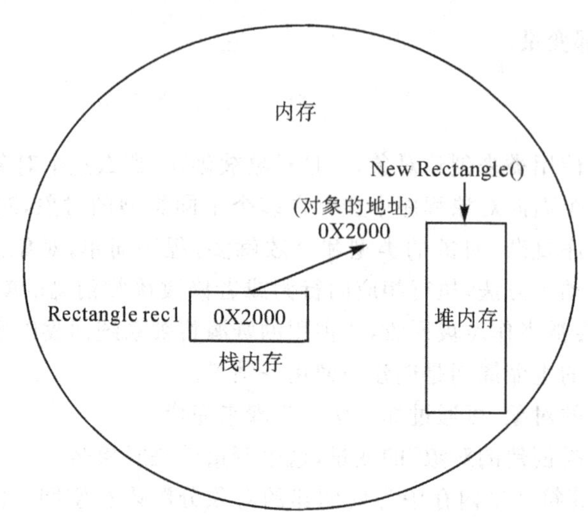

图 3-1 rec1 对象的内存示意图

量都是引用类型。

表 3-4 成员属性的初始值

成员属性类型	初始值	成员属性类型	初始值
byte	0	double	0.0D
short	0	char	'\u0000'
int	0	boolean	false
long	0	所有引用类型	null
float	0.0f	—	—

3.2.4 使用对象

对象创建完成之后就可以使用对象了，通常就是访问对象的成员属性和方法。通过对象来使用成员属性的格式如下：

对象名.成员属性名

通过对象使用成员方法的格式如下：

对象名.成员方法名([参数列表])

实例代码 Demo3_1 定义了矩形类，在 main()方法中创建了相应的对象，通过对象调用了计算周长和面积的方法。

```
class Rectangle
{
    int width = 2;          //成员属性 width 表示宽度，显式赋初值为 2
    int height = 3;         //成员属性 height 表示高度，显式赋初值为 3
    public int perimeter()      //定义成员方法，计算矩形的周长
```

```
    {
        return (width + height) * 2;
    }
    public int area()          //定义成员方法,计算矩形的面积
    {
        return width * height;
    }
}
public class Demo3_1
{
    public static void main(String[] args)
    {
        Rectangle rec1 = new Rectangle();    //创建矩形的对象 rec1
        rec1.height = 3;
        rec1.width = 5;      //访问对象的成员属性,为它们重新赋值
        //调用 rec1 的 perimeter 方法,输出 rec1 的周长
        System.out.println("rec1 的周长是:" + rec1.perimeter());
        //调用 rec1 的 area 方法,输出 rec1 的面积
        System.out.println("rec1 的面积是:" + rec1.area());
        Rectangle rec2 = new Rectangle();   //创建矩形的对象 rec2
        System.out.println("rec2 的周长是:" + rec2.perimeter());
                                                        //输出 rec2 的周长
        System.out.println("rec2 的面积是:" + rec2.area());  //输出 rec2 的面积
    }
}
```

运行结果如下:

```
rec1 的周长是:16
rec1 的面积是:15
rec2 的周长是:10
rec2 的面积是:6
```

在 Demo3_1 中创建了两个矩形类型的对象,分别是 rec1 和 rec2。rec1 使用对象访问成员属性给宽和高两个属性重新赋了值,并访问对象的成员方法输出了周长和面积。rec2 对象并没有给成员属性重新赋值,使用了宽和高的默认初始值,也访问了对象的成员方法输出了周长和面积。

注意:如果是在当前类中访问自己的成员属性和方法,前面可以不用加对象名。例如在 Rectangle 类中要访问 width、height 属性或者 perimeter()和 area()方法,不需要用对象名。

3.3 构造方法

构造方法(constructor)是一种特殊的方法,它的主要作用是完成对象的初始化操作,一般情况下给对象的成员属性赋初值。构造方法的名称必须与它所在的类名完全相同,所以普通成员方法的命名规则不适用于构造方法。构造方法没有返回值,方法名前面也不能用void修饰。构造方法不需要在程序中直接调用,它是由创建对象时的new关键字来调用的,所以任何一个类都必须有自己的构造方法。构造方法的定义格式如下:

```
[修饰符]类名([参数1,参数2,…])[throws 异常类型列表]
{
    //方法体
}
```

实例代码Demo3_2中重新定义了矩形类,在main()方法中调用Rectangle类带参数的构造方法创建对象,通过对象调用计算周长和面积的方法。

```
class Rectangle
{
    int width;          //表示宽度
    int height;         //表示高度
    public Rectangle(int w,int h)  //带有参数的构造方法
    {
        width = w;
        height = h;     //在构造方法中给两个成员属性赋值
    }
    public int perimeter()
    {
        return (width + height) * 2;
    }
    public int area()
    {
        return width * height;
    }
}
public class Demo3_2
{
    public static void main(String[] args)
    {
        Rectangle rec3 = new Rectangle(10,20);//调用带参数的构造方法创建对象
    System.out.println("rec3的周长是:" + rec3.perimeter());
```

```
        System.out.println("rec3 的面积是:" + rec3.area());
    }
}
```

在 Demo3_2 中的 Rectangle 类中定义了带有参数的构造方法 Rectangle(int w,int h),该构造方法的作用是将形参 w 和 h 的值分别赋值给成员属性 width 和 height。在 main()方法中创建 Rectangle 类的对象 rec3,并调用 Rectangle(10,20)构造方法,那么 rec3 的宽度值为 10,高度值为 20。

构造方法是一种特殊的与类名相同的方法,专门用于在创建对象时完成初始化工作。构造方法的特殊性主要体现在以下几个方面。

(1)构造方法的名字必须与类同名。

(2)构造方法没有返回值,不能使用 void 修饰符。

(3)构造方法只能出现在 new 运算符的后面,不能通过对象直接调用。

(4)构造方法的主要功能是完成对象的初始化工作。

(5)构造方法前面不能添加 static、synchronized 关键字。

注意:

(1)如果一个类没有显式定义构造方法,Java 编译器会自动为该类添加一个默认无参数的构造方法,该构造方法的方法体中没有任何代码。例如在 Demo3_1 中的 main()方法中创建 Rectangle 对象就是调用了 Rectangle 类的默认构造方法。

(2)如果开发人员已经显式地为某个类定义了构造方法,那么 Java 编译器不会再为该类添加默认无参的构造方法。

(3)可以定义多个重载的构造方法,初始化对象时按照参数决定调用哪个构造方法(方法重载见本章 3.8.2 节描述)。

(4)可以在构造方法体中调用另一个重载的构造方法,具体见本章 3.9.1 节 this 关键字的用法。

3.4 匿名对象

匿名对象顾名思义就是这个对象没有名字,在创建对象时并没有为该对象定义引用变量,通过 new 关键字调用构造方法创建对象之后,紧接着调用该对象的属性或方法。例如,在实例代码 Demo3_2 中将下列两句代码:

```
Rectangle rec3 = new Rectangle(10,20);
System.out.println("rec3 的周长是:" + rec3.perimeter());
```

改为

```
System.out.println("该匿名对象的周长是:" + new Rectangle(10,20).perimeter());
```

也就是说 new Rectangle(10,20)就是匿名对象。这个语句没有定义指向对象的引用变量(即在栈内存中没有保存该对象的地址),而是直接通过 new 运算符创建了 Rectangle 对象并调用了 perimeter()方法。当这个方法调用完成后,该匿名对象也就变成了垃圾对象。

多数情况下并不建议使用匿名对象,仅在以下情况使用匿名对象:

(1)如果使用对象只调用一次该对象的属性或方法,可以把这个对象定义为匿名对象。

(2)如果方法的参数是引用数据类型,可以将匿名对象作为实参进行方法调用。

3.5 包

利用面向对象语言设计的应用程序在运行时,其实就是在内存中存在若干个不同类型的对象,它们之间相互调用从而实现系统功能。但由于 Java 编译器为每个类生成一个字节码文件,Java 语言要求文件名与类名相同,因此若要将多个类放在一起,就要保证类名不重复。但当声明的类很多时,类名冲突的可能性很大,这时就需要利用合理的机制来管理这些类。Java 语言中引入了包(package)的概念来管理类名空间。通过包把各类字节码文件组织在一起,使得程序结构分明、功能清晰。

3.5.1 包的概念

对于包的概念,应该从以下几方面理解。

(1)包相当于操作系统中的文件夹,它是用来管理字节码文件的,是由各种不同的字节码文件组成的一种松散的结构。

(2)每个包对应一个文件夹,包中还可以定义子包,形成包的层次关系。

(3)包及子包的定义,实际上是为了解决类名命名冲突的问题,它与类的继承没有关系。

(4)一般不要求位于同一包中的类有明确的相互关系,如包含、继承等,仅是为了便于管理。

(5)同一个包中的类不需要引用就可以相互访问(不需要定义 import 语句),所以通常把需要一起工作的类放在同一个包中。

(6)同一个包中类名不能重复,但不同的包中可以有重名的类。

(7)在 Java 源文件中可以声明类所在的包,相当于说明 Java 源文件编译所生成的字节码存放在什么位置。

3.5.2 使用 package 语句创建包

Java 利用 package 语句在源文件中定义字节码所在的包,它的格式为

```
package 包名 1[.包名 2[.包名 3]…];
```

package 语句必须出现在源文件中的首行,有且仅有一句。经过 package 的声明之后,在同一源文件内的所有类或接口都被放到相同的包中。Java 编译器把包当作文件系统的文件夹来进行管理。例如,在名为 mypackage 的包中,所有字节码文件都存放在 mypackage 文件夹下。同时,在 package 语句中用“.”来指明文件夹的层次,例如:

```
package cn.xysfxy.mypackage;
```

指定这个包中的字节码文件存储在文件夹 cn\xysfxy\mypackage 中。实际上,创建包就是在当前文件夹下创建一个子文件夹,以便存放这个包中包含的所有字节码文件。语句中的“.”代表文件夹分隔符,即该语句创建了三个文件夹:第一个是当前文件夹下的子文件

夹 cn;第二个是 cn 下的子文件夹 xysfxy;第三个是 xysfxy 下的子文件夹 mypackage,当前包中的所有字节码文件就存放在这个文件夹中。

注意:

(1)当在源程序中没有定义 package 语句时,生成的字节码文件存放到源文件所在的文件夹中,也称为默认包或者无名包,默认包不能有子包。

(2)本书各章节的应用实例中没有特殊说明的,每个案例中的所有字节码均在同一个包中。

3.5.3 Java 语言中的常用包

由于 Java 语言的 package 是用来存放类与接口的地方,所以也把 package 称为"类库"。Java 语言已经把功能相近的类、接口和异常等,分门别类地存放到不同的包中。Java 提供的用于语言开发的类库称为应用程序编程接口(application programming interface,API),分别放在不同的包中。Java 所提供的常用包有:

- java.lang——Java 语言基础包。
- java.io——输入输出操作相关的文件包。
- java.awt——抽象窗口工具包。
- java.swing——轻量型的图形用户界面工具包。
- java.util——实用工具包。
- java.net——网络操作相关的功能包。
- java.sql——关系型数据库操作相关的包。
- java.text——文本包。

这些包中的类、接口和异常等将在后续章节中学习。

3.6 权限访问控制符

3.6.1 private 控制符

在类的定义中,用 private 修饰的属性或方法具有私有访问权限,它们只能被这个类本身访问,离开这个类体无法从这个类的外部访问私有的属性或方法,即便是子类也不行。private 控制符达到了对数据最高级别(最严格)的访问控制目的。

实例代码 Demo3_3 中重新定义了矩形类,用 private 修饰了宽和高,使得在外部类无法访问这两个属性(Demo3_3 和 Rectangle 两个类在同一个包中)。

```
class Rectangle
{
    private int width;         //私有访问权限的宽度
    private int height;        //私有访问权限的高度
    public int perimeter()
    {
        return (width + height) * 2; //在类自身可以访问私有权限的属性
```

```
        }
        public int area()
        {
            return width * height; //在类自身可以访问私有权限的属性
        }
        private void showShapeName()
        {
            System.out.println("当前图形为矩形");
        }
    }
    public class Demo3_3
    {
        public static void main(String[] args)
        {
            Rectangle rec = new Rectangle();
            rec.width = 10;//编译器报错,提示 width 属性不可见
            rec.height = 20; //编译器报错,提示 height 属性不可见
        System.out.println("周长是:" + rec.perimeter());
            System.out.println("面积是:" + rec.area());
            rec.showShapeName();//编译器报错,提示该方法不可见
        }
    }
```

在 Demo3_3 中的 rec. width＝10,rec. height＝20 和 rec. showShapeName()这三句代码处编译器会报错。假如在 Eclipse 开发环境中,报错信息是"The field Rectangle. width is not visible""The field Rectangle. height is not visible"和"the method showShapeName from the type Rectangle is not visible",则表明在 Demo3_3 这个类中无法访问 Rectangle 类中定义的私有成员属性和方法。

3.6.2 缺省控制符

在类的成员前面不加任何权限访问控制符,表示该成员具有缺省的访问权限。缺省访问权限比私有访问权限扩大了(权限放松了)一些,缺省权限除了能够在自身类中使用之外,还能被与该类在同一个包中的其他类访问。在 Demo3_3 中将 Rectangle 类中 width 和 height 属性前面的 private 取掉,那么 Demo3_3 编译就能通过,程序可以正确运行。因为 Rectangle 和 Demo3_3 这两个类在同一个包中,Demo3_3 就可以访问 Rectangle 中的缺省访问权限的成员了。

3.6.3 protected 控制符

在类的成员前面添加 protected 访问控制符,表示该成员具有受保护的访问权限。受保护访问权限比缺省访问权限又扩大了(权限放松了)一些,受保护权限除了能够在自身类中

以及与该类在同一个包中的其他类中访问外，还可以被这个类的子类所访问(子类可以与父类在同一个包中，子类也可以与父类不在同一个包中)。

3.6.4　public 控制符

在类的成员前面添加 public 访问控制符，表示该成员具有公共的访问权限。公共访问权限比受保护访问权限又扩大了(权限放松了)一些，具有公共访问权限的成员可以被任何一个类访问，无论它们是否在同一个包中，无论它们是否具有父子关系。

实例代码 Demo3_4 中展示了 public 访问权限的使用。

```
package cn.xysfxy.domain1;              //包定义，存放 Rectangle 的字节码
class Rectangle
{
    private int width;                  //私有访问权限的宽度
    private int height;                 //私有访问权限的高度
    public int perimeter()
    {
        return (width + height) * 2;    //在类自身可以访问私有权限的属性
    }
    public int area()
    {
        return width * height;          //在类自身可以访问私有权限的属性
    }
    public void setWidth(int w)         //公有访问权限的方法给宽度赋值
    {
        if(w>0)
            width = w;
        else
            system.out.println("宽度必须大于0");

    }
    public void setHeight(int h)        //公有访问权限的方法给高度赋值
    {
        if(h>0)
            height = h;
        else
            system.out.println("高度必须大于0");
    }
}
package cn.xysfxy.domain2;              //包定义，存放Demo3_4 的字节码
import cn.xysfxy.domain1.Rectangle;     //引入 Rectangle 类
```

```
public class Demo3_4
{
    public static void main(String[] args)
    {
        Rectangle rec = new Rectangle();
        rec.setWidth(10);              //访问 Rectangle 类的公有方法
        rec.setHeight(20);             //访问 Rectangle 类的公有方法
    System.out.println("周长是:" + rec.perimeter());
        System.out.println("面积是:" + rec.area());
    }
}
```

Demo3_4 与 Rectangle 分别在两个不同的包中，虽然 Rectangle 类中的 width 和 height 两个属性是私有的，但是提供了公有的 setWidth()和 setHeight()方法对两个私有属性赋值。在 Demo3_4 中可以访问公有的 setWidth()和 setHeight()方法。

注意：public 具有最大的访问权限，但是也降低了类中数据成员的安全性。假如 Rectangle 类中的 width 和 height 定义为公有属性，那么在其他类中赋值时有可能赋值为负数，这样就会导致面积和周长为负数的不合理结果。提供公有的 setWidth()和 setHeight()方法进行赋值时就可以添加逻辑判断，确保满足要求的数据才能对属性进行赋值，以及程序运行结果的合理性。

权限访问控制符用来修饰 Java 中的成员，如表 3-4 所示。

表 3-4 权限访问控制符的作用域

控制符	作用域			
	同一个类中	同一个包中	子类中	不同包且非子类
private	可以访问	不可以访问	不可以访问	不可以访问
缺省控制符	可以访问	可以访问	不可以访问	不可以访问
protected	可以访问	可以访问	可以访问	不可以访问
public	可以访问	可以访问	可以访问	可以访问

3.7 类的继承

类的继承是面向对象技术的一个重要特性，通过继承可以解决代码复用的问题，使得父类中定义的一些属性和方法不用再在子类中重复定义，子类可以直接使用。Java 语言中通过 extends 关键字在类之间形成继承关系，被继承的类称为父类、基类或者超类(superclass)；继承而来的类称为子类(subclass)。子类能够继承父类的成员属性和方法，也就是说在子类类体中可以使用父类所定义的成员属性和方法。同时子类也可以修改父类的成员属性或者重写父类的方法，还可以添加新的成员属性和方法。

Java 只支持单重继承，即一个子类只能有一个直接父类，但是可以有多个间接父类。

例如现实生活中有儿子、爸爸和爷爷三个角色。儿子是子类,爸爸是儿子的直接父类,爷爷是儿子的间接父类,爷爷是爸爸的直接父类。JDK 在设计 Java API 时,将 java.lang.Object 当作是任何一个类的直接或间接父类,Object 是类定义的基石。图 3-2 展示了异常类 Exception 的继承关系,可以看出 Throwable 是它的直接父类,Object 是间接父类。

```
java.lang.Object
  └java.lang.Throwable
      └java.lang.Exception
```

图 3-2 Exception 类的继承结构

采用继承来组织、设计系统中的类,可以提高程序的抽象程度,在继承关系中越往上的父类越抽象,越往下的子类越具体、越详细。继承更接近人类的思维方式,同时通过继承也能较好地实现代码重用,提高系统的开发效率,降低维护工作量。

实例代码 Demo3_5 展示了一个简单的继承应用。

```
class Person
{
    private String name;
    private int age;
    public void setName(String n)
    {
        name = n;
    }
    public void setAge(int a)
    {
        age = a;
    }
    public void show()
    {
        System.out.println("姓名:" + name + ",年龄:" + age);
    }
}
class Worker extends Person   //Worker 类从 Person 继承
{
    private int workAge;
    public void setWorkAge(int wa)
    {
        workAge = wa;
    }
    public void showWorkAge()
    {
```

```
            System.out.println("工龄:" + workAge + "年");
        }
    }
    public class Demo3_5
    {
        public static void main(String[] args)
        {
            Worker w1 = new Worker();       //创建 Worker 类的对象
            w1.setName("张三");             //调用父类的 setName 方法
            w1.setAge(30);                  //调用父类的 setAge 方法
            w1.setWorkAge(8);               //调用子类新添加的 setWorkAge 方法
            w1.show();                      //调用父类的 show 方法
            w1.showWorkAge();               //调用子类新添加的 showWorkAge 方法
        }
    }
```

Worker、Person 和 Demo3_5 这 3 个类在同一个包中。Worker 类从 Person 类继承，Person 类中定义的 3 个公有的方法 setName()、setAge()和 show()可以被 Worker 类继承，所以在 main()方法中创建的 w1 对象可以调用上述 3 个方法；属性 workAge、setWorkAge()方法和 showWorkAge()方法是 Worker 类新添加的。

注意：

(1)任何一个类都是从 java.lang.Object 直接或间接继承而来的，如果从 Object 直接继承而来，那么定义类时的 extends Object 可以省略，如 Person 类的定义后面就没有 extends Object。

(2)如果父、子类在同一个包中，子类可以继承父类除 private 访问控制符修饰的属性和方法；如果父、子类不在同一个包中，子类可以继承父类除 private 和缺省访问控制符修饰的属性的方法。

(3)继承而来的类一定要添加新的成员，否则定义这个子类就没有什么意义。

3.8 方法重载与方法覆盖

3.8.1 多态性

多态性(Polymorphism)是指同一个类型实体同时具有多种形式，它是面向对象思想的一个重要特征。如果一个语言只支持类而不支持多态，只能说明它是基于对象的，而不是面向对象的。Java 中的多态性主要体现在运行和编译两个方面。运行时多态是动态多态，其具体引用的对象在运行时才能确定。编译时多态是静态多态，在编译时就可以确定对象使用的形式。

3.8.2 方法重载

方法重载(Overload)是多态性的重要体现之一,它是静态多态性的表现形式。具体含义是指 Java 类的定义中可以有多个相同名称的方法,但是这些方法的参数列表必须不同。参数列表不同可以是:参数个数不同;或者参数个数相同而类型不同;或者参数类型、个数相同而顺序不同。

实例代码 Demo3_6 展示了方法重载的一个简单应用。

```
class Rectangle
{
    private int width;    //私有访问权限的宽度
    private int height;   //私有访问权限的高度
    public int perimeter()//计算周长
    {
        return (width + height) * 2;
    }
    public int area()       //计算面积
    {
        return width * height;
    }
        public void setAttribute(int w,int h)   //重载的方法给属性赋值
    {
        if(w>0&&h>0)
        {
        width = w;
        height = h;
        }
        else
            setAttribute();  //调用无参数的重载方法
    }
    public void setAttribute() //重载的方法给属性赋值
    {
        height = 20;
        width = 10;
    }
}
public class Demo3_6
{
    public static void main(String[] args)
    {
```

```
        Rectangle rec = new Rectangle();
        rec.setAttribute(20,30); //调用带有两个 int 型参数的 setAttribute()方法
    System.out.println("周长是:" + rec.perimeter());
        System.out.println("面积是:" + rec.area());
    }
}
```

在 Demo3_6 的 Rectangle 类中定义了两个重载的 setAttribute()方法,其中一个带有两个 int 型参数,另一个没有参数。带有两个 int 型参数的 setAttribute()方法根据形参是否大于 0 来决定给 width 和 height 属性赋值还是调用无参数的 setAttribute()方法。在调用重载方法时,Java 编译器会根据实参的类型、个数以及顺序来决定具体调用哪个重载的方法。在 main()方法中的 rec.setAttribute(20,30)这句代码,由于实参是两个 int 型的,所以调用的就是 Rectangle 类中带有两个 int 型参数的 setAttribute()方法。

通过该例可知,通过方法重载可以使相同名称的方法根据参数的不同而拥有不同的功能,使用起来非常方便,同时也简化了方法的命名问题。

注意:

(1)方法重载的定义只与方法名称和参数有关,与方法的返回类型和访问权限无关。

(2)在实际应用开发中,能够定义成重载的这些方法往往都具有相似的业务逻辑,不会根据参数的不同而有太大的业务逻辑偏差。

通过 3.3 节的学习我们可知,一个类都会有一个或多个构造方法。由于构造方法的名称与类名相同,所以当一个类有多个构造方法时,这些构造方法就会形成重载。多个重载的构造方法,可以方便用户以不同的参数来创建对象并赋初值。将 Rectangle 类的构造方法定义成重载的形式,代码如下所示。

```
class Rectangle
{
    private int width;//私有访问权限的宽度
    private int height;//私有访问权限的高度
    public int perimeter() //计算周长
    {
        return (width + height) * 2;
    }
    public int area() //计算面积
    {
        return width * height;
    }
    public Rectangle(int w,int h) //重载的构造方法,给属性赋值
    {
        if(w>0&&h>0)
        {
```

```
            width = w;
            height = h;
        }
        else
            System.out.println("宽和高都必须是大于0的数");
    }
    public Rectangle()//重载的构造方法
    {
        height = 20;
        width = 10;
    }
}
```

构造方法重载是方法重载中非常常见的一种形式，JDK提供的很多类都有重载的构造方法。例如用来表示字符串的String类，就有多个重载的构造方法，如图3-3所示。我们在进行类的定义时，要根据实际情况合理有效地定义重载的构造方法。

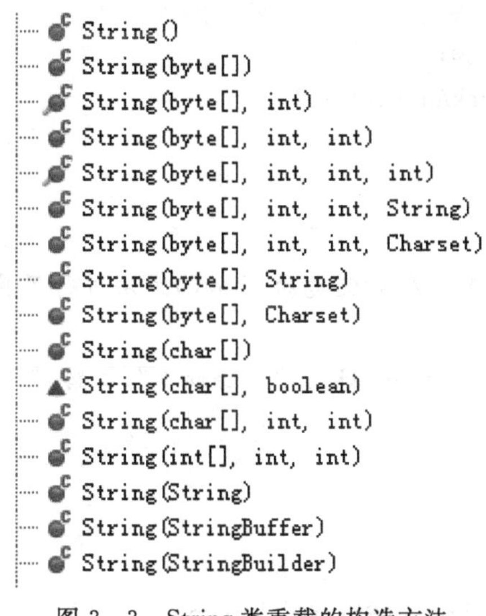

图3-3 String类重载的构造方法

3.8.3 方法覆盖

方法覆盖(也称作方法重写，Override)也是多态性的重要体现之一，是动态多态性的表现形式。它是指在子类中可以定义名称、参数列表、返回值类型均与父类中某个方法完全相同的方法，我们就说子类中定义的这个方法覆盖了父类中的同名方法。

实例代码Demo3_7展示了一个简单的方法覆盖应用。

```
class Person
{
    protected String name;
```

```
        protected int age;
        public void setName(String n)
        {
            name = n;
        }
        public void setAge(int a)
        {
            age = a;
        }
        public void show()
        {
            System.out.println("姓名:" + name + ",年龄:" + age);
        }
    }
    class Worker extends Person    //Worker 类从 Person 类继承而来
    {
        private int workAge;
        public void setWorkAge(int wa)
        {
            workAge = wa;
        }
        public void show()    //对父类的 show()方法进行了覆盖
        {
            System.out.println("姓名:" + name + ",工龄:" + workAge + "年");
        }
    }
    public class Demo3_7
    {
        public static void main(String[] args)
        {
            Worker w1 = new Worker();
            w1.setName("张三");
            w1.setAge(30);
            w1.setWorkAge(8);
            w1.show();  //调用 Worker 类定义的 show 方法
        }
    }
```

在上述代码中,Worker 类从 Person 类继承而来,由于这两个类在同一个包中,Person 类的 show()方法是公有访问权限,所以 show()方法能够被 Worker 类继承。但是在

Worker 类中又定义了 show()方法，名称与 Person 类中定义的 show()方法同名，参数列表相同(都没有参数)，返回值也相同，所以 Worker 类中的 show()方法是对 Person 类中 show()方法的覆盖。可以把 Person 类中的 show()方法称作被覆盖的方法，Worker 类中的 show()方法称作覆盖方法。在 main()方法中创建的 w1 对象在调用 show()方法时，调用的是 Worker 中的 show()方法，而不是从 Person 类中继承的 show()方法。

注意：

(1)如果父类的方法前有 final 关键字修饰(称为最终方法)，那么该方法不能被子类所覆盖。

(2)如果父类的方法前有 static 关键字修饰(称为静态方法或类方法)，那么该方法不能被子类覆盖。

(3)方法覆盖一定是建立在继承基础上的，如果 Person 类中的 show()方法是 private 访问权限，那么 Worker 类中的 show()方法就不能覆盖 Person 类中的 show()方法。

(4)覆盖方法的访问权限一定要大于或等于被覆盖方法的访问权限。例如在 Demo3_7 中，Person 类和 Worker 类在同一个包中，Person 类的 show()方法是 public 权限，所以 Worker 类的 show()方法访问权限就必须是 public 才能形成覆盖。如果 Person 类的 show()方法是缺省访问权限，Worker 类中的访问权限可以是缺省、protected 或者 public 访问权限都可以形成覆盖。

3.9　几个重要的关键字

3.9.1　this 关键字

this 关键字主要用来访问成员属性、访问成员方法：访问构造方法，以及被当作当前类对象使用。通过 this 访问成员属性的语法格式如下：

```
this.成员属性名
```

当局部变量与成员属性同名的情况下，为了区分成员属性和局部变量，需要在成员属性前面添加 this 关键字。通过 this 访问成员方法的语法格式如下：

```
this.成员方法名([paramlist])
```

通过 this 关键字访问构造方法的语法格式如下：

```
this([paramlist])
```

实例代码 Demo3_8 展示了通过 this 关键字访问成员属性、成员方法以及构造方法。

```
class Rectangle
{
    private int width;          //私有访问权限的宽度
    private int height;         //私有访问权限的高度
    public int perimeter()      //计算周长
    {
```

```
        return (width + height) * 2;
    }
        public int area()  //计算面积
    {
        return width * height;
    }
    public Rectangle(int width,int height)  //重载的带有两个 int 参数的构造方法
    {
        if(width>0&&height>0)
        {
            this.width = width;  //形参名称与成员属性名称相同,在成员属性前
                                 面添加 this
            this.height = height;
        }
        else
            this.defaultAttribute();//通过 this 调用成员方法
    }
    public Rectangle()        //重载的构造方法
    {
        this(10,20);  //调用带两个 int 型参数的构造方法
    }
    private void defaultAttribute()
    {
        this.height = 10;
        this.width = 20;
} }
public class Demo3_8
{
    public static void main(String[] args)
    {
        Rectangle rec1 = new Rectangle();
    System.out.println("rec1 的周长是:" + rec1.perimeter());
        System.out.println("rec1 的面积是:" + rec1.area());
        System.out.println("------------");
        Rectangle rec2 = new Rectangle(5,8);
    System.out.println("rec2 的周长是:" + rec2.perimeter());
        System.out.println("rec2 的面积是:" + rec2.area());
    }
}
```

程序运行结果如下：

```
rec1 的周长是:60
rec1 的面积是:200
------------------------
rec2 的周长是:26
rec2 的面积是:40
```

上述代码的 Rectangle 类中有一个带有两个 int 型参数的构造方法，其中形参的名称与成员属性名称相同，将形参值赋给成员属性时，需要在成员属性前添加 this。如果形参值不满足赋值条件，通过 this 调用当前类的 defaultAttribute()方法。在 Rectangle 的无参构造方法中通过 this 调用 Rectangle 的带有两个 int 型参数的构造方法。

注意：

(1)通过 this 调用成员属性和成员方法，都是 this+"."+成员名称的方式，而调用构造方法时不需要"."。通过 this 调用构造方法的语句必须出现在构造方法中，而且必须是构造方法中的第一条语句。例如 Demo3_8 中的 this(10,20)这条语句就是出现在 Rectangle 类的无参数构造方法体的第一句，否则编译器报错。

(2)当局部变量名称与成员属性名称不相同时，也可以在成员属性前面添加 this。

this 被当作当前类对象使用的案例如实例代码 Demo3_9 所示。

```
class Person
{
    public void print()
    {
        System.out.println("打印 this 对象:" + this); //打印当前类的对象
    }
}
public class Demo3_9
{
    public static void main(String args[])
    {
        Person p1 = new Person();
        System.out.println("打印 p1 对象:" + p1); //打印 p1 对象
        p1.print(); //调用 print 方法
    }
}
```

程序运行结果如下(运行结果可能会因为平台环境不同而不同)：

```
打印 p1 对象:Person@15db9742
打印 this 对象:Person@15db9742
```

上述代码中，Person 类的 print 方法中将 this 作为参数进行输出，在 main 中创建 Person 类的对象用 p1 去引用，并且将 p1 引用的对象进行输出。然后通过 p1 再调用 print()方法。通过运行结果发现：将 p1 进行打印的输出和将 this 打印输出的结果是一样，所以就表明 this 可以看作是一个特殊的对象名称，它指向当前类的某个对象。

注意：调用 System. out. println()方法，如果实参是对象，那么本质上是调用该对象的 toString()方法。

3.9.2 super 关键字

super 关键字主要用来访问父类的成员属性、父类的成员方法以及父类的构造方法。

访问父类成员属性的语法格式是

```
super.父类成员属性名;
```

访问父类成员方法的语法格式是

```
super.父类成员方法名([paramlist]);
```

访问父类构造方法的语法格式是

```
super([paramlist]);
```

实例代码 Demo3_10 展示了 super 关键字的相关用法。

```
class SuperClass
{
    int x;                    //缺省访问权限的成员属性
    public SuperClass()
    {
        this.x = 3;
        System.out.println("父类的 x = " + x);
        System.out.println("----SuperClass 的构造方法----");
    }
    public void doSomething()
    {
        System.out.println("父类的 doSometing()方法");
    }
}
class SubClass extends SuperClass
{
    public int x;             //定义与父类中属性重名的属性
    public SubClass()
    {
        super();              //调用父类构造方法
        this.x = 5;
```

```
        System.out.println("子类中的 x = " + x);
        System.out.println("----子类的构造方法----");
    }
    public void doSomething()   //覆盖了父类的 doSomething 方法
    {
        super.doSomething();  //调用父类同名方法
        System.out.println("子类的 doSomething()方法");
        System.out.println("super.x = " + super.x + ",sub.x = " + x);
                                //访问父类中与子类中同名的成员变量
    }
}
public class Demo3_10
{
    public static void main(String args[])
    {
        new SubClass().doSomething(); //以匿名对象的方式调用方法
    }
}
```

程序运行结果如下：

```
父类的 x=3
----SuperClass 的构造方法----
子类中的 x=5
----子类的构造方法----
父类的 doSomething()方法
子类的 doSomething()方法
super.x=3,sub.x=5
```

如上述代码所示，SuperClass 与 SubClass 在同一个包中，SubClass 从 SuperClass 继承而来，SuperClass 的成员属性 x 是缺省访问权限，所以 x 能够被 SubClass 继承。SuperClass 的 doSomething()方法是公有访问权限，所以能够被 SubClass 继承。但是，在 SubClass 中又定义了与父类成员属性同名的 x，此时从父类继承的 x 就被默认隐藏了，要在 SubClass 中访问继承而来的 x(也就是父类的 x)，那么在前面就要添加 super。根据方法覆盖的定义，我们判断 SubClass 的 doSomething()方法覆盖了父类的 doSomething()方法，那么要在 SubClass 中访问被覆盖的父类方法，就要在前面添加 super。在 SubClass 的构造方法第一句调用了父类无参的构造方法，所以在运行结果中我们看到有字符串“----SuperClass 的构造方法----”的输出。

注意：

(1)调用父类无参数的构造方法的代码：super()，一定要出现在子类构造方法体中的第一句，而且可以省略不写。在上例中注释掉 SubClass 构造方法体中的 super()，我们会发现运行结果一致。

(2)如果要调用父类带参数的构造方法，那么 super(paramList)一定要显式地写到子类构造方法体的第一句。

(3)调用父类构造方法的语句和调用子类重载的构造方法的语句(this 关键字的一种用法)不能同时出现在子类构造方法体中。

3.9.3 final 关键字

final 关键字表示最终的含义，可以用来修饰类、成员属性、局部变量以及成员方法。

final 用在类的声明部分(class 关键字的前面)，表示该类不能有自己的“后代”，也就是不允许被其他类所继承；final 用来修饰成员属性和局部变量表示该值是常量，不能被修改；final 修饰成员方法表示该方法不能被子类所覆盖。

如下实例代码展示了 final 关键字的相关用法。

```
final class SuperClass              //SuperClass 定义为最终类，不能被子类继承
{
    private final float R = 2.0f;   //成员属性 R 为常量
    public void setR(float R)
    {
        final float X = 5.0f;       //final 用来修饰局部变量
        X = X * 2.0f;               //此处编译报错，因为 X 的值不能被修改
        this.R = R;                 //此处编译报错，因为 R 的值不能被修改
    }
    public final void doSomething()  //doSomething 方法不能被子类覆盖
    {
        System.out.println("SuperClass 的 doSomething");
    }
}
class SubClass extends SuperClass  //此处编译报错，SubClass 无法从 SuperClass 继承
{
    //如果 SubClass 能够继承 SuperClass，那么此处报错
    //无法覆盖父类的 doSomething 方法
    public void doSomething()
    {
        System.out.println("subClass 的 doSomething");
    }
}
```

3.9.4 static 关键字

static 关键字可以用来修饰成员属性和成员方法。static 用来修饰成员属性表示该属

性是静态属性(也称作类属性),static 没有修饰的属性称作实例属性;static 用来修饰方法表示该方法是静态方法(也称作类方法),static 没有修饰的方法称作实例方法。静态属性和静态方法除了通过对象名来访问外,还可以通过类名来访问,语法格式如下:

```
类名.静态属性        类名.静态方法名([paramList])
```

静态属性在类第一次被加载之前分配内存并初始化,以后不会随该类对象的创建而初始化;非静态属性会随着对象的创建而分配内存并初始化。静态属性被类的所有对象共享,所以静态属性可以看作是该类的全局变量。

实例代码 Demo3_11 展示了静态属性的基本使用。

```
class Person
{
    private String name ;
    private int age;
    static String city = "咸阳" ;  //缺省权限的静态属性
    public Person(String name,int age)  //构造方法
    {
        this.name = name ;
        this.age = age ;
    }
    public String getInfo()
    {
        return "姓名:" + this.name + ",年龄:" + this.age + ",城市:" + city ;
    }
}
public class Demo3_11
{
    public static void main(String args[])
    {
        Person p1 = new Person("张三",30) ;  //创建 Person 对象
        Person p2 = new Person("李四",31) ;
        Person p3 = new Person("王五",32) ;
        System.out.println("----信息修改之前 ----") ;
        System.out.println(p1.getInfo()) ;
        System.out.println(p2.getInfo()) ;
        System.out.println(p3.getInfo()) ;
        System.out.println("----信息修改之后 ----") ;
        Person.city = "西安" ;  //通过类名修改 Person 类的静态属性
        System.out.println(p1.getInfo()) ;
        System.out.println(p2.getInfo()) ;
```

```
        System.out.println(p3.getInfo());
    }
}
```

程序运行结果如下:

```
----信息修改之前----
姓名:张三,年龄:30,城市:咸阳
姓名:李四,年龄:31,城市:咸阳
姓名:王五,年龄:32,城市:咸阳
----信息修改之后----
姓名:张三,年龄:30,城市:西安
姓名:李四,年龄:31,城市:西安
姓名:王五,年龄:32,城市:西安
```

通过 Demo3_11 的运行结果可以看出,Person 类的 3 个对象各自都有自己的 name 和 age 属性,但是共用了 city 属性,因为 city 属性是静态的。通过 Person 类名访问静态属性 city,并修改了其值后,Person 类的 3 个对象的 city 属性值都发生了变化。如果用任何一个 Person 类的对象名来修改 city 值(例如 p1.city="西安"),运行结果不变。

静态方法中只能访问静态属性和静态方法;而非静态方法中(也称作实例方法)既可以访问静态属性、非静态属性,又可以访问静态方法和非静态方法。如下 StaticExample 类中展示了静态方法的使用。

```
public class StaticExample
{
    static int classVar;        //静态成员属性
    int instanceVar;            //非静态成员属性(实例成员属性)
    static void setClassVar(int i)  //静态方法
    {
        classVar = i;           //静态方法中给静态属性赋值
        instanceVar = i;        //编译器报错,静态方法不能访问非静态属性
    }
    static int getClassVar()    //静态方法
    {
        return classVar;
    }
    void setInstanceVar(int i)  //非静态方法
    {
        classVar = i;           //非静态方法访问静态属性
        instanceVar = i;        //非静态方法访问非静态属性
    }
```

```
    int getInstanceVar()   //非静态方法
    {
        return instanceVar;  //非静态方法访问非静态属性
    }
    void showVar()          //非静态方法
    {
        System.out.println(getClassVar());  //非静态方法访问静态方法
        System.out.println(getInstanceVar());  //非静态方法访问非静态方法
    }
    static void showStaticVar() //静态方法
    {
        System.out.println(getClassVar());     //静态方法访问静态方法
        System.out.println(getInstanceVar()); //编译器报错,静态方法不能访问
                                                非静态方法
    }
}
```

static 关键字还有一个特殊的用法就是出现在一对大括号前面,形成一个静态代码段。静态代码段主要用来给静态成员赋值,会优先于类的构造方法而执行,而且只执行一次,以后不再执行。静态代码段的格式如下:

```
static
{
    … //相关语句代码
}
```

实例代码 Demo3_12 展示了静态代码段的基本使用。

```
class StaticDemo
{
    private static int i;
    private static String name;
    static                  //静态代码段
    {
        i = 10;             //给静态成员属性赋值
        name = "Hello";     //给静态成员属性赋值
        System.out.println("i = " + i);
        System.out.println(name);
    }
    public StaticDemo()  //构造方法
    {
        System.out.println("构造方法被调用了");
```

```
    }
}
public class Demo3_12
{
    public static void main(String args[])
    {
        StaticDemo sd1 = new StaticDemo();
        StaticDemo sd2 = new StaticDemo();
    }
}
```

程序运行结果如下：

```
i=10
Hello
构造方法被调用了
构造方法被调用了
```

在 Demo3_12 示例中的 StaticDemo 类的静态代码段中给静态成员属性 i 和 name 分别赋值后输出。在 main()方法中创建了两个 StaticDemo 类的对象，通过运行结果发现，静态代码段中的语句只执行了一次，而且是在构造方法执行之前运行的。

注意：静态代码段中只能访问静态成员属性和静态成员方法，不能访问非静态成员属性和非静态成员方法。

3.10 上转型对象与下转型对象

3.10.1 上转型对象

通常我们在创建对象时，声明对象名称的数据类型与创建对象时的数据类型是一致的。例如 A a=new A()；这里 A 代表一个类型。但有些时候我们用一个父类类型声明对象名称，而用子类类型去创建对象，即用一个父类类型引用一个子类类型的对象，例如：

```
A a = new B();
```

或者：

```
A a;
B b = new B();
a = b;
```

这里 A 和 B 都是一个类型，A 是 B 的父类。我们称作 a 引用了一个上转型对象。上转型对象是一种"特殊类型（功能受限制）"的子类对象，它强调父类的特性而忽略子类的特性。例如我们可以说"哺乳类是老虎的父类"，这句话强调的是哺乳类的特性而忽略了老虎类的特性。

上转型对象具有如下的特性：

(1)上转型对象只能访问从父类继承而来的属性、方法以及实例化对象时的类中定义的覆盖方法(上转型对象只能访问A中被继承的属性、方法以及B中定义的覆盖方法)。

(2)上转型对象不能访问实例化对象时的类所新增的成员属性和方法(上转型对象不能访问B类新增的属性和方法)。

实例代码Demo3_13展示了上转型对象的基本使用。

```
class Person
{
    int age = 20;  //缺省的成员属性,初值为 20
    protected String name = "张三"; //受保护的成员属性,初值为张三
    public void talk()
    {
        System.out.println("Person 对象在讲话");
    }
    public void fun()
    {
        System.out.println("这是 Persn 类的 fun 方法");
    }
    protected void run()  //受保护访问权限的方法
    {
        System.out.println("这是 Person 类的 run 方法");
    }
}
class Student extends Person   //Student 类从 Person 继承
{
    int age = 18;   //新添加的成员属性,名称与父类的属性 age 同名,初值为 18
    public void talk() //覆盖父类的 talk 方法
    {
        System.out.println("Student 对象在讲话");
    }
    public void fun() //覆盖父类的 fun 方法
    {
        System.out.println("这是 Student 类的 fun 方法");
    }
    public void show()  //新添加的 show 方法
    {
        System.out.println("这是 Student 类的 show 方法");
    }
```

```
    }
    public class Demo3_13
    {
        public static void main(String args[])
        {
            Person p = new Student();  //创建上转型对象
            System.out.println("上转型对象的 age 是:" + p.age);
            System.out.println("上转型对象的 name 是:" + p.name);
            p.talk(); //调用覆盖的 talk()方法
            p.fun();  //调用覆盖的 fun()方法
            p.run();  //调用继承的 run()方法
            p.show(); //编译器报错,不能访问子类新增的方法
        }
    }
```

在上述示例中,Student 类从 Person 继承而来,Student 与 Person 在同一个包中,Student 继承了 Person 中定义的缺省访问权限的 age 属性和受保护的 name 属性,Student 中又重新定义了成员属性 age,与父类的 age 同名;Student 类中覆盖了 Person 类定义的 talk()和 fun()方法,又新添加了 show()方法。根据上转型对象的特点,通过 p 只能访问继承而来的属性,所以 p. age 值是 20;通过 p 只能访问继承而来的方法以及覆盖方法,p. talk()和 p. fun()方法调用的是 Student 类中的覆盖方法,p. run()调用的是继承而来的方法。通过 p 不能访问子类新增的方法,所以 p. show()这句代码不能编译通过,将这句代码注释掉后,程序运行结果如下所示。

```
上转型对象的 age 是:20
上转型对象的 name 是:张三
Student 对象在讲话
这是 Student 类的 fun 方法
这是 Person 类的 run 方法
```

注意:上转型对象一定是用父类的引用指向一个子类的对象,不能将子类的引用指向一个父类的对象。

3.10.2 下转型对象

由于上转型对象无法访问子类新增的成员属性和方法,所以在某些情况下需要将上转型对象又转换成子类对象,才能访问子类新增的成员属性和方法。其实下转型对象就是一个普通的子类对象。下转型对象转换的语法格式是

```
(要转换的子类数据类型)上转型对象;
```

例如:(B)a;其中 B 是子类类型,a 引用的是一个上转型对象。将上转型对象进行下转后就可以访问子类新增的成员属性和方法了。

实例代码 Demo3_14 展示了下转型对象的基本使用，其中 Person 类和 Student 类使用的是 Demo3_13 中定义的。

```
public class Demo3_14
{
    public static void main(String args[])
    {
        Person p = new Student();  //定义上转型对象
        //下转型对象调用 age 属性
        System.out.println("下转型对象的 age 是:" + ((Student)p).age);
        ((Student)p).show();  //下转型对象调用 show()方法
    }
}
```

main()方法中，p 对象下转后就成为了一个完整的 Student 类型的对象，所以访问 age 属性的值是 18；同样也可以访问 Student 类中定义的 show()方法了。

注意：

(1)只有针对上转型对象才能进行下转操作，非上转型对象不能进行下转操作。

(2)使用上转型对象机制的优点是体现了面向对象的多态性，增强了程序的简洁性。

在对象下转的操作过程中，需要明确知道要转换的数据类型，如果下转的类型不明确或者不当，进行下转操作时会引发 ClassCastException 异常。为了避免出现异常，确保下转操作正确执行，在下转操作前需要对上转型对象进行类型判断，此时需要使用 instanceof 关键字，其语法格式如下：

```
对象名  instanceof  对象所属类型
```

用来判断左边的对象引用是否属于右边的类型，也就是说左边的对象是否是右边类型的实例。实例代码 Demo3_15 展示了 instanceof 关键字的使用。

```
class Animal
{
    public void run()
    {
        System.out.println("Animal 的 run 方法");
    }
    public void eat()
    {
        System.out.println("Animal 的 eat 方法");
    }
    public static void call(Animal animal)  //静态方法
    {
        if(animal instanceof  Sheep) //判断上转型对象是否属于 Sheep 类型
```

```
            {
                animal.run();
                animal.eat();
                ((Sheep)animal).specialMethod(); //下转型对象调用子类特有的方法
            }
            else if(animal instanceof  Fish) //判断上转型对象是否属于 Fish 类型
            {
                animal.run();
                animal.eat();
                ((Fish)animal).specialMethod();//下转型对象调用子类特有的方法
            }
        }
    }
    class Sheep extends Animal //Sheep 类继承 Animal 类
    {
        public void run()  //覆盖的 run 方法
        {
            System.out.println("绵羊在陆地上行走---");
        }
        public void eat()  //覆盖的 eat 方法
        {
            System.out.println("绵羊喜欢吃青草---");
        }
        public void specialMethod() //Sheep 类新添加的方法
        {
            System.out.println("这是绵羊特有的方法---");
        }
    }
    class Fish extends Animal //Fish 类继承 Animal 类
    {
        public void run()  //覆盖的 run 方法
        {
            System.out.println("鱼儿在水里游走---");
        }
        public void eat()  //覆盖的 eat 方法
        {
            System.out.println("鱼儿喜欢吃小虫、小虾---");
        }
        public void specialMethod() //Fish 类新添加的方法
```

```
    {
        System.out.println("这是鱼儿特有的方法---");
    }
}
public class Demo3_15
{
    public static void main(String[] args)
    {
        Animal sheep = new Sheep();  //创建上转型对象
        Animal fish = new Fish();  //创建上转型对象
        Animal.call(sheep); //调用 Animal 的静态方法
        Animal.call(fish);
    }
}
```

程序运行结果如下：

```
绵羊在陆地上行走---
绵羊喜欢吃青草---
这是绵羊特有的方法---
鱼儿在水里游走---
鱼儿喜欢吃小虫、小虾---
这是鱼儿特有的方法---
```

上述示例中，Sheep 类和 Fish 类都继承在 Animal 类型，覆盖了 run()和 eat()方法，又各自新增了 specialMethod()方法。Animal 的静态方法 call()中需要调用子类特有的方法，所以 call()方法的形参必须是 Animal 类型，这样可以按上转型方式接收它的任何一个子类对象。由于上转型对象是无法调用子类新增的方法，所以 Animal 的 call()方法中需要将上转型对象进行下转操作，为了避免出现异常，在下转之前使用了 instanceof 进行类型判断。

注意：

(1)在上转型对象进行下转操作前，为了避免出现异常，一定要使用 instanceof 进行对象类型判断。

(2)上转型对象的本质其实还是一个子类对象，只不过是一个"限制版"的子类对象，子类对象新增的成员属性和方法不能使用而已。

(3)Animal 类的 call 方法可以设计成重载的形式，如下代码所示。用 Animal 的子类类型作为形参，这样 call 方法中就不用进行对象下转操作，传递过来的就是一个实际的子类对象，可以调用子类特有的方法。

```
class Animal
{
    public void run()
```

```
    {
        System.out.println("Animal 的 run 方法");
    }
    public void eat()
    {
        System.out.println("Animal 的 eat 方法");
    }
    public static void call(Sheep sheep)  //方法重载
    {
        sheep.eat();
        sheep.run();
        sheep.specialMethod();
    }
    public static void call(Fish fish)  //方法重载
    {
        fish.eat();
        fish.run();
        fish.specialMethod();
    }
}
```

3.11 内部类与匿名类

3.11.1 内部类

在一个类的类体中可以定义另一个类，这个类称为内部类(InnerClass)，也可以称作嵌套类(NestedClass)。定义内部类的类称作外部类。内部类可以看作是外部类的成员，与外部类的成员属性和成员方法具有相同的地位，内部类中可以访问外部类的 private 访问权限所修饰的属性和方法。和普通的类一样，内部类也可以拥有自己的成员属性和方法。内部类可以访问外部类的成员属性和方法；外部类可以创建内部类的对象，并访问内部类的成员属性和方法。

实例代码 Demo3_16 展示了内部类的基本使用。

```
class OuterClass    //定义外部类
{
    private int x = 10;
    public OuterClass()  //外部类的构造方法
    {
        System.out.println("OuterClass 的构造方法");
```

```
    }
    public void showMsg()
    {
        InnerClass innerClass = new InnerClass(); //创建内部类的对象
        System.out.println("x = " + this.x);
        innerClass.show();  //访问内部类的方法
    }
    class InnerClass  //InnerClass 是 OuterClass 的内部类
    {
        private float y = 1.5f; //内部类的成员属性
        public InnerClass()  //内部类的构造方法
        {
            System.out.println("InnerClass 的构造方法");
        }
        public void show() //内部类的成员方法
        {
            System.out.println("x = " + x + ",y = " + this.y); //访问外部类的成
                                                               员属性 x
        }
    }
}
public class Demo3_16
{
    public static void main(String[] args)
    {
        OuterClass outerClass = new OuterClass();
        outerClass.showMsg();
    }
}
```

内部类的修饰符可以添加 static 关键字,称作静态内部类。静态内部类可以看作是外部类的一个静态成员,外部类不需要创建静态内部类的对象就可以访问静态内部类的静态成员属性和静态成员方法,静态内部类只能访问外部类的静态成员属性和静态成员方法。

实例代码 Demo3_17 展示了静态内部类的基本使用。

```
class OuterClass  //定义外部类
{
    private static int x = 10;  //外部类的静态成员属性
    private int m = 20;  //外部类的非静态成员属性
    public OuterClass()  //外部类的构造方法
```

```
        {
            System.out.println("OuterClass 的构造方法");
        }
        public void showMsg()
        {
            System.out.println(InnerClass.y); //访问静态内部类的静态成员属性
            InnerClass.print();  //访问静态内部类的静态成员方法
        }
        static class InnerClass  //InnerClass 是 OuterClass 的静态内部类
        {
            private static float y = 1.5f; //静态内部类的静态成员属性
            public InnerClass()   //内部类的构造方法
            {
                System.out.println("InnerClass 的构造方法");
            }
                public void show() //内部类的成员方法
            {
                System.out.println("m = " + m);//编译器报错,不能访问外部类的非静
                                                    态成员属性
                System.out.println("x = " + x); //访问外部类的静态成员属性
            }
            public static void print()  //静态内部类的静态方法
            {
                System.out.println("静态内部类的 print 方法");
            }
        }
    }
    public class Demo3_17
    {
        public static void main(String[] args)
        {
            //创建静态内部类的对象
            OuterClass.InnerClass innerClass = new OuterClass.InnerClass();
            innerClass.show();
            OuterClass.InnerClass.print(); //调用静态内部类的静态方法
        }
    }
```

由于静态内部类中不能访问外部类的非静态成员属性和方法,所以 InnerClass 类的 show()方法中第一句编译器报错,原因是不能访问 OuterClass 的非静态成员属性 m,将该

句注释掉后，运行结果如下所示。可以在 OuterClass 的外部直接创建其静态内部类的对象，例如 main 方法中第一句代码。

```
InnerClass 的构造方法
x=10
静态内部类的 print 方法
```

注意：

(1)只有内部类的定义前面才可以添加 static 修饰符，非内部类的定义前面不能添加 static 修饰符。

(2)内部类中还可以定义自己的内部类，形成多级的嵌套。

(3)Java 编译器会为内部类单独生成一个字节码。

3.11.2 匿名类

匿名类(Anonymous Class)是指没有类的名字并且不能有子类的类。由于没有名字，匿名类就不能显式地创建自己的对象，它只能出现在一个已有类的内部，匿名类通常都是以内部类的形式出现，所以通常都称为匿名内部类。

除了没有名字之外，匿名类的类体和普通类的类体相同，可以定义成员属性和成员方法。生成匿名类的对象时在 new 关键字后面是匿名类的父类或者匿名类要实现的接口的名字。也就是说匿名类通常要作为一个类的子类或者实现某一个接口。

匿名类作为某个类的子类的定义格式如下，假定 SuperClass 是匿名类的父类。

```
new SuperClass([构造方法的参数列表])
{
    //匿名类的类体
}; //此处的分号不能缺少
```

实例代码 Demo3_18 展示了继承类的匿名类的基本使用。

```
class SuperClass
{
    private int m;
    public SuperClass(int m)//有参的构造方法
    {
        this.m = m;
    }
    public void showMsg()
    {
        System.out.println("m = " + m);
    }
    public void print()
    {
```

```
            System.out.println("这是 SuperClass 类的 print 方法");
        }
    }
    public class Demo3_18
    {
        private static float r = 3.5f;
        public static void main(String[] args)
        {
            //创建匿名类的对象,匿名类是 SuperClass 的子类,并调用父类的构造方法
            SuperClass ac = new SuperClass(10)
            {
                public void showMsg() //覆盖父类的方法
                {
                    System.out.println("这是匿名类的 showMsg 方法");
                    System.out.println("r = " + r); //访问外部类的成员属性
                }
            };
            ac.showMsg(); //调用匿名类中的方法
            ac.print(); //调用匿名类继承而来的方法
        }
    }
```

程序运行结果如下：

```
这是匿名类的 showMsg 方法
r=3.5
这是 SuperClass 类的 print 方法
```

注意：

(1)创建匿名类对象时调用的构造方法是父类的构造方法。

(2)匿名类的类体中可以继承父类的方法也可以覆盖父类的方法。

(3)使用匿名类时,一定是在某个类的内部直接定义并创建匿名类对象,所以匿名类一定是内部类,它可以访问外部类的成员属性和方法,但不能在匿名类的类体中定义静态属性和静态方法。例如 Demo3_18 就是匿名内部类的外部类。

练习题

一、选择题

1. 下面对于构造方法的描述,错误的是________。

A. 方法名必须和类名相同

B. 方法名的前面没有返回值类型的声明
C. 在方法中不能使用 return 语句返回一个值
D. 当定义了带参数的构造方法,系统默认的不带参数的构造方法依然存在
2. 使用 this 调用类的构造方法,下面的说法错误的是________。
A. 使用 this 调用构造方法的格式为 this([参数 1,参数 2.])
B. 只能在构造方法中使用 this 调用其他的构造方法
C. 使用 this 调用其他构造方法的语句必须放在第一行
D. 不能在一个类的两个构造方法中使用 this 互相调用
3. 请先阅读下面的代码

```
public class Test{
    public Test(){
        System. out. println("构造方法一被调用了");
    }
    public Test(int x){
        this();
        System. out. println ("构造方法二被调用了");
    }
    public Test (boolean b){
        this(1) ;
        System. out .println ("构造方法三被调用了");
    }
    public static void main(String[] args){
        Test test = new Test(true);
    }
}
```

上面程序的运行结果是________。
A. 构造方法一被调用了
B. 构造方法二被调用了
C. 构造方法三被调用了
D. 按照 A、B、C 选项的内容输出
4. 对于方法覆盖与方法重载的描述,正确的是________。
A. 覆盖只有发生在父类与子类之间,而重载可以发生在同一个类中
B. 覆盖方法可以不同名,而重载方法必须同名
C. final 修饰的方法可以被覆盖,但不能被重载
D. 覆盖与重载是相同的
5. Outer 类中定义了一个静态内部类 Inner,需要在 main()方法(不在 Outer 类中)中创建 Inner 类实例对象,以下四条语句,正确的是________。
A. Inner in = new Inner()

B. Inner in = new Outer. Inner();

C. Outer. Inner in = new Outer. Inner();

D. Outer. Inner in = new Outer(). new Inner();

6. 在类的修饰符中，规定只能被同一包中的类所使用的修饰符是________。

A. public　　B. 默认(缺省)　　C. final　　D. abstract

7. 类中的一个成员方法被________修饰符修饰，该方法只能在本类被访问。

A. public　　B. protected　　C. private　　D. default

8. 下列关于子类继承父类的成员的描述中，错误的是________。

A. 子类中可以直接访问从父类中继承的成员

B. 子类中定义有与父类同名变量时，子类继承父类的操作中，使用继承父类的变量；子类执行自己的操作中，使用自己定义的变量

C. 当子类中出现成员方法头与父类方法头相同的方法时，子类成员方法覆盖父类中的成员方法

D. 方法重载是编译时处理的，而方法覆盖是在运行时处理的

9. 下列关于成员属性和局部变量的说法中，不正确的是________。

A. 成员属性随对象的创建而创建，随对象的消失而消失

B. 方法内定义局部变量在作用范围结束时会自动释放占用的内存空间

C. 成员属性存放在对象所在的堆内存中，局部变量存放在栈内存中

D. 成员属性与局部变量都有默认的初始值

10. 关于 super 关键字的用法，描述错误的是________。

A. super 关键字可以调用父类的构造方法

B. super 关键字可以调用父类的普通方法

C. super 与 this 不能同时存在于同一个构造方法中

D. super 与 this 可以同时存在于同一个构造方法中

二、简答题

1. 构造方法和普通的成员方法有什么区别？
2. 在 Java 中引用对象变量和对象之间有什么关系？
3. 面向对象编程语言的特点有哪些方面，并分别简要说明。
4. Java 中共有哪几种访问权限修饰符？各自的含义是什么？
5. final 关键字有哪几种用法？分别代表什么含义？
6. 什么是内部类？内部类有哪些特点？

三、程序设计题

1. 编写一个交通工具的父类(Transport)：

(1)属性包括：速度、载重量。

(2)方法包括：构造方法和显示属性(定义 show()，在该方法中将各属性的值打印出来)的方法。

(3)定义 Transport 的子类 Vehicle，Vehicle 有自己新增的属性：车轮数、车牌号；定义对

新增的属性进行显示的方法。

(4)定义 Transport 的子类 Airplane,Airplane 有自己新增的属性:发动机类型、座位数;定义对新增的属性进行显示的方法。

(5)在测试类的 main()方法中分别创建 Vehicle 和 Airplane 的对象,调用显示所有属性的方法。

2. 按步骤编程设计,并对程序结果进行分析

(1)设计一个 Animal 类,其中包括 eat()、sleep()和 move()方法。

在 call()方法中能够接收任何一个 Animal 的子类对象作为参数,在 call()的方法体中能够调用任何一个 Animal 的子类对象的特有方法。

(2)设计 Animal 的子类 Bird,重写的 sleep()中输出"鸟在树上睡觉";重写的 eat()中输出"鸟儿吃虫子";重写的 move()中输出"鸟儿是飞行移动的"。定义一个 Bird 的特有方法。

(3)设计 Animal 的子类 Fish,仿照(2)中句式显示。定义一个 Fish 的特有方法。

(4)在测试类中实例化不同的 Animal 的子类对象,实例化一个 Animal 对象的实例,调用 call()方法。

3. 编写一个能够求解一元二次方程根的类。

(1)成员属性:包括一元二次方程的 3 个系数。

(2)构造方法:给 3 个系数赋值。

(3)普通方法:得到一元二次方法的根。

第4章　抽象类与接口

本章学习目标：

1. 理解抽象类和接口的基本概念。
2. 掌握抽象类和接口的定义。
3. 理解抽象类和接口之间的相同点与不同点。
4. 能够结合实际应用场景，正确使用抽象类和接口进行程序分析与设计。

4.1　抽象类

4.1.1　抽象类的基本概念

在面向对象的概念中所有的对象都是通过类来描述并创建的，但是有一种特殊的类并不能用完整的信息来描绘一个具体的对象，这样的类就是抽象类(abstract class)。不能完整描述对象相关信息的方法，通常称为抽象方法。也就是说抽象类中需要包含抽象方法。例如：几何图形中有三角形、圆形、矩形、多边形等，我们通常统称为形状。“形状”就是对各种具体几何图形的模糊化、抽象化的统称。但形状本身又不能归结于某一个具体的几何图形，假如说形状就是三角形，这样的定义显然与现实不符。形状都具有面积，但是不同具体形状的面积有不同的计算方法，如果形状不能具体化，那么面积就无法计算。如果将形状表示为抽象类，那么面积就是其中的抽象方法。

一般情况下，我们将抽象类作为父类，在抽象类中定义抽象方法，并交给抽象类的子类去实现抽象方法。也就是说在抽象类的各个子类中去完善对某个具体对象的描述。

4.1.2　抽象方法与抽象类的定义

抽象方法是一种“特殊”的方法，该方法只有方法的定义部分(只有方法头)而没有方法的实现部分(没有方法体)，在访问权限和返回类型之间需要用 abstract 关键字进行修饰。抽象方法的定义格式如下：

```
[权限修饰符]  abstract returnType 方法名([参数表]);
```

注意：

(1)抽象方法只有方法头部并以“;”结束，没有方法体，所以后面不能有“{}”。

(2)构造方法不能被定义为抽象方法。

抽象类在定义时需要在class前添加abstract关键字修饰,类体中至少要包含一个抽象方法,最多包含N个抽象方法(视具体情况而定),其余内容与普通类相同。也就是说抽象类中除了要定义抽象方法外,还可以定义成员属性、常量、构造方法和普通方法等。抽象类的定义格式如下:

```
[权限修饰符]  abstract class  类名称
{
    成员属性;
    常量;
    构造方法([参数表])
    { …… }
    [权限修饰符] returnType 方法名([参数表])  //普通方法
    {…… }
    abstract returnType 方法名([参数表]);     //抽象方法
    ……
}
```

注意:

(1)由于抽象类是要被子类继承的,所以抽象类不能使用final关键字修饰。

(2)抽象类中定义的抽象方法是要被子类覆盖的,所以抽象方法不能用final关键字修饰,而且抽象方法的访问权限不能是private。

(3)抽象方法不能被static关键字修饰,抽象方法必须是实例方法。

(4)抽象类不能用new运算符创建它的对象。

抽象类本身不能实例化,抽象类必须要有子类来继承它,否则抽象类就失去了存在的意义。由于抽象类的子类实现了抽象类的抽象方法,从多态性的角度出发,一般通常都是定义抽象类的引用指向抽象类子类的实例,自动完成向上转型。因此,使用抽象类是对象多态性的一个很好体现。如下代码所示:

```
//AbstractClass是抽象类,AbstractClassImp是抽象类的子类
//通过上转型方式定义抽象类的子类对象
AbstractClass  className = new AbstractClassImp();
```

4.1.3 抽象类的应用

实例代码Demo4_1展示了抽象类的一个简单应用。假定当前有教材书、科技书和文艺书3种不同类型的书。每种书都有页码、折扣、每页价格等3种属性;具有显示图书类型和获取图书总价格(总价格=页码×折扣×每页价格)两个方法。教材书、科技书和文艺书可以看作3个具体的子类,他们都具有相同的属性,显示图书总价格的方法逻辑是相同,显示图书类型的方法3个子类各不相同,所以可以定义抽象类——Book。Book中包含3个属性,获取图书总价格的方法为普通方法,显示图书类型的方法为抽象方法。

Book类的源码如下所示:

```
abstract class Book             //定义图书抽象类 Book
{
    //定义 3 个成员属性
    private int bookPage;    //页码
    private float discount;  //折扣
    private float pagePrice; //每页价格
    public Book(int bookPage,float discount,float pagePrice) //抽象类的构造方法
{
    this.bookPage = bookPage;
    this.discount = discount;
    this.pagePrice = pagePrice;
    }
    public abstract void showType();   //显示图书种类,此方法为抽象方法
    public float getPrice()            //获取图书总价格
{
    return this.bookPage * this.discount * this.pagePrice;
    }
}
class TeachingBook extends Book  //定义教材书类,继承抽象类 Book
{
    public ScienceBook(int bookPage,float discount,float pagePrice)
    {
        super(bookPage,discount,pagePrice);    //调用父类的构造方法
    }
    public void showType()  //覆盖 Book 中的抽象方法
    {
        System.out.println("图书类型为教材");
    }
}
public class Demo4_1
{
    public static void main(String args[])
    {
        //通过上转型方式定义抽象类引用指向子类对象
        Book tb = new TeachingBook(520,0.7f,0.2f);
        tb.showType();
        System.out.println("图书总价格是:" + tb.getPrice() + "元");
    }
}
```

上述示例中定义了抽象类 Book 作为父类，定义了其中的一个子类 TeachingBook 实现了 Book 中“显示图书类型”的抽象方法。请读者以 TeachingBook 为例，自行定义科技书和文艺书这两个子类，并在 Test 中创建各自的对象，调用相关方法，观察运行结果。

随着互联网应用深入到我们生活的各个方面，人们的消费支付方式也产生了很大的变化，除了传统的现金支付外，还有网银支付、微信支付、支付宝支付等多种支付方式。实例代码 Demo4_2 展示了创建不同支付方式对象并进行支付的简单应用，需要在各种具体的支付方式中提取抽象支付方式。

```
abstract class AbstractPay  //抽象支付类
{
    public abstract void pay();  //抽象的支付方法
}
class CashPay extends AbstractPay //现金支付类，继承抽象支付类
{
    public void pay()
    {
        System.out.println("支付方式为:现金支付");
    }
}
class OnlineBankPay extends AbstractPay //网银支付类，继承抽象支付类
{
    public void pay()
    {
        System.out.println("支付方式为:网银支付");
    }
}
class WeixinPay extends AbstractPay  //微信支付类，继承抽象支付类
{
    public void pay()
    {
        System.out.println("支付方式为:微信支付");
    }
}
class ZhifubaoPay extends AbstractPay  //支付宝支付类，继承抽象支付类
{
    public void pay()
    {
        System.out.println("支付方式为:支付宝支付");
    }
}
```

```
class PayFactory  //支付工厂类,用于获取某种具体支付类的对象
{
    public static AbstractPay getPayMethod(String payType)
    {
        //根据传入的支付方式字符串创建各种具体的支付方式对象
        if("现金".equals(payType))
            return new CashPay();   //创建现金支付类对象
        else if("网银".equals(payType))
            return new OnlineBankPay(); //创建网银支付类对象
        else if("微信".equals(payType))
            return new WeixinPay();  //创建微信支付类对象
        else if("支付宝".equals(payType))
            return new ZhifubaoPay();  //创建支付宝支付类对象
        else
            return null;
    }
}
public class Demo4_2
{
    public static void main(String[] args)
    {
        //获取支付宝支付对象
        AbstractPay payMethod = PayFactory.getPayMethod("支付宝");
        payMethod.pay();  //调用支付方法
        //获取现金支付对象
        payMethod = PayFactory.getPayMethod("现金");
        payMethod.pay(); //调用支付方法
        //获取网银支付对象
        payMethod = PayFactory.getPayMethod("网银");
        payMethod.pay(); //调用支付方法
        //获取微信支付对象
        payMethod = PayFactory.getPayMethod("微信");
        payMethod.pay(); //调用支付方法
    }
}
```

上述示例中定义了抽象支付类 AbstractPay 以及它的几个子类 CashPay、OnlineBankPay、WeixinPay 和 ZhifubaoPay,分别代表现金支付、网银支付、微信支付和支付宝支付,都实现了 AbstractPay 中定义的抽象 pay()方法。PayFactory 类的静态方法 getPayMethod()根据传入的支付方式字符串来创建某种具体支付方式的对象并返回。在 main()方法中通

过 PayFactory 类得到某个具体的支付方式类对象并调用 pay()方法。

抽象类的概念和语法很容易理解和掌握，但在面向对象程序设计中要用好抽象类并不是很容易，需要读者从以下方面理解如何来定义抽象类：

(1)抽象类需要抽象出重要的行为标准，行为标准用抽象方法来表示，这些行为标准不同的子类都有不同的实现方式。

(2)在类的定义过程中，抽象类一般不会从需求中明确给出，需要开发人员从具体的子类中进行抽象。实例代码 Demo4_1 中的 Book 类、Demo4_2 中的 AbstractPay 类都是根据实际应用背景中提取的抽象类。

(3)在抽象类的使用过程中，一般都是用抽象类声明其子类对象的上转型对象，调用子类重写的方法，也就是子类给出的具体行为标准的方法。

4.2　接口

4.2.1　接口概述

现实世界的接口通常是指两个不同物体之间相互交互所必须通过的一个中介，没有这个中介，两者无法交互。我们把这个中介称为接口，例如门、窗户、楼道、插孔、电梯间等。在软件世界中所提到的接口有狭义和广义之分。狭义的接口是指某个程序设计语言所提供的 API。广义的接口是指人与软件交互的图形界面，通过这个图形界面人们才能使用软件。

Java 中的接口(interface)是一种特殊的“类”，接口中只能包含常量和抽象方法，属于复合数据类型，是狭义的接口。

4.2.2　接口的作用

通过第 1 章的学习，我们了解到 Java 是纯面向对象的程序设计语言。在第 3 章的学习中我们知道为了避免多继承产生的二义性，在 Java 中类的继承只能实现单继承，不能实现多继承。但是多继承也有许多优点，它允许一个子类可以继承多个父类的属性和方法，使得子类能够具有多个父类的特性。但是，Java 并没有因为只允许单继承而摒弃多继承带来的便利，为了结合多继承的优点，又不与单继承冲突，就提供了接口这个新技术，来实现多继承的效果。通过使用接口可以体现面向对象中的多态机制。

4.2.3　接口的定义与实现

Java 使用关键字 interface 定义接口，接口的定义和类的定义很相似，分为接口声明和接口体两部分，格式如下所示。

```
[public]  interface 接口名 [extends Interface1,Interface2,…,InterfaceN]
{
    double  E = 2.718282; //常量的定义
    void doSomething (int i, double x); //抽象方法的定义
    ……
}
```

接口中能够定义的成员只有常量和抽象方法两种(或者二者其一)。接口中的常量默认是 public 访问权限,并且是静态的,所以常量定义前的 public static final 关键字可以省略不写。接口中抽象方法的访问权限默认也是 public,所以抽象方法前面的 public abstract 关键字也可以省略不写。接口不存在类的单继承限制,一个接口可以继承多个接口,多个接口名之间用逗号分隔。例如:

```
interface MyInterface extends Interface1, Interface2, …, InterfaceN //Interface1,Interface2,…,InferfaceN 是接口名称
{
    ……
}
```

注意:

(1)接口中不能包含构造方法、变量和非抽象方法。

(2)接口的继承不存在最高层,也就是不存在最顶层的接口;而类的继承存在最顶层,最顶层是 java. lang. Object。

接口需要交给类来实现,实现接口的类继承了接口中的常量并且要重写接口中所有的抽象方法。一个类需要在声明中使用关键字 implements 表示要实现的一个或多个接口。如果一个类要实现多个接口,多个接口名字之间通过逗号隔开。例如类 A 需要实现 Interface1 和 Interface2 两个接口,定义如下:

```
class A implements Interface1,Interface2
```

实现接口的类继承了接口中定义的常量,并且需要重写接口中定义的所有抽象方法,也就是说实现类要给出接口中抽象方法的具体行为。如果一个类只重写了接口中的部分抽象方法,相当于这个类中还继承有接口中的抽象方法,那么这个类就不能成为普通类,需要定义成抽象类。例如类 A 没有全部实现 Interface1 和 Interface2 中的所有抽象方法,类 A 就要定义成抽象类。如下代码所示:

```
abstract class A implements Interface1,Interface2
```

注意:

(1)接口的实现类重写接口中定义的抽象方法时,需要显式添加 public 访问权限(否则无法实现覆盖),去掉 abstract 关键字,同时给出方法体。

(2)如果父类实现了某个接口,那么子类也就自然实现了这个接口,子类不必再显式地使用关键字 implements 声明实现这个接口。

实例代码 Demo4_3 展示了接口的一个简单应用。定义了接口 Shape,其中定义了常量 PI 和计算面积、周长的抽象方法。类 Circle 和类 Rectangle 实现了接口 Shape,重写了各自计算面积和周长的方法。

```
interface Shape
{
    float PI = 3.14f;           //定义的常量
    float getArea();            //计算面积的抽象方法
```

```
    float getPerimeter();     //计算周长的抽象方法
}
class Circle implements Shape   //Circle类实现接口Shape
{
    private float radius; //成员属性半径
    public Circle(float radius)//构造方法
    {
        this.radius = radius;
    }
    public float getArea()    //重写getArea()方法
    {
        return this.radius * this.radius * PI; //继承了Shape中的PI常量
    }
    public float getPerimeter()   //重写getPerimeter()方法
    {
        return 2 * this.radius * PI;
    }
}
class Rectangle implements Shape //Rectangle类实现接口Shape
{
    private float width,height; //成员属性表示宽和高
    Rectangle(float width, float height)//构造方法
    {
        this.width = width;
        this.height = height;
    }
    public float getArea()  //重写getArea()方法

    {
        return this.width * this.height;
    }
    public float getPerimeter()    //重写getPerimeter()方法
    {
        return (this.height + this.width) * 2;
    }
}
public class Demo4_3
{
    public static void main(String[] args)
```

```
    {
        Circle circle = new Circle(3.0f); //创建 Circle 类的对象
        Rectangle rectangle = new Rectangle(2.0f,4.0f);//创建 Rectangle 类的对象
        System.out.println("圆的面积是:" + circle.getArea() + ",周长是:" +
                                circle.getPerimeter());
        System.out.println("矩形的面积是:" + rectangle.getArea() + ",周长
                                是:" + rectangle.getPerimeter());
    }
}
```

程序运行结果如下：

```
圆的面积是:28.26,周长是:18.84
矩形的面积是:8.0,周长是:12.0
```

4.2.4 接口回调

接口是 Java 中的复合数据类型,用接口声明的变量称为接口变量,通过接口变量可以存放实现该接口类的实例引用。假设 MyInterface 是一个接口,MyInterfaceImp 是 MyInterface 接口的实现类,那么就可以定义 MyInterface 类型的变量指向 MyInterfaceImp 类型的对象。如下代码所示：

```
MyInterface  myInterface = new MyInterfaceImp();
```

在 Java 语言中接口回调就是可以把实现某一接口的类的对象的引用赋值给该接口声明的变量,那么该变量就可以调用被这个类所实现的接口中定义的抽象方法。通过接口变量调用方法,实际上就是通知相应的对象调用这个方法。接口回调类似于通过上转型对象调用被子类覆盖的方法。

实例代码 Demo4_4 展示了采用接口回调的方式创建对象的简单应用。在 Demo4_3 中的 Circle 类和 Rectangle 类中添加 showShapeName()方法,返回当前形状的名称。

```
class Circle implements Shape  //Circle 类实现接口 Shape
{
    private float radius;
    public Circle(float radius)
    {
        this.radius = radius;
    }
    public float getArea()
    {
        return this.radius * this.radius * PI; //继承了 Shape 中的 PI 常量
    }
    public float getPerimeter()
```

```
    {
        return 2 * this.radius * PI;
    }
    public String showShapeName()
    {
        return "三角形";
    }
}
class Rectangle implements Shape  //Rectangle 类实现接口 Shape
{
    private float width,height;
    Rectangle(float width, float height)
    {
        this.width = width;
        this.height = height;
    }
    public float getArea()
    {
        return this.width * this.height;
    }
    public float getPerimeter()
    {
        return (this.height + this.width) * 2;
    }
    public String showShapeName()
    {
        return "矩形";
    }
}
public class Demo4_4
{
    public static void main(String[] args)
    {
        Shape shape1 = new Circle(3.0f);  //定义接口变量 shape1 指向一个 Cir-
                                            cle 类型的对象
        Shape shape2 = new Rectangle(2.0f,4.0f);  //定义接口变量 shape2 指向一
                                                    个 Rectangle 类型的对象
        System.out.println("圆的面积是:" + shape1.getArea() + ",周长是:" +
                        shape2.getPerimeter());
```

```
                System.out.println("矩形的面积是:" + shape2.getArea() + ",周长是:" +
                                            shape2.getPerimeter());
        }
    }
```

由于 Circle 和 Rectangle 实现了 Shape 接口，所以可以通过接口变量 shape1 和 shape2 调用 getArea()和 getPerimeter()方法，但不能调用 showShapeName()方法，因为该方法不是 Shape 接口中定义的，而是 Circle 和 Rectangle 类中定义的方法。

注意：通过接口回调只能调用接口实现类中重写的方法，不能调用接口实现类中的其他方法。

4.2.5 实现接口的匿名类

类实现接口可以简单地理解为实现接口的类就是接口的“子类”，形式上类似于多重继承，接口可以当做“父类”。按照继承父类的匿名类的概念，Java 允许直接使用接口名和一个类体创建一个匿名类的对象。

假定 MyInterface 为一个接口，利用 MyInterface 创建一个匿名类的定义格式如下：

```
new MyInterface() {匿名类的类体 }; //此处的分号不能缺少
```

实例代码 Demo4_5 展示了实现接口的匿名类的简单应用。

```
interface Speaker  //定义接口
{
    void speak(); //抽象方法
}
class VoiceMachine
{
    public void talk(Speaker speaker)
    {
        speaker.speak(); //接口的回调
    }
}
public class Demo4_5
{
    public static void main(String[] args)
    {
        VoiceMachine vm = new VoiceMachine();
        //方法的参数是实现了接口的匿名类对象
        vm.talk(new Speaker()
            {
                public void speak()
                {
```

```
                System.out.println("这是人发出的声音");
            }
        }); //此处分号不能省略
    vm.talk(new Speaker()
    {
        public void speak()
        {
            System.out.println("这是鸟儿发出的声音");
        }
    });//此处分号不能省略
  }
}
```

注意：

(1)实现接口的匿名类必须全部覆盖接口中的所有抽象方法。

(2)如果某个方法的形参是接口类型,可以使用接口名和类体组合创建一个匿名类对象作为实参进行传递,并进行接口回调。例如 Demo4_5 中的 VoiceMachine 类的 talk()方法的形参就是接口类型。

4.3 抽象类与接口的比较

抽象类和接口在对于抽象定义的支持方面具有很大的相似性,甚至可以相互替换,因此很多初学者在进行抽象定义时,对抽象类和接口的选择无法区分。其实,两者之间还是有很大区别的,对于它们的选择有时甚至会反映出对于问题领域本质的理解。所以正确理解抽象类与接口的区别,对于二者的选择具有重要意义。

抽象类和接口的相同点如下：

(1)抽象类和接口都包含抽象方法,抽象类需要被子类继承,子类去实现抽象类中定义的抽象方法;接口需要被类去实现,实现接口的类需要实现接口中定义的所有抽象方法。

(2)抽象类和接口都不能通过 new 关键字来创建自己的对象。

(3)抽象类和接口都是引用数据类型。可以声明抽象类和接口类型的引用变量,并将子类的对象实例赋给抽象类和接口变量。也就是说抽象类和接口都可以按照上转型方式去创建对象。

抽象类和接口的不同点见表 4-1 中描述。

表 4-1 抽象类与接口的不同点

比较点	抽象类	接口
关键字	abstract class	interface
组成	变量、常量、构造方法、抽象方法、普通方法、静态方法	常量、抽象方法

续表

比较点	抽象类	接口
子类	通过 extends 继承抽象类，一个子类只能继承一个抽象类，遵守单继承原则	通过 implements 实现接口，一个类可以实现多个接口
关系	一个抽象类可以实现多个接口	接口不能继承抽象类，但接口可以继承多个接口
默认实现	一个抽象类提供完整的处理代码，抽象方法必须在子类中重写实现	接口不能提供任何实现代码，没有方法体，或其他代码块
常量定义	可以在抽象类中用 static final 关键字来定义常量，而且可以在抽象类中引用常量进行计算	可以在接口中用 static final 关键字来定义常量，而且可以在接口的实现类中任意使用这些常量，但可能会导致命名空间混乱，一般不建议在接口中声明和定义常量
功能区别	一个抽象类定义了公共的方法，子类都会具备相应的公共方法	接口通常被用来描述一个类的外部行为能力，不会存在私有方法，实现它的类必须实现接口中声明的方法。这些类之间没有一个特定的表示范围，他们之间也许不会有任何联系
应用场景	如果不同的实现属于同一个类别，并且共享公共的属性与方法。在通常情况下采用抽象类的方式实现较为合适	如果强调的是不同实现的共享与不同场合的方法的简单替代，则采用接口方式较为合适
增添新方法	如果在一个抽象类中添加一个新的方法(非抽象方法)，那么可以同时添加这个方法的实现。而其子类不需要做任何改变	如果在一个接口中加入一个新的方法，那么所有实现接口的类都必须实现这个新增的方法

在设计程序时应当根据具体的分析来确定是使用抽象类还是接口。抽象类除了提供重要的需要子类重写的抽象方法外，也提供了子类可以继承的变量和非抽象方法。如果某个问题需要使用继承才能更好地解决，例如，子类除了需要重写父类的抽象方法，还需要从父类继承一些变量或继承一些重要的非抽象方法，就可以使用抽象类。如果某个问题不需要继承，只是需要若干个类给出某些重要的抽象方法的实现逻辑，此时考虑使用接口。

练习题

一、选择题

1. 下列关于抽象方法描述正确的是________。

   A. 可以有方法体　　　　B. 可以出现在非抽象类中

   C. 是没有方法体的方法　　　　D. 抽象类中的方法都是抽象方法

2. 定义抽象类时所用到的关键字是________。

A. final　　B. public　　C. abstract　　D. protected

3. 下列关于继承和接口的说法中，不正确的是________。
   A. Java 只支持单继承
   B. 一个类可以同时实现多个接口
   C. 一个类在实现接口的同时还能继承某个基类
   D. 接口不能继承
4. 下列关于抽象类的描述中，错误的是________。
   A. 抽象类是用修饰符 abstract 修饰的
   B. 抽象类是不可以定义对象的
   C. 抽象类是不可以有构造方法的
   D. 抽象类通常要有它的子类
5. 在 Java 语言中实现接口的关键字是________。
   A. extends　　B. implements　　C. interface　　D. abstract

二、简答题

1. 什么是接口？为什么要定义接口？
2. 一个类如何实现接口？实现接口的类是否一定要重写该接口中所有的抽象方法？
3. 简述抽象类与接口的异同。

三、程序设计题

1. 结合实例代码 Demo4_1 中的描述，定义科技书和文艺书这两个抽象子类。
2. 定义一个接口 Shape，其中包括两个抽象方法：area()和 perimeter()，分别表示面积和周长。定义类 Circle 表示圆形、Rectangle 表示矩形分别实现 Shape 接口，定义 Test 类，在 main()方法中分别创建圆形类和矩形类的对象，输出各自的面积和周长（圆形对象的半径值，矩形对象的长和宽值自行赋值）。

第 5 章　数组与字符串

本章学习目标：

1. 理解数组的基本概念，掌握一维数组和二维数组的定义与创建。
2. 掌握数组元素的访问。
3. 掌握 java.util.Arrays 工具类的使用。
4. 理解字符串的基本概念，掌握字符串对象的创建方法。
5. 掌握字符串的相关方法，能够解决实际问题。

5.1　数组的基本概念

在程序设计中，数组和字符串是常用的数据结构。无论是在面向过程的程序设计中，还是面向对象的程序设计中，数组和字符串都起着重要的作用。数组(Array)就是若干个相同数据类型的元素按一定顺序排列的具有固定长度集合。在 Java 语言中数组是引用数据类型，数组中的元素可以是基本数据类型也可以是引用数据类型。在内存中，数组中的所有数据占用一段连续的存储空间，并用一个数组名来进行标识。可以通过数组名和下标(数组元素的索引)来唯一确定数组中的某个元素，这个下标就是元素在内存中存放的顺序编号。

可以用一个统一的数组名和一个下标来唯一地确定数组中的元素。从数组的构成形式上可以分为一维数组和多维数组。一维数组中的数据元素不能再分解，多维数组中的数据元素本身又是数组类型。

数组主要有以下几个特点。

(1)数组是相同数据类型的元素的集合。

(2)数组中的各元素是有先后顺序的，它们在内存中按照这个先后顺序连续存放在一起。

(3)数组元素用整个数组的名字和它自己在数组中的顺序位置来表示。例如，a[0]表示名字为 a 的数组中的第一个元素，a[1]代表数组 a 的第二个元素，依次类推。

5.2　一维数组

一维数组是最简单的数组，它的数据元素是不可再分割的，其逻辑结构是线性表。要使用一维数组，需要经过定义、分配数组空间和初始化数组元素等过程。

5.2.1 一维数组的定义与分配空间

要使用Java语言的数组，一般需经过3个步骤：①定义数组；②分配数组空间；③创建数组元素并赋值。定义数组的语法如下：

```
数组元素的类型[] 数组名;                //定义一维数组
或
数组元素的类型  数组名[]
```

在数组的定义格式里，“数组元素的类型”可以是基本数据类型，也可以是引用数据类型。“数组名”是用来统一这些相同数据类型的名称，其命名规则和变量的命名规则相同。其中“[]”指明该变量是一个数组类型变量。与C/C++不同，Java语言在数组的定义中并不为数组元素分配内存，因此“[]”中不能指明数组中元素的个数(即数组的长度)，数组变量必须在分配内存空间后才可使用。

数组声明之后，接下来便是要分配数组所需要的内存空间，分配数组空间的语法格式如下：

```
数组名=new 数据元素的类型[数组元素的个数];      //分配一维数组内存空间
```

分配数组空间时必须用运算符new，其中“数组元素的个数”是告诉编译器，所定义的数组要存放多少个元素，所以new运算符是通知编译器根据括号里的个数，在内存中分配一块空间供该数组使用。利用new运算符为数组元素分配内存空间的方式称为动态内存分配方式。

下面举例来说明数组的定义，例如：

```
int[ ] x;             //声明名称为x的int型数组
x=new int[10];        //x数组中包含有10个元素,并为这10元素分配内存空间
```

在声明数组时，也可以将两个语句合并成一行，格式如下：

```
数组元素的类型 数组名[]=new  数组元素的类型[数组元素的个数];
```

利用这种格式在声明数组的同时，也分配一块内存供数组使用。如上面的例子可以写成如下形式：

```
int  x[] = new int [10];
```

等号左边的int[] x相当于定义了一个特殊的变量x，x的数据类型是一个对int型数组对象的引用，x就是一个数组的引用变量，其引用的数组元素个数不定。等号右边的new int [10]就是在堆内存中创建一个具有10个int型变量的数组对象。“int[] x = new int [10];”就是将右边的数组对象赋值给左边的数组引用变量。若利用两行的格式来声明数组，其意义也是相同的。例如：

```
int[] x;          //定义了一个数组x,这条语句执行完成后的内存状态如图5-1所示
x=new int[10];  //数组初始化,这条语句执行完后的内存状态如图5-2所示
```

执行第2条语句“x=new int[10];”后，在堆内存中创建了一个数组对象，为这个数组

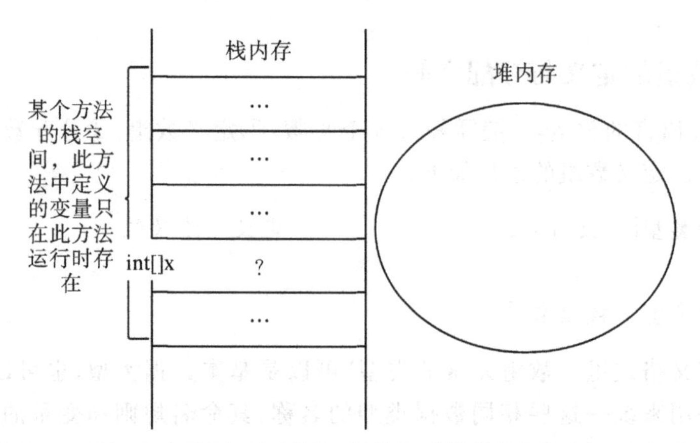

图 5-1 只声明了数组，而没有对其分配内存空间

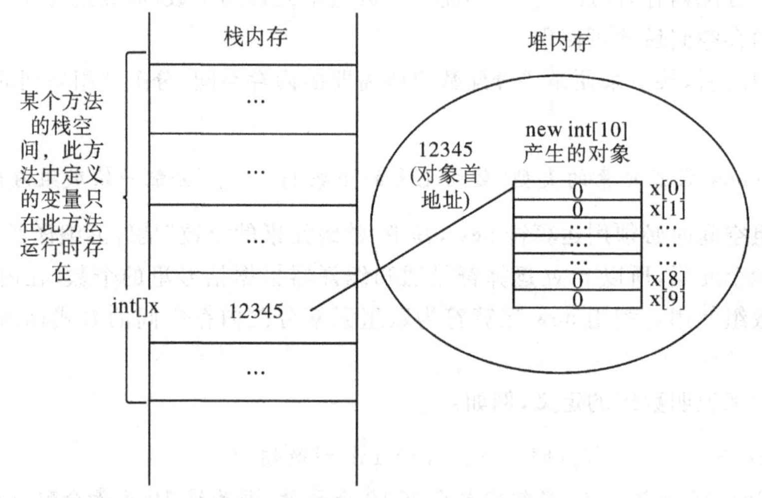

图 5-2 声明数组并分配相应的内存空间，引用变量指向数组对象

对象分配了 10 个整数单元，并将数组对象赋给了数组引用变量 x。引用变量就相当于 C 语言中的指针变量，而数组对象就是指针变量指向的那个内存块。所以说在 Java 内部还是有指针的，只是把指针的概念对用户隐藏起来了，而用户所使用的是引用变量。

用户也可以改变 x 的值，让它指向另一个数组对象，或者不指向任何数组对象。要想让 x 不指向任何数组对象，只需要将常量 null 赋给 x 即可。如“x= null;”，这条语句执行完后的内存状态如图 5-3 所示。执行完“x=null;”语句后，原来通过 new int[10]产生的数组对象不再被任何引用变量所引用，也就成了垃圾，直到垃圾回收器来将它释放掉。

注意：数组用 new 运算符分配内存空间的同时，数组的每个元素都会自动赋一个默认值：整数为 0，实数为 0.0，字符为“\0”，boolean 型为 false，引用型为 null。这是因为数组实际是一种引用型的变量，而其每个元素是引用型变量的成员变量。

5.2.2 一维数组元素的初始化与访问

一维数组在分配完存储空间的同时，还会给数组元素进行默认的初始化操作。如果数组元素是基本数据类型，那么会按照基本数据类型成员属性的默认值给元素初始化，例如

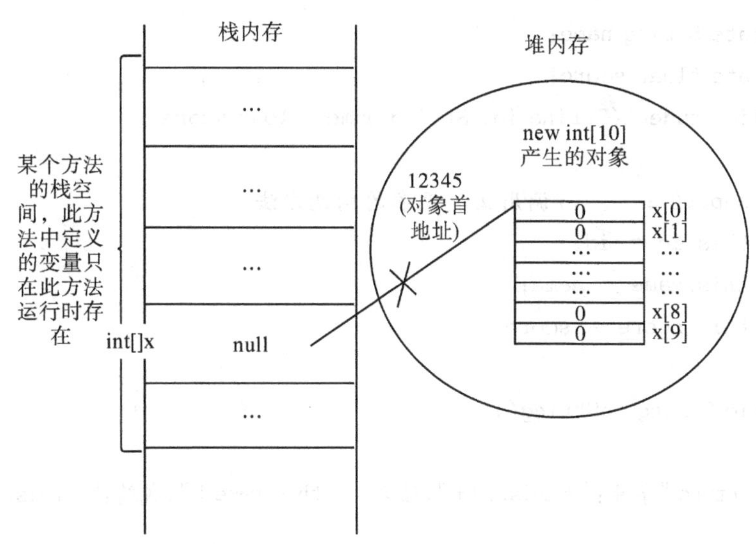

图5-3 引用变量与引用对象断开

int型元素的默认值是0；如果数组元素是引用数据类型，那么元素的默认值是null。

大多数情况下，我们并不使用数组元素的默认初始值，需要显式地给数组元素赋初值。可以在分配完数组存储空间的同时采用静态初始化方式给数组元素赋值，语法格式如下：

```
数组元素的类型 数组名[]={初值0,初值1,…,初值n};
```

在大括号内的初值会依次赋值给数组的第1、2、…、$n+1$个元素。此外，在声明数组时，并不需要将数组元素的个数给出，编译器会根据所给的初值个数来确定数组的长度。例如：

```
int a[] = {1,2,3,4,5};
```

在上面的语句中，声明了一个整型数组a，虽然没有特别指明数组的长度，但是由于花括号里的初值有5个，编译器会分别依次指定各元素存放，a[0]为1，a[1]为2，…，a[4]为5。

对于数组元素的访问，可以通过数组名和下标来实现。数组元素的引用方式如下：

```
数组名[下标]
```

其中“下标”可以是整型数或整型表达式。如a[3+i](i为整数)。Java语言数组的下标是从0开始的。如：

```
int[]x = new int [10];
```

其中x[0]代表数组中第1个元素，x[1]代表第2个元素，x[9]为第10个元素，也就是最后一个元素。另外，与C/C++不同，Java语言对数组元素要进行越界检查以保证安全性。同时，对于每个数组都有一个属性length指明它的长度，如x.length指出数组x所包含的元素个数。

实例代码Demo5_1展示了一维数组的基本使用。

```
class Student
{
    private String id;
```

```
        private String name;
        private float score;
        public Student(String id, String name, float score)
        {
            super();     //调用父类无参的构造方法
            this.id = id;
            this.name = name;
            this.score = score;
        }
        public String toString()
        {
            return "学号:" + this.id + ",姓名:" + this.name + ",成绩:" + this.score + "分";
        }
    }
    public class Demo5_1
    {
        public static void main(String[] args)
        {
            int a[] = new int[5];  //定义 int 型一维数组,长度为 5,元素默认值为 0
            for(int i = 0;i<5;i ++ )
                a[i] = i * 2 + 1;  //给数组元素赋值
            //通过静态初始化方式定义 Student 类型的数组,元素个数为 3
            Student stus[] = {new Student("17001","张三",78.0f),
              new Student("17002","李四",85.5f),new Student("17003","王五",90.0f)};
            print(a);
            print(stus);
        }
        private static void print(Object obj)
        {
            if(obj instanceof int[])  //判断是否是一维 int 型数组
            {
                int array[] = (int[])obj;  //进行下转操作
                for(int i = 0;i<array.length;i ++ )
                {
                    if(i = = array.length - 1)
                        System.out.print(array[i] + "\n");
                    else
                        System.out.print(array[i] + ",");
                }
```

```
        }
        else if(obj instanceof Student[]) //判断是否是一维 Student 类型数组
        {
            Student stus[] = (Student[])obj;
            for(int i = 0;i<stus.length;i ++ )
            {
                System.out.println(stus[i]);
            }
        }
    }
}
```

在 Demo5_1 的 main 方法中，定义了一个一维 int 型数组和一维 Student 类型数组，数组元素分别是基本数据类型和引用数据类型。数组 a 采用动态方式赋值，数组 stus 采用静态方式赋值。由于数组本身就是引用数据类型，所以可以定义 Object 类型的引用指向数组类型的对象(其实就是定义上转型对象)。因此，Demo5_1 中的静态方法 print 的形参是 Object 类型，在它的方法体中通过 instanceof 进行判断后，再分别下转成对应的一维数组类型。

注意：

(1)无论用何种方式在定义数组时，都不能指定其长度，如以“int a[5];”方式定义数组将是非法的，该语句在编译时将出错。

(2)数组本身是引用数据类型，可以将数组理解成 Object 的子类。

5.2.3 foreach 语句与数组

自 JDK1.5 开始引进了一种新的 for 循环，它可以在不使用下标的情况下遍历整个数组，这种新的循环称为 foreach 语句。foreach 语句只需提供三个数据：元素类型，循环变量的名字(用于存储连续的元素)和用于从中检索元素的数组。foreach 的语法格式如下：

```
for(type element : array)
{
    System.out.println(element);
    ...
}
```

其功能是每次从数组 array 中取出一个元素，自动赋值给变量 element，用户不用判断是否超出了数组的长度，需要注意的是，element 的类型必须与数组 array 中元素的类型相同。例如 Demo5_1 中要遍历数组 stus 中的元素，可以使用如下代码：

```
for(Student student : stus)
    System.out.println(student);          //输出数组 stus 中的各元素
```

5.2.4 Arrays 类的使用

工具类 java. util. Arrays 用于支持对数组的操作，该类封装了很多静态方法，能够实现对数组的比较、排序、填充、复制、折半查找等功能。具体如表 5 - 1 所示。

表 5 - 1 数组类 Arrays 的常用方法

方法	说明
static boolean equals(int[] a, int[] a2)	如果两个数组中元素的个数和相对应下标的元素相等，则两个数组是相等的，否则这两个数组不等
static void fill(int[] a, int val)	用 int 型的 val 值替换 int 型数组 a 的每个元素
static void sort(int[] a)	对指定的 int 型数组按数字升序进行排序。
static int binarySearch(int a[],int key)	采用折半查找方法在数组 a 中查找 key 值，返回 key 值在数据中的下标。查找之前数组必须利用 sort() 进行排序
static int[] copyOf(int a[],int length)	对数组进行复制，长度为 length
static void sort(Object[] a)	根据元素的自然顺序对指定对象数组按升序进行排序。数组中的所有元素都必须实现 Comparable 接口

实例代码 Demo5_2 展示了 Arrays 类的基本使用。

```
import java.util.Arrays;
    public class Demo5_2
    {
        public static void main(String args[])
        {
            int a[] = {1,2,3,4,5,6}; //静态初始化两个一维 int 型数组 a,b
            int b[] = {6,5,4,3,2,1};
             System.out.println("排序之前数组 a 和 b 是否相等:" + Arrays.
                          equals(a,b));
            Arrays.sort(b);   //对数组 b 按升序进行排序
             System.out.println("排序之后数组 a 和 b 是否相等:" + Arrays.
                          equals(a,b));
            //利用折半查找返回元素 3 在数组 a 中的下标
            System.out.println("元素 3 在数组 a 中的位置是:" + Arrays.bina-
                          rySearch(a,3));
            Arrays.fill(a,10);   //将 int 型的 10 替换数组 a 的每个元素
            System.out.println("对数组 a 进行填充后的结果:");
            for(int i:a)
                System.out.print(i + " ");
```

```
            System.out.println();
            int c[] = Arrays.copyOf(b,9);      //对数组c赋值,长度为9
            System.out.println("对数组c进行复制后的结果:");
            for(int i:c)
                System.out.print(i + " ");
        }
    }
```

程序运行结果如下:

```
排序之前数组a和b是否相等:false
排序之后数组a和b是否相等:true
元素3在数组a中的位置是:2
对数组a进行填充后的结果:
10 10 10 10 10 10
对数组c进行复制后的结果:
1 2 3 4 5 6 0 0 0
```

如果数组中存放的元素并不是自然数,又需要对元素进行比较时就需要使用java.lang.Comparable接口。开发人员根据实际需求定义比较逻辑,将对应的代码写入到Comparable接口的compareTo方法中。

实例代码Demo5_3展示了Comparable接口的基本使用。

```
import java.util.Arrays;
class Student implements Comparable<Student> //Student类实现Comparable接口
{
    private String id; //学号
    private String name; //姓名
    private float score; //成绩
    public Student(String id, String name, float score)
    {
        super();     //调用父类无参的构造方法
        this.id = id;
        this.name = name;
        this.score = score;
    }
    public String toString()
    {
        return "学号:" + this.id + ",姓名:" + this.name + ",成绩:" + this.score + "分";
    }
    public int compareTo(Student stu) //实现Comparable接口中的compareTo方法
```

```
        {
            if(this.score>stu.score)        //按照成绩进行降序排列
                return 1;
            else if(this.score<stu.score)
                return -1;
            else  //如果成绩相等,再按照学号排序
            {
                return this.id.compareTo(stu.id);
            }
        }
    }
    public class Demo5_3
    {
        public static void main(String args[])
        {
            Student stus[] = new Student[4];  //创建 Student 类型的数组对象并对其
                                                动态初始化
            stus[0] = new Student("17001","张三",90.0f);
            stus[1] = new Student("17002","李四",78.5f);
            stus[2] = new Student("17004","王五",78.5f);
            stus[3] = new Student("17003","钱六",56.5f);
            Arrays.sort(stus);  //对数组 stu 进行升序排序
            System.out.println("排序后的结果:");
            for(Student student:stus)
            System.out.println(student);
        }
    }
```

程序运行结果如下:

```
排序后的结果:
学号:17003,姓名:钱六,成绩:56.5 分
学号:17002,姓名:李四,成绩:78.5 分
学号:17004,姓名:王五,成绩:78.5 分
学号:17001,姓名:张三,成绩:90.0 分
```

在 Demo5_3 中,Student 类实现了 Comparable 接口,在其 compareTo 方法中定义了学生比较排序的算法:首先按成绩升序排序,如果两个学生的成绩相等,再按照学号升序排序(假定学号是唯一的,不存在相等的学号)。在 main 方法中采用动态初始化方式创建了包含 4 个 Student 类型元素的一维数组,调用 Arrays 类的 sort 方法对 stus 数组进行了排序,通过上面的运行结果我们可以看出 stus 数组中的元素按照 compareTo 方法中定义的逻辑进

行了排序。

5.3 多维数组

一维数组在一般的简单应用中使用很普遍，但是在一些较复杂的应用中仍显不足，所以Java语言提供了多维数组。多维数组中的元素本身又是数组，是可以再展开的，可以把多维数组理解成包含数组的数组。

5.3.1 二维数组

二维数组的声明方式与一维数组类似，内存的分配也一样是用new运算符。其声明与分配内存的格式如下所示。

```
数组元素的类型[][]  数组名;            //定义二维数组
数组名=new 数据类型[行数][列数];       //分配内存空间
或
数组元素的类型  数组名[][];
数组名=new 数组元素的类型[行数][列数];
```

给二维数组分配内存空间时，要通知编译器二维数组行与列的个数。因此在上面的格式中，“行数”是告诉编译器所定义的数组有多少行，“列数”则是定义每行中各有多少列。例如：

```
int a[][];              //定义int型二维数组a
a = new int [3][4];     //为3行4列的int型数组a分配内存，共12个元素
```

也可以将定义与分配空间的语句合起来创建数组，其语法格式如下：

```
数组元素的类型  数组名[][]= new  数组元素的类型[行数][列数];
```

例如：

```
int  a[][] = new int[3][4];
```

Java中的多维数组虽然在应用上很像C语言中的多维数组，但还是有区别的。例如在C语言中定义一个二维数组，必须是一个$m \times n$的二维矩阵块，如图5-4所示。Java语言的多维数组不一定是规则的矩阵，如图5-5所示。

1	2	3	4
5	6	7	8
9	10	11	12

图5-4 C语言中二维数组必须是矩形

1	2		
5	6	7	8
9	10	11	

图5-5 Java语言的二维数组不一定是矩形

例如，定义一个如下的数组：

```
int x[][];
```

它表示定义了一个数组引用变量 x，第一个元素为 x[0]，第 n 个元素变量为 x[n-1]。x 中从 x[0]到 x[n-1]的每个元素又是一个 int 型的数组引用变量。这里只要求每个元素都是一个数组引用变量，并没有说明它们所引用数组的长度是多少，也就是每个引用数组的长度可以不一样。例如：

```
int  x[][];
x = new int[3][];
```

这两句代码表示数组 x 有三个元素，每个元素都是 int 类型的一维数组。相当于定义了三个数组引用变量，分别是 int x[0][]、int x[1][]和 int x[2][]，完全可以把 x[0]、x[1]和 x[2]当成一维 int 型数组的名字理解。

由于 x[0]、x[1]和 x[2]都是数组引用变量，必须对它们赋值，指向真正的数组对象，才可以引用这些数组中的元素。例如：

```
x[0] = new int[3];
x[1] = new int[2];
```

由此可以看出，x[0]和 x[1]的长度可以是不一样的，数组对象中也可以只有一个元素。程序运行完上述两句代码之后的内存分配情况如图 5-6 所示。

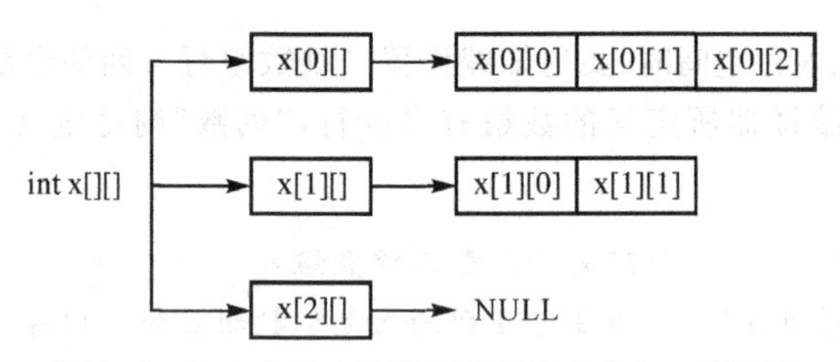

图 5-6 Java 中的二维数组可以看成多个一维数组

x[0]中的第二个元素用 x[0][1]来表示，如果要将整数 10 赋给 x[0]中的第二个元素，写法如下：

```
x[0][1] = 10;
```

如果二位数组正好是一个 $m \times n$ 形式的规则矩阵，可不必像上面的代码一样，先创建高维的数组对象后，再逐一创建低维的数组对象。完全可以用一条语句在创建高维数组对象的同时，创建所有的低维数组对象。例如：

```
int  x[][] = new int[2][3];
```

该语句表示创建了一个 2×3 形式的二维数组，其内存布局如图 5-7 所示。

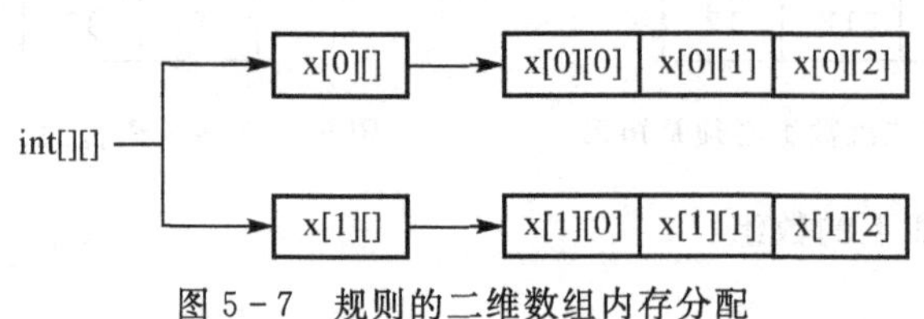

图 5-7 规则的二维数组内存分配

在二维数组中，若要取得二维数组的行数，只要在数组名后加上“. length”属性即可；若要取得数组中某行元素的个数，则须在数组名后加上该行的下标，再加上“. length”。例如：

```
x.length;           //得到数组 x 的行数
x[0].length;        //得到数组 x 的第 1 行元素的个数
x[1].length;        //得到数组 x 的第 2 行元素的个数
```

与一维数组相同，用 new 运算符来为数组申请内存空间时，很容易在数组各维数的指定中出现错误，二维数组要求必须指定高层维数，下面举例说明。

正确的申请方式：只指定数组的高层维数，例如：

```
int myArray[][] = new int [10][] ;  //创建二维 int 型数组，共有 10 行
```

正确的申请方式：指定数组的高层维数和低层维数，例如：

```
int myArray[][] = new int[10][3];  //创建二维 int 型数组，共有 10 行 3 列
```

错误的申请方式：只指定数组的低层维数，例如：

```
int myArray[][] = new int[][5] ;  //编译器报错，没有指定二维数组的行数
```

错误的申请方式：没有指定数组的任何维数，例如：

```
int myArray[][] = new int[][];  //编译器报错，没有指定二维数组的行数
```

如果想直接在创建二维数组时就给数组赋初值，可以利用大括号实现，只要在数组的声明格式后面再加上初值的赋值即可。其格式如下：

```
数组元素的类型 数组名[][] = {{第 1 行初值},
                          {第 2 行初值},
                          {:},
                          {第 n+1 行初值}};
```

需要注意的是，用户并不需要定义数组的长度，因此在数据类型后面的方括号里并不必填写任何内容。此外，在大括号内还有几组大括号，每组大括号内的初值会依次赋值给数组的第 1，2，…，$n+1$ 行中的每个元素。例如：

```
int myArray[][] = {{1,2,35,44},{66, 23, 64, 99}};  //二维数组的初始赋值
```

该语句中声明了一个整型数组 myArray，该数组有 2 行 4 列共 8 个元素，大括号里的两组初值会分别依次指定给各行里的元素存放，a[0][0]为 1，a[0][1]为 2，…，a[1][3]为 99。

注意：

(1)与一维数组一样，在定义二维数组并初始化时不能指定其长度，否则出错。如：“int [2][3] b={{1,2,3},{4,5,6}};”，该语句在编译时将出错。

(2)二维数组的遍历通常都是采用两层循环。

实例代码 Demo5_4 展示了二维数组的基本使用。

```
public class Demo5_4
{
```

```
    public static void main(String[] args)
    {
        //静态初始化方式创建 3 行 3 列的二维 int 型数组
        int myArray[][] = {{1,2,3},{4,5,6},{7,8,9}};
        int sum = 0; //对角线元素之和
        for(int i = 0;i<myArray.length;i ++ )
        {
            for(int j = 0;j<myArray[0].length;j ++ )
            {
                if(i = = j||(i + j) = = myArray.length - 1)  //判断是否是对角
                                                                线元素
                    sum + = myArray[i][j];
            }
        }
        System.out.println("对角线元素之和是:" + sum);
    }
}
```

在 Demo5_4 中，通过静态初始化方式创建了 3×3 的二维 int 型数组，并将该数组中对角线元素之和输出。

5.3.2 三维以上的多维数组

通过对二维数组的学习，我们发现，要想创建维度更高的数组，只需在定义数组时将中括号与下标再添加一组即可，即三维数组的定义为“int a[][][];”，而四维数组为“int a[][][][];”，依次类推。

给多维数组分配内存空间时需要指定各维度的数目，或者按照从高维到低维的顺序分别分配内存空间。以三维数组为例，如下代码所示：

```
int a1[][][] = new int[3][3][3];  //所有维度数目一次全部指定
//或
int a[][][] = new int[3][][];  //按照从高维到低维的顺序依次分配内存空间
a[0] = new int[3][3];
a[1] = new int[3][3];
a[2] = new int[3][3];
a[0][0] = new int[3];
a[0][1] = new int[3];
a[0][2] = new int[3];
a[1][0] = new int[3];
a[1][1] = new int[3];
a[1][2] = new int[3];
```

```
a[2][0] = new int[3];
a[2][1] = new int[3];
a[2][2] = new int[3];
```

注意：

(1)与二维数组一样，在定义多维数组并初始化时不能指定其长度，否则出错。如："int a[2][2][2]={{{1,2},{3,4}},{{5,6},{7,8}}};"，该语句在编译时将出错。

使用多维数组时，输入、输出的方式和一维、二维数组相同，但是每多一维，嵌套循环的层数就必须多一层，所以维数越高的数组其复杂度也就越高。

实例代码 Demo5_5 展示了三维数组的基本使用。

```
public class Demo5_5
{
    public static void main(String[]args)
    {
        int i,j,k,sum = 0;
        int[][][]a = {{{3,4},{5,6}},{{7,8},{9,10}}};
        for(i = 0;i<a.length;i ++ )
          for(j = 0;j<a[i].length;j ++ )
            for(k = 0;k<a[i][j].length;k ++ )
            {
                System.out.println("a[" + i + "][" + j + "][" + k + "] = " + a[i]
                                      [j][k]);
                sum + = a[i][j][k];
            }
            System.out.println("sum = " + sum);
    }
}
```

在实例代码 Demo5_5 中，首先对三维 int 型数组 a 采用静态方式创建并初始化赋值，之后利用三层循环来输出三维数组的各元素并计算各元素之和。

5.4 字符串

字符串就是若干字符的序列，在 Java 语言中除了可以通过 char 类型的数组来表示字符串外，还提供了 String、StringBuffer 和 StringBuilder 这三个类来完成对字符串对象的创建和使用。程序中用到的字符串可以分为两大类：一类是创建之后不会再做修改和变动的字符串常量；另一类是创建之后允许再做修改的字符串变量。对于前一种字符串常量，适应于程序中经常需要对它做比较、搜索之类的操作，通常用 String 类的对象来表示；对于后一种字符串变量，适应于程序中经常需要对它做添加、插入、修改之类的操作，通常用 StringBuffer 或 StringBuilder 类的对象来表示。

5.4.1 String 类的创建

String 在设计时被定义成了 final 类(最终类),所以不能定义 String 类的子类。String 用来表示字符串常量,是引用数据类型。一旦 String 类对象的字符序列被定义,那么这个字符序列的值是不能再变化的。创建 String 类的对象和创建普通类的对象一样,都要经历对象定义与创建两个步骤,主要有以下 4 种方式来创建 String 类的对象。

1. 通过字符串常量的方式来创建

该方式是通过英文半角双引号括起来的字符序列(字符串常量)来创建 String 类对象,例如:

```
String str1 = "我爱中国";        //字符串常量的方式创建 String 类对象
String str2 = "I Love Java! ";  //字符串常量的方式来创建 String 类对象
```

2. 通过 String 类的构造方法来创建

String 类提供了多个重载的构造方法,具体见表 5-2 所示。

表 5-2 String 类的构造方法

方法	说明
public String()	创建 String 类的对象用来表示一个空字符串
public String(char chars[])	将一个字符数组的内容创建一个 String 类的对象
public String(String str)	创建 String 类的对象,它的值与一个已经存在的 String 对象 str 的值相同
public String(StringBuffer sb)	创建 String 类的对象,它的值与一个已经存在的 String-Buffer 对象 sb 的值相同
public String(StringBuilder sb)	创建 String 类的对象,它的值与一个已经存在的 String-Builder 对象 sb 的值相同

```
String s1 = "I Love Java";
String s2 = new String(s1);   //创建 String 对象 s2,值与 s1 的值相同
String s3 = new String();     //创建 String 对象 s3,表示空字符串(不包含任何字符)
char chars[] = {'a','b','c','d'};
String s4 = new String(chars); //创建 String 对象 s4,值是字符数组 chars 中的字符序列
```

3. 通过 String 类的静态方法 valueOf 方法来创建

该方式主要是通过 String 类的多个重载的 valueOf 方法,将基本数据类型和指定对象的数据转换成 String 类的对象,valueOf 方法的重载方式如表 5-3 所示。

表 5-3 valueOf 的重载方法

方法	说明
public static String valueOf(boolean b)	将 b 的值转换成字符串对象

续表

方法	说明
public static String valueOf(int i)	将i的值转换成字符串对象
public static String valueOf(char c)	将c的值转换成字符串对象
public static String valueOf(long l)	将l的值转换成字符串对象
public static String valueOf(float f)	将f的值转换成字符串对象
public static String valueOf(double d)	将d的值转换成字符串对象
public static String valueOf(Object obj)	将Object类及其子类对象转换成字符串对象

```
String s1 = String.valueOf(false); //将 boolean 类型的 false 转换成字符串对象
                                    的“false”
String s2 = String.valueOf(85.0f); //将 float 类型值转换成字符串对象的“85.0”
String s3 = String.valueOf(99.5); //将 double 类型值转换成字符串对象的“99.5”
String s4 = String.valueOf('a'); //将 char 类型值转换成字符串对象的“a”
```

4.通过连接操作符(+)来创建

当连接操作符(+)两侧的操作数均为字符串对象且都不为null时,将左右两边字符串对象的值拼接在一起形成一个新的字符串对象。如果一侧不是String类的对象,那么会将该对象转换成字符串对象再进行拼接。

```
String s1 = "我爱中国" + "你好";  //s1 的值是"我爱中国你好"
String s2 = "abc" + 123;          //s2 的值是"abc123"
String s3 = 123 + 234 + "abc";    //s3 的值是 357abc"
```

5.4.2 String类的常用方法

Java语言为String类定义了许多方法,表5-4列出了String类的一些常用的方法。

表5-4 String类的常用方法

方法	说明
char charAt(int index)	返回字符串对象中指定索引处的字符
int compareTo(String str)	按字母顺序进行字符串比较,从第一个字符开始比较,直到遇到第一个不相同的字符,若该位置目标字符大于参数字符,则返回一个正整数,否则返回一个负整数。若两字符串相等返回0(不忽略字母的大小写)
int compareToIgnoreCase(String str)	含义同上,忽略字母的大小写
char[ ] toCharArray()	将字符串对象转换为字符数组
String concat(String s)	将字符串s连接到当前字符串对象的末尾,返回转换后的新串

续表

方法	说明
boolean isEmpty()	当且仅当 length()为 0 时,返回 true
boolean startsWith(String prefix)	判断字符串是否以前缀字符串 prefix 开头
boolean endsWith(String suffix)	判断字符串是否以后缀字符串 suffix 结尾
String toLowerCase()	将字符串中所有字符转换成小写,并返回转换后的新串
String toUpperCase()	将字符串中所有字符转换成大写,并返回转换后的新串
boolean equals(Object obj)	判断字符串值是否与 obj 对象的值相同
boolean equalsIgnoreCase(String str)	忽略字母大小写,判断字符串值是否与字符串 str 的值相同
int indexOf(int ch)	返回 ch 字符在字符串中首次出现的索引位置,索引值从 0 开始,如果找不到,返回－1
Int indexOf(String str)	从当前字符串对象的 0 索引处检索参数 str,返回字符串 str 首次出现的位置。
String trim()	去掉当前字符串开头和结尾的空格,并返回得到的新字符串。
int length()	返回当前字符串对象所含字符的个数,即长度
String replace(char oldChar,char newChar)	用字符 newChar 替换当前字符串中所有的字符 oldChar,并返回一个新的字符串。
String replaceFirst(String regex, String replacement)	用字符串 replacement 的内容替换当前字符串中遇到的第一个和字符串 regex 相一致的子串,并将产生的新字符串返回。
String replaceAll(String regex, String replacement)	用字符串 replacement 的内容替换当前字符串中遇到的所有和字符串 regex 相一致的子串,并将产生的新字符串返回。
String substring(int beginIndex)	从当前字符串对象的参数 beginIndex 索引处截取到最后所有字符,返回截取后的子串
String substring(int beginIndex, int endIndex)	从当前字符串对象的参数 beginIndex 索引处截取到索引 endIndex 处(不包括 endIndex 处)之间的所有字符,返回截取后的子串
String[] split(String prefix)	按照给定的模式对字符串进行拆分,返回拆分后的字符串数组

实例代码 Demo5_6 展示了 String 类的部分常用方法。

```
public class Demo5_6
{
    public static void main(String[] args)
    {
        char str[] = {'a','b','c','d'}; //创建字符数组
        String str1 = new String(str);  //以字符数组为参数创建字符串对象
        String s1 = "ABCD";   //以字符串常量方式创建字符串对象
        String s = str1.concat(s1); //将 s1 连接到 str1 的尾部,形成新的字符串
        System.out.println("字符串 s 的长度是:" + s.length());
        System.out.println("s 中索引从 2 到 4 位置处的子串是:" + s.substring
                        (2,5));
        System.out.println("将 s 中的所有字符转换成大写:" + s.toUpperCase
                        ());
        //用字符串"ABCD"替换 s 中所有的"abcd"字符串
        String s2 = s.replaceAll("abcd","ABCD");
        System.out.println("s2 字符串的内容是:" + s2);
    }
}
```

程序运行结果如下:

```
字符串 s 的长度是:8
s 中索引从 2 到 4 位置处的子串是:cdA
将 s 中的所有字符转换成大写:ABCDABCD
s2 字符串的内容是:ABCDABCD
```

实例代码 Demo5_7 展示了 String 类的部分常用方法,其中 ValidateUtil 类的静态方法 isNameLegal 用来判断用户名是否合法(假定合法的用户名只能包含字母、数字和下划线,长度是 6～12 位,且不能以数字开头),静态方法 isEmailLegal 用来判断电子邮箱地址是否正确,静态方法 isIPV4Legal 用来判断 IPV4 格式的 IP 地址是否正确。

```
public class Demo5_7
{
    public static void main(String args[])
    {
        String userName = "d1khdfldf1234";          //非法的用户名
        String eMail = "12@3@163.com";              //非法的 email 地址
        String IPv4Address = "100.200.300.400"; //非法的 IPv4 格式的地址
        if(ValidateUtil.isNameLegal(userName))
            System.out.println("合法的用户名");
        else
```

```
            System.out.println("非法的用户名");
        if(ValidateUtil.isEmailLegal(eMail))
            System.out.println("合法的邮箱地址");
        else
            System.out.println("非法的邮箱地址");
        if(ValidateUtil.isIPV4Legal(IPv4Address))
            System.out.println("合法的 IP 地址");
        else
            System.out.println("非法的 IP 地址");
    }
}
class ValidateUtil
{
    //判断用户名是否合法
    public static boolean isNameLegal(String name)
    {
        boolean tag = true;
        //所有合法字符构成的字符串
                String    legalString    =  "    QWERTYUIOPASDFGHJKLZXCVBNMqw-
                                                 ertyuiopasdfghjklzxcvbnm
                                                 1234567890_";
        //参数为 null 或长度不满足条件
        if(name = = null||name.length()<6||name.length()>12)
            tag = false;
        else
        {  //获取参数的第一个字符
           char firstChar = name.charAt(0);
           String number = "0123456789";
           //判断第一个字符是否是数字
           if(number.indexOf(firstChar)>0)
               tag = false;
           else
           {   //判断参数字符串中的每个字符是否都是合法字符
               for(int i = 0;i<name.length();i++)
               {
                   char c = name.charAt(i);
                   if(legalString.indexOf(c)<0)
                   {
                       tag = false;
```

```
                    break;
                }
            }
        }
    }
    return tag;
}
//判断表示电子邮箱的字符串是否合法
public static boolean isEmailLegal(String email)
    {
        boolean tag = true;
        int length = email.length();
        if(email! = null)
        {
            if(email.indexOf('@')<0)  //没有字符'@',非法
                tag = false;
            else
            {
                int countAt = 0;
                for(int i = 0;i<length;i ++ )
                {
                    if(email.charAt(i) = = '@')
                      countAt ++ ;
                }
                if(countAt>1) //字符'@'出现的次数大于1,非法
                    tag = false;
                else
                {
                    //没有字符'.',或者字符'.'、字符'@'出现在开头或结尾,非法
                     if (email.indexOf ('@') = = 0||email.indexOf ('@') = =
                        length - 1||email.indexOf('.')<0||email.indexOf('.') =
                        = 0||email.indexOf('.') = = length - 1)
                      tag = false;
                }
            }
        }
        return tag;
    }
public static boolean isIPV4Legal(String IP)
```

```
{
    boolean tag = false;
    if(IP! = null)
    {
        if(pointAppearanceCount(IP) = = 3) //字符'.'是否出现 3 次
        {
            if(! startsWithPointOrEnds(IP)) //字符'.'是否出现在开头或结尾处
            {   //得到字符'.'出现的位置
                int index[] = pointPosition(IP);
                //得到字符'.'所分隔的 4 部分子串
                String str[] = getFourElements(IP, index);
                //判断 4 部分子串对应的 int 数值是否都在 0~255 范围内
                if(is0to255(str[0])&&(is0to255(str[1]))&&(is0to255(str
                   [2]))&&(is0to255(str[3])))
                    tag = true;
            }
        }
    }
    return tag;
}
//得到字符'.'在 IP 地址中出现的位置,保存到 int 数组中
private static int[] pointPosition(String str)
{
    int a[] = {0,0,0};
    a[0] = str.indexOf(".");
    a[1] = str.indexOf(".",a[0] + 1);
    a[2] = str.indexOf(".", a[1] + 1);
    for(int i:a)
        System.out.println(i);
    return a;
}
//判断字符'.'出现的次数
private static int pointAppearanceCount(String str)
{
    int count = 0;
    if(str! = null)
    {
        int length = str.length();
        for(int i = 0;i<length;i ++ )
```

```
            {
                char symbol = str.charAt(i);
                if(symbol = ='.')
                    count++;
            }
        }
        return count;
    }
    //判断是否以字符'.'开头或者结尾
    private static boolean startsWithPointOrEnds(String str)
    {
        boolean tag = false;
        if(str.startsWith(".")||str.endsWith("."))
            tag = true;
        return tag;
    }
    //判断地址每个部分是否在数字 0～255 范围内
    private static boolean is0to255(String str)
    {
        boolean tag = false;
        int num = Integer.parseInt(str); //将数值形式的字符串转换成对应的 int
                                           型数值
        if(num> = 0&&num< = 255)
            tag = true;
        return tag;


    }
    //得到 IP 地址的 4 个数字组成部分
    private static String[] getFourElements(String str,int index[])
    {
        String elements[] = new String[4];
        elements[0] = str.substring(0,index[0]);
        elements[1] = str.substring(index[0] + 1,index[1]);
        elements[2] = str.substring(index[1] + 1, index[2]);
        elements[3] = str.substring(index[2] + 1);
        return elements;
    }
}
```

5.4.3 String 对象池

String 类型的对象是 Java 应用中使用率非常高的，我们在程序编写中主要关心的是 String 对象的值，为了避免频繁地创建与销毁 String 对象，JVM 为了提升性能和减少内存开销，在内存中维护了一段特殊的空间称为字符串对象池(String Object Pool)。

由于 String 类的对象表示的是字符串常量，当采用字符串常量方式来创建 String 对象时，JVM 首先会去访问字符串对象池，检索对象池中是否存在要创建的字符串常量。如果存在，直接将对象池中该字符串常量的地址赋值给 String 类型的引用；如果不存在，则会在对象池中创建该字符串常量，然后再把地址赋值给 String 类型的引用。也就是说值相同的字符串常量在字符串对象池中只保存一份。

实例代码 Demo5_8 展示了字符串对象池的基本应用。

```
public class Demo5_8
{
    public static void main(String[] args)
    {
        String s1 = "abcd";
        String s2 = "abcd";
        System.out.println("s1 与 s2 指向同一段内存空间?" + (s1 = = s2));
        String s3 = new String("abc");
        String s4 = new String("abc");
        System.out.println("s3 与 s4 指向同一段内存空间?" + (s3 = = s4));
        System.out.println("s1 和 s3 的内容相当吗?" + s1.equals(s3));
    }
}
```

程序运行结果如下：

```
s1 与 s2 指向同一段内存空间? true
s3 与 s4 指向同一段内存空间? false
s1 和 s3 的内容相当吗? false
```

在实例代码 Demo5_8 中，s1 和 s2 都是采用字符串常量的方式创建的字符串对象，在创建 s1 时，由于字符串对象池中还没有字符串常量“abcd”，所以会在字符串对象池中创建“abcd”，然后将它的地址赋值给 s1。再创建 s2 时，由于“abcd”已经在对象池中，所以不会再创建该内容的字符串对象，而是直接将地址赋值给 s2，也就是说 s1 和 s2 指向同一段对象池空间，所以 s1 和 s2 的地址是相同的。s3 和 s4 采用的是构造方法的方式创建字符串对象，new 关键字会在堆内存中开辟空间，s3 和 s4 指向两段不同的堆内存地址。s1、s2、s3 和 s4 的内容都相同。

注意：字符串对象池只对字符串常量的方式创建字符串对象适用。

StringBuffer 与 String 相似，它们都可以存储和操作字符串，即包含多个字符的字符串数据。但是,Sting 类是字符串常量,是不可更改的常量;而 StringBuffer 是字符串变量,它的对象是可以扩充和修改的。

StringBuffer 类只能用构造方法创建对象。例如:

```
StringBuffer();                  //建立空的字符串对象
StringBuffer(4);                 //建立长度为 4 的字符串对象
StringBuffer("Hello");           //建立一个初始值为 Hello 的字符串对象
```

5.4.4 StringBuffer 类和 StringBuilder 类

StringBuffer 类和 StringBuilder 类表示的是字符串变量(可以理解为字符串缓冲区),也就是说字符串对象被创建后可以改变自身的内容而不用重新再创建字符串对象。StringBuffer 和 StringBuilder 这两个类的用法几乎一致,只不过前者是线程安全的,可用在多线程环境中,后者不是线程安全的,常用在单线程环境中。本节以 StringBuffer 为例,介绍它的基本使用。

1. StringBuffer 对象的创建

StringBuffer 类的对象只能通过构造方法的形式来创建,常用的构造方法如表 5-5 所示。

表 5-5 StringBuffer 的构造方法

构造方法	说明
public StringBuffer()	创建一个空内容的 StringBuffer 对象
public StringBuffer(int length)	创建具有指定容量 length 长度,但内容为空的 StringBuffer 对象
public StringBuffer(String str)	创建初始内容为 str 的 StringBuffer 对象

2. StringBuffer 的常用方法

同样,Java 语言也为 StringBuffer 类定义了许多的方法,这些方法包含了对字符串内容的查找、添加、删除和修改等操作。表 5-6 列出了 StringBuffer 类的常用方法。

表 5-6 StringBuffer 类的常用方法

方法	说明
int length()	得到字符串的长度
StringBuffer append()	此方法为重载形式,凡是能够用字符串表示的数据类型都可以追加到当前字符串对象的末尾
StringBuffer insert(int offset,Object obj)	将 obj 对象转换为字符串,从 offset 开始的位置插入到原来的字符串中
StringBuffer delete(int start,int off)	将下标 start 位置开始到 off 位置结束的区间的字符串删除

续表

方法	说明
StringBuffer replace(int start,int end, String str)	将下标 start 位置开始到 off 位置结束的区间的字符串替换成 str
StringBuffer reverse()	将字符串的内容反转
setLength(int newlength)	重新设置字符串的长度,新串为旧串的截余
char charAt(int index)	返回指定位置的字符
void setCharAt(int index,char ch)	将字符串指定索引 index 处的字符替换成 ch
void setLength(int newLength)	设置当前字符串的长度为 length
String toString()	将 StringBuffer 对象转换成 String 对象

实例代码 Demo5_9 展示了 StringBuffer 常用方法的使用。

```
public class Demo5_9
{
    public static void main(String args[])
    {
        StringBuffer sb = new StringBuffer("咸阳师范学院");
        String str = "计算机学院";
        sb.append(str); //将 str 的内容添加到 sb 的末尾
        System.out.println("追加内容后,字符串的内容是:" + sb);
        sb.insert(6, "--"); //从下标为 6 处插入"--"
        System.out.println("插入内容后,字符串的内容是:" + sb);
        sb.delete(0, 2); //删除下标 0 - 1 处的两个字符
        System.out.println("删除内容后,字符串的内容是:" + sb);
        sb.reverse(); //内容反转
        System.out.println("反转操作后,字符串的内容是:" + sb);
        System.out.println("字符串的长度是:" + sb.length());
    }
}
```

程序运行结果如下:

```
追加内容后,字符串的内容是:咸阳师范学院计算机学院
插入内容后,字符串的内容是:咸阳师范学院--计算机学院
删除内容后,字符串的内容是:师范学院--计算机学院
反转操作后,字符串的内容是:院学机算计--院学范师
字符串的长度是:11
```

注意:如果对字符串需要进行频繁地修改操作,建议使用 StringBuffer 或 StringBuilder 类;若对字符串需要进行频繁地检索操作,建议使用 String 类。

5.4.5 正则表达式

正则表达式(Regular Expression)是一种文本模式,包括普通字符(例如,a 到 z 的字母)和特殊字符(称为"元字符"),正则表达式使用单个字符串来描述、匹配一系列匹配某个句法规则的字符串。它通常用于判断语句中。其常用场合有如下三种。

(1)测试字符串的某个模式。例如,可以对一个输入字符串进行测试,看在该字符串是否存在一个电话号码模式或一个信用卡号码模式。这称为数据有效性验证。

(2)替换文本。可以在文档中使用一个正则表达式来标识特定文字,然后可以全部将其删除,或者替换为别的文字。

(3)根据模式匹配从字符串中提取一个子字符串。可以用来在文本或输入字段中查找特定文字。

正则表达式中元字符及其意义如表 5-7 所示。

表 5-7 正则表达式中的元字符

元字符	描述
.	查找单个字符,除了换行和行结束符
\w	查找单词字符
\W	查找非单词字符
\d	查找数字
\D	查找非数字字符
\s	查找空白字符
\S	查找非空白字符
\b	匹配单词边界
\B	匹配非单词边界
\n	查找换行符
\f	查找换页符
\r	查找回车符
\t	查找制表符
\v	查找垂直制表符

注意:在正则表达式中,“.”代表任何一个字符,因此在正则表达式中,如果我们需要普通意义的“.”,则我们需要使用转义字符“\”。

在正则表达式中,我们也可以使用方括号括起若干个字符来表示一个元字符,这个元字符可以代表括号中的任意一个字符,例如:regex = “[ab]5”,这样一来,a5,b5 都是和正则表达式匹配的字符串。方括号元字符的常见格式如表 5-8 所示。

表 5-8 正则表达式中的元字符

表达式	描述
[abc]	查找方括号之间的任何字符
[^abc]	查找任何不在方括号之间的字符
[0-9]	查找任何从 0 至 9 的数字
[a-z]	查找任何从小写 a 到小写 z 的字符
[A-Z]	查找任何从大写 A 到大写 Z 的字符
[A-z]	查找任何从大写 A 到小写 z 的字符
(a|b|c)	查找任何指定的选项

同样的，在正则表达式中，我们也可以使用限定修饰符来限定元字符出现的个数，限定修饰符的用法如表 5-9 所示。

表 5-9 限定修饰符

限定修饰符	意义
?	0 次或 1 次
*	0 次或多次
+	1 次或多次
{n}	正好出现 n 次
{n,}	至少出现 n 次
{n,m}	出现 n～m 次

实例代码 Demo5_10 展示了正则表达式的基本使用，其中 Judgements 类封装了若干个静态方法用来判断身份证号、手机号、固定电话号、电子邮箱地址、IPV4 地址等是否正确。

```
public class Demo5_10
{
    public static void main(String[] args)
    {
        System.out.println("身份证号:610729198508202551: " + Judgments.
                checkIdcard("610729198508202551"));
        System.out.println("身份证号:610729198708322666: " + Judgments.
                checkIdcard("610729198708322666"));//13 和 14
                位代表日期,最大只能是 31
        System.out.println("邮箱:15748951@163.com: " + Judgments.checkE-
                mail("15748951@163.com"));
        System.out.println("邮箱:15748951@163.cm: " + Judgments.checkEmail
                ("15748951@163.cm"));//邮箱结尾只能是.com 或.cn
        System.out.println("ip 地址:192.168.1.1: " + Judgments.checkIp("
```

```
                    192.168.1.1"));
        System.out.println("ip 地址:0.158.154.254: " + Judgments.checkIp("
                    0.158.154.254"));//第一部分取值范围 1-255
        System.out.println("手机号:13334589526: " + Judgments.checkPhoneN-
                    umber("13334589526"));
        System.out.println("手机号:19334589754: " + Judgments.checkPhoneN-
                    umber("19334589754"));//可以以 19 开头
        System.out.println("座机:023-2547894: " + Judgments.checkTellNum-
                    ber("023-2547894"));
        System.out.println("座机:123-15895663: " + Judgments.checkTellNum-
                    ber("123-15895663"));//不能以 1 开头
    }
}
class Judgments
{
    public static boolean checkIdcard(String id)
    {   // 判断身份证是否正确
        String regex = "^[1-9]\d{5}1\d{3}((0\d)|(1[0-2]))(([0|1|2]\d)|3[0
                    -1])\d{3}([0-9]|X)$";
        return id.matches(regex);
    }
        public static boolean checkPhoneNumber(String phoneNumber)
    {   // 判断手机号码是否正确
        String regex = "^((13[0-9])|(14[5|7])|(15([0-3]|[5-9]))|(18[0,5
                    -9])|(19[0-9]))\d{8}$";
        return phoneNumber.matches(regex);
    }
    public static boolean checkTellNumber(String TellNumber)
    {   // 判断固定电话号码是否正确
        String regex = "^0\d{2,3}-\d{7,8}$";
        return TellNumber.matches(regex);
    }
    public static boolean checkEmail(String email)
    {   //判断邮箱地址是否正确
        String regex = "^[0-9A-z]+@[0-9A-z]+(\.com|\.cn)$";
        return email.matches(regex);
    }
    public static boolean checkIp(String ip)
    {   // 判断 IPv4 格式的地址是否正确
```

```
        String regex = "^([1-9]|[1-9]\d|1\d{2}|2[0-4]\d|25[0-5])\." +
                       "(\d|[1-9]\d|1\d{2}|2[0-4]\d|25[0-5])\." + "(\d|
                       [1-9]\d|1\d{2}|2[0-4]\d|25[0-5])\." + "(\d|[1-
                       9]\d|1\d{2}|2[0-4]\d|25[0-5])$";
        return ip.matches(regex);
    }
}
```

程序运行结果如下：

```
身份证号:610729198508202551：true
身份证号:610729198708322666：false
邮箱:15748951@163.com：true
邮箱:15748951@163.cm：false
ip 地址:192.168.1.1：true
ip 地址:0.158.154.254：false
手机号:13334589526：true
手机号:19334589754：true
座机:023－2547894：true
座机:123－15895663：false
```

练习题

一、选择题

1. 下列二维数组定义中，错误的是________。

   A. int [][] a={{1,2,3},{4,5}}; B. int [][] a={{1,2,3},{4,5,6}}

   C. int [][] a=new int[2][]; D. int [][] a =new int [][3]

2. 下列关于 Java 语言的数组描述中，错误的是________。

   A. 数组的长度通常用 length 来表示

   B. 数组下标从 0 开始

   C. 数组元素是按顺序存放在内存的

   D. 数组在赋初值和赋值时都不判界

3. 类 String 提供的下列方法中，返回值不是 String 类型的是________。

   A. charAt() B. substring() C. concat() D. toLowerCase

4. String s="abcdedcba"，则 s.substring(3,4)返回的字符串是________。

   A. cd B. de C. d D. e

5. 下列关于字符串的描述中，错误的是________。

   A. Java 语言中，字符串分为字符串常量和字符串变量两种

   B. 两种不同的字符串都是 String 类的对象

C. Java 语言中不再使用字符数组存放字符串

D. Java Application 程序的 main()和参数 args[]是一个 String 类的对象数组，用它可存放若干个命令行参数

6. 先阅读下面程序片段：

```
String str = "abccdefcdh";
String []arr = str.split("c");
System.out.println(arr.length);
```

程序执行后，打印结果是________。

A. 2　　B. 3　　C. 4　　D. 5

7. String str1 = new String("java");
String str2 = new String("java");
StringBuffer Str3 = new StringBuffer("java");
对于以上定义的变量，以下表达式的值为 true 的是________。

A. str1==str2　B. str1.equals(str2)　C. str1==str3　D. 以上都不对

二、简答题

1. 举例说明如何声明、创建和初始化数组。
2. Java 中的字符数组与字符串有什么区别？
3. 确定一个字符数组长度与确定一个 String 对象的长度有什么不同？
4. 字符串类有哪两种？各有什么特点？

三、程序设计题

1. 编程求出一个一维 int 型数组中的元素最大值、最小值、平均值和所有元素之和。

2. (1)定义 Student 类(在 com.beans 包中)实现 java.lang.Comparable 接口

该类包括的属性：姓名、年龄、成绩、学号(String 类型)

该类包括的方法：

①实现 Comparable 接口中的 compareTo()方法，按成绩进行比较，如果成绩相等，再按年龄比较，然后再按照学号比较。

②重写 Object 类中的 toString()方法，描述 Student 的相关信息。

(2)定义测试类 Test(在 com.test 包中)

在该类的 main()方法中，创建包含 5 个 Student 对象的一维数组，调用 java.util.Arrays 类的排序方法对数组对象进行排序，排序完成后，对数组对象进行遍历，输出每个 Student 对象的相关信息。

3. 假定一个含有大小写字母的字符串，先将所有大写字母输出，再将所有小写字母输出。

第6章 常用类

本章学习目标：

1. 理解 Object 类的概念，掌握 Object 类的常用方法。
2. 掌握 Date 类的常用方法，表示常见格式的日期和时间。
3. 掌握 Calendar 类，表示与日历有关的日期。
4. 掌握 Random 类表示随机数。
5. 掌握 Math 类能使用基本的数学函数。
6. 掌握 BigInteger 和 BigDecimal 的基本使用。

6.1 Object 类

java.lang.Object 是 Java 语言中一切类的父类，也就是继承结构中的最顶层。该类中定义了一些公共的方法，这些方法可以被任何一个对象所调用。具体见表 6-1 所示。

表 6-1 Object 类的常用方法

方　法	功能说明
boolean equals(Object obj)	判断当前对象是否与 obj 对象是同一个对象
String toString()	返回对象的字符串，该字符串由对象的全类名(包括包名称)+"@"+16 进制无符号整数形式的哈希码，这三部分构成
int hashCode()	以 int 型返回对象的哈希码
void wait()	见多线程章节描述
void notify()	见多线程章节描述
void notifyAll()	见多线程章节描述

实例代码 Demo6_1 展示了 Object 类中几个重要方法的使用。

```
public class Demo6_1
{
    public static void main(String[] args)
    {
        Object obj1 = new Object();
```

```
        Object obj2 = new Object();
        System.out.println(obj1); //打印对象,其实调用的是toString方法
        System.out.println(obj1.toString());
        System.out.println(obj2);
        //判断obj1和obj2是否是同一个对象
        System.out.println("obj1和obj2是否相等?" + (obj1 = = obj2));
        //调用equals方法,判断obj1和obj2是否是同一个对象
        System.out.println("obj1和obj2是否相等?" + obj1.equals(obj2));
        //输出对象的哈希码
        System.out.println("obj1的哈希码是:" + obj1.hashCode());
        System.out.println("obj2的哈希码是:" + obj2.hashCode());
    }
}
```

程序运行结果如下：

```
java.lang.Object@c3c749
java.lang.Object@c3c749
java.lang.Object@150bd4d
obj1和obj2是否相等？false
obj1和obj2是否相等？false
obj1的哈希码是:12830537
obj2的哈希码是:22068557
```

打印某个对象时，默认是调用 toString 方法，比如 System. out. println(obj1)，等价于 System. out. println(obj1. toString())。在 Object 类中，“==”运算符和 equals()方法是等价的，都是比较两个对象的引用是否相等。从另一方面来讲，如果两个对象的引用相等，那么这两个对象一定是相等的。

对于我们自定义的一个类，如果不重写 equals()方法，那么在比较该类对象的时候就是调用 Object 类的 equals()方法，也就是用“==”运算符比较两个对象。如果某个类不重写 hashCode()方法，那么这个类的不同对象都具有不同的哈希码。如果要重写 hashCode()方法，需要保证以下几点：

(1)在程序运行时期间，只要对象的(字段的)变化不会影响 equals 方法的决策结果，那么，在这个期间，无论调用多少次 hashCode()，都必须返回同一个散列码。

(2)通过 equals()调用返回 true 的两个对象的 hashCode()方法的返回值也一定相同。

(3)通过 equals()方法返回 false 的两个对象的 hashCode()方法的返回值可以相同。

注意：

(1)一般情况下在定义类时都会重写 toString()方法，在打印该类对象时方便看到对象的相关属性值信息。

(2)“==”运算符左右两边是基本数据类型，就是比较两个值是否相等；如果是引用数据类型，就是比较两个引用是否指向同一内存地址。

(3)在定义类时可以重写 equals()方法,重新定义对象的比较逻辑,同时也要重写 hash-Code()方法,见实例代码 Demo6_2 中 Person 类的定义。java.lang.String 类、java.io.File 类等一些 JDK API 都重写了 Object 类的 equals()方法。

```
class Person
{
    private String pname;
    private int page;
    public Person()
    {  }
    public Person(String pname,int page)
    {
        this.pname = pname;
        this.page = page;
    }
    public int getPage(){
        return page;
    }
    public void setPage(int page){
        this.page = page;
    }
    public String getPname(){
        return pname;
    }
    public void setPname(String pname){
        this.pname = pname;
    }
    public boolean equals(Object obj)
    {
        if(this == obj){//引用相等那么两个对象当然相等
            return true;
        }
        //对象为空或者不是 Person 类的实例
        if(obj == null || !(obj instanceof  Person))
        {
            return false;
        }
        Person otherPerson = (Person)obj;
        //如果两个 Person 类的对象他们的属性值都相等,则 equals 方法返回 true
        if(otherPerson.getPname()!=null)
```

```
        {
            if(otherPerson.getPname().equals(this.getPname())&& otherPer-
               son.getPage() = =this.getPage())
            {
               return true;
            }
        }
        return false;
    }
    //重写hashCode方法
    public int hashCode()
    {
        final int prime = 31;
        int result = 1;
        result = prime * result + page;
        result = prime * result + ((pname = = null) ? 0 : pname.hashCode());
        return result;
    }
}
public class Demo6_2
{
    public static void main(String[] args)
    {
        Person p1 = new Person("Tom",21);
        Person p2 = new Person("Marry",20);
        System.out.println(p1 = = p2);          //输出 false
        System.out.println(p1.equals(p2));   //输出 false

        Person p3 = new Person("Tom",21);
        System.out.println(p1.equals(p3));   //输出 true
        System.out.println(p1.hashCode() = = p3.hashCode());  //输出 true
    }
}
```

6.2 Date类

java.util.Date类是描述日期时间的。Date类的构造方法和常用方法见表6-2和表6-3。

表 6-2 Date 类的构造方法

构造方法	功能说明
Date()	用系统当前的日期时间数据创建 Date 对象
Date(long date)	用长整数 date 创建 Date 对象，date 表示从 1970 年 1 月 1 日 00:00:00 时开始到当前日期时刻所经历的毫秒数

表 6-3 Date 类的常用方法

方法	功能说明
long get Time()	返回从 1970 年 1 月 1 日 00:00:00 时开始到目前的微秒数
boolean after(Date when)	日期比较，日期在 when 之后返回 true，否则返回 false
boolean before(Date when)	日期比较，日期在 when 之前返回 true，否则返回 false

Date 对象表示时间的默认顺序是：星期、月、日、小时、分、秒、年。如果希望按年、月、日、时、分、秒、星期的顺序显示其时间，可以使用 java. text. DateFormat 类的子类 java. text. SimpleDateFormat 来实现日期的格式化。

SimpleDateFormat 类有一个常用的构造方法：public SimpleDateFormat(String pattern)。该构造方法可以用参数 pattern 指定格式创建一个对象，该对象调用 format(Date date)方法来格式化时间对象 date。需要注意的是，pattern 中应当含有如下一些有效的字符序列。

(1)y 或 yy 表示用 2 位数字输出的年份，yyyy 表示用 4 位数字输出年份。

(2)M 或 MM 表示用 2 位数字或文本输出月份，若要用汉字输出月份，pattern 中应连续包含至少 3 个 M。

(3)d 或 dd 表示用 2 位数字输出日。

(4)H 或 HH 表示用 2 位数字输出小时。

(5)m 或 mm 表示用 2 位数字输出分。

(6)s 或 ss 表示用 2 位数字输出秒。

(7)E 表示用字符串输出星期。

(8)a 表示输出上、下午。

实例代码 Demo6_3 展示了 Date 类的基本使用(运行结果以当前实际运行结果为准)。

```
import java.util.Date;  //导入 Date 类
import java.text.SimpleDateFormat;  //导入 SimpleDateFormat 类
public class Demo6_3
{
    public static void main(String[] args)
    {
        Date d1 = new Date();  //创建表示当前日期时间的对象
        System.out.println("当前日期和时间是:" + d1);
        //创建格式化日期时间的对象
```

```
        SimpleDateFormat sdf1 = new SimpleDateFormat("yyyy 年 - MM 月 - dd 日");
        String timePattern1 = sdf1.format(d1);  //格式化操作
        System.out.println("当前日期是:" + timePattern1);

        SimpleDateFormat sdf2 = new SimpleDateFormat("H 时:m 分:s 秒 a");
        String timePattern2 = sdf2.format(d1);
        System.out.println("当前时间是:" + timePattern2);

        long time2 = 123356789;
        Date d2 = new Date(time2); //创建固定毫秒数所表示的 Date 对象
        SimpleDateFormat sdf3 = new SimpleDateFormat("yyyy 年 - MM 月 - dd 日 H
                                        时:m 分:s 秒 a");
        String timePattern3 = sdf3.format(d2);
        System.out.println("从 1970 年 1 月 1 日开始经历" + time2 + "毫秒数,\n
                                所定义的日期和时间是" + timePattern3);
        if(d1.after(d2))  //判断两个 Date 对象的先后顺序
            System.out.println("d1 对应的日期时间在 d2 对应的日期时间之后");
        else
            System.out.println("d1 对应的日期时间在 d2 对应的日期时间之前");
    }
}
```

6.3 Calendar 类

java.util.Calendar 类是用来处理与日历有关的日期的,它是一个抽象类,不能通过 new 创建自己的对象。只能通过静态方法 getInstance()获得此类型的一个通用对象,表示当前的系统日期。如下代码所示:

```
Calendar now = Calendar.getInstance(); //得到 Calendar 类的对象
```

Calendar 类通常用于需要将日期值分解的场景,其中声明了 YEAR 等多个常量,分别表示年、月、日等日期中的单个部分值,如表 6-4 所示。Calendar 类的常用方法如表 6-5 所示,其中各种重载的 set()方法可以实现将日历改变到指定日历。

表 6-4 Calendar 类中常用的常量

常量名	含义
public static final int YEAR	表示日期对象中的年
public static final int MONTH	表示日期对象中的月,0～11 分别表示 1 月—12 月
public static final int DAY_OF_MONTH	表示日期对象中的日
public static final int DATE	与 DAY_OF_MONTH 意义相同

续表

常量名	含义
public static final int DAY_OF_YEAR	表示对象日期是该年的第几天
public static final int WEEK_OF_YEAR	表示对象日期是该年的第几周
public static final int HOUR	表示对象日期的时
public static final int MINUTE	表示对象日期的分
public static final int SECOND	表示对象日期的秒

表 6-5 Calendar 类的常用方法

方法	功能说明
int get(int field)	返回对象属性 field 的值,属性是表 6-4 所描述的静态常量
void set(int field,int value)	设置对象属性 field 的值为 value
void add(int field,int amount)	在当前日历对象的指定 field 属性上添加或减少 amount 值
boolean after(Object when)	日期比较,日期在 when 之后返回 true,否则返回 false
boolean before(Object when)	日期比较,日期在 when 之前返回 true,否则返回 false
static Calendar getInstance()	获取 Calendar 对象
final Date getTime()	由 Calendar 对象创建 Date 对象
long getTimeInMillis()	返回从 1970 年 1 月 1 日 00:00:00 时开始到目前的毫秒数
void setTimeInMillis(long millis)	以长整数 millis 设置对象日期,millis 表示从 1970 年 1 月 1 日 00:00:00 时开始到该日期时刻的毫秒数

实例代码 Demo6_4 展示了 Calendar 类的基本使用(运行结果以当前实际运行结果为准)。

```
import java.util.Calendar;  //导入 Calendar 类
public class Demo6_4
{
    public static void main(String[] args)
    {
        Calendar c = Calendar.getInstance();  // 获取当前的日历时间
        int year = c.get(Calendar.YEAR);  // 获取年
        int month = c.get(Calendar.MONTH);  // 获取月
        int date = c.get(Calendar.DATE);  // 获取日
        System.out.println(year + "年" + (month + 1) + "月" + date + "日");
        c.add(Calendar.YEAR, -3);  //设置日历的年份为 3 年前
        year = c.get(Calendar.YEAR);
        month = c.get(Calendar.MONTH);
        date = c.get(Calendar.DATE);
        System.out.println(year + "年" + (month + 1) + "月" + date + "
```

```
                                    日");  //三年后的今天
        c.add(Calendar.YEAR, 5);  //设置日历的年份为 5 年后
        c.add(Calendar.DATE, -10);  //设置日历的天数为 10 天前
        year = c.get(Calendar.YEAR);
        month = c.get(Calendar.MONTH);
        date = c.get(Calendar.DATE);
        System.out.println(year + "年" + (month + 1) + "月" + date + "
                                    日");  // 5 年后的 10 天前
        System.out.println("---------------");
        c.set(1999, 11, 11);//设置日历时期为 1999 年 12 月 11 日
        year = c.get(Calendar.YEAR);
        month = c.get(Calendar.MONTH);
        date = c.get(Calendar.DATE);
        System.out.println(year + "年" + (month + 1) + "月" + date + "日");
    }
}
```

6.4 Random 类

java.util.Random 类模拟了一个伪随机数发生器，产生的伪随机数服从均匀分布，可以使用系统时间或给出一个长整数作为“种子”构造出 Random 对象，然后使用对象的方法获得一个个随机数。Random 类的构造方法和常用方法见表 6-6 和表 6-7。

表 6-6　Random 类的构造方法

构造方法	功能说明
Random()	用系统时间作为种子创建 Random 对象
Random(long seed)	用 seed 作为种子创建 Random 对象

表 6-7　Random 类的常用方法

方法	功能说明
int nextInt()	返回一个整型随机数
int nextInt(int n)	返回一个大小在 0～*n*(但不包括 *n*)的整型随机数
long nextLong()	返回一个长整型随机数
float nextFloat()	返回一个 0.0～1.0 的单精度随机数
double nexDouble()	返回一个 0.0～1.0 的双精度随机数

实例代码 Demo6_5 展示了 Random 类基本使用(运行结果以当前实际运行结果为准)。

```
import java.util.Random;
```

```
public class Demo6_5
{
    public static void main(String[] args)
    {
        Random random = new Random();
        int i = random.nextInt(10);
        float f = random.nextFloat();
        double d = random.nextDouble();
        long l = random.nextLong();
        System.out.println("i = " + i + ",f = " + f + ",d = " + d + ",l = " + l);
    }
}
```

6.5 Math 类

java.lang.Math 包中，该类提供了两个常量 π 和 e 的取值，以及大量用于计算的基本数学函数。见表 6-8 与表 6-9。

表 6-8 Math 类中常用的常量

常量名	意义
public static final double PI	圆周率 π=3.141592653589793
public static final double E	自然对数率 e=2.718281828459045

表 6-9 Math 类的常用方法

方法	功能说明
public static double abs(double a)	返回数 a 的绝对值
public static double sin(double a)	返回 a 的正弦值，a 的单位为弧度
public static double cos(double a)	返回 a 的余弦值，a 的单位为弧度
public static double tan(double a)	返回 a 的正切值，a 的单位为弧度
public static double asin(double a)	返回 a 的反正弦值
public static double acos(double a)	返回 a 的反余弦值
public static double atan(double a)	返回 a 的反正切值
public static double sqrt(double a)	返回数 a 的平方根，a 必须是正数
public static double ceil(double a)	返回大于或等于 a 的最小实型整数值
public static double floor(double a)	返回小于或等于 a 的最大实型整数值
public static double random()	返回取值在[0.0,1.0)的随机数
public static double pow(double a,double b)	返回以 a 为底，b 为指数的幂值

实例代码 Demo6_6 展示了 Math 类的基本使用。

```
public class Demo6_6
{
    public static void main(String[] args)
    {
        float f = -90.9f;
        double a = 100.0;
        int b = 96;
        int x = (int)(Math.random() * 100);//生成一个 0~100 的随机数
        System.out.println(Math.abs(f));//输出 f 的绝对值
        System.out.println(Math.max(a, b));//输出 a 和 b 之间的较大者
        System.out.printf("e 的值为 %.4f%n", Math.E);//输出 e 的值
        System.out.println("四舍五入后 f 的值为:" + Math.round(f));
        System.out.println("f 进行向下取整为:" + Math.floor(f));
        System.out.println("f 进行向上取整为:" + Math.ceil(f));
        System.out.println("随机数 x = " + x);
        System.out.println(Math.toDegrees(Math.PI/2));//将弧度转换为角度
        System.out.println(Math.toRadians(30));//角度转换为弧度
        System.out.println(Math.sin(Math.PI/2));//计算正弦值
    }
}
```

程序运行结果如下：

```
90.9
100.0
e 的值为 2.7183
四舍五入后 f 的值为:-91
f 进行向下取整为:-91.0
f 进行向上取整为:-90.0
随机数 x=25
90.0
0.5235987755982988
1.0
```

6.6 基本数据类型对应的封装类

Java 语言一共提供了 8 个基本数据类型，它们都不能当作对象来使用。由于 Java 是面向对象的程序设计语言，所以又提供了与 8 个基本数据类型对应的封装类，这样可以简化面

向对象程序设计的通用性。基本数据类型与封装类的对应关系如表 6-10 所示。其中，Byte、Short、Integer、Long、Float 和 Double 这 6 个封装类从 java. lang. Number 继承而来。Boolean 和 Character 都是 Object 的直接子类。8 个封装类都在 java. lang 包中，字节码由系统自动导入。

表 6-10　基本数据类型与封装类的对应表

基本数据类型	对应的封装类	基本数据类型	对应的封装类
byte	Byte	float	Float
short	Short	double	Double
int	Integer	boolean	Boolean
long	Long	char	Character

封装类的用法基本一致，本小节以 Integer 类为例进行说明。Integer. MIN_VALUE、Integer. MAX_VALUE 表示对应基本数据类型 int 所表示的最小值和最大值。Integer 的构造方法和常用方法如表 6-11、表 6-12 所示。

表 6-11　Integer 类的构造方法

构造方法	功能说明
Integer(int value)	用 int 型 value 值创建对应的 Integer 对象
Integer(String str)	用表示数字的 str 字符串对象创建对应的 Integer 对象

表 6-12　Integer 类的常用方法

方法	功能说明
static int parseInt(String str)	返回表示数字的字符串 str 对应的 int 值
static int max(int a,int b)	返回 int 型值 a 和 b 两者的最大者
static int min(int a,int b)	返回 int 型值 a 和 b 两者的最小者
static String toString(int a)	返回表示 a 值的字符串对象
static Integer valueOf(int a)	返回 a 值对应的 Integer 对象
static Integer valueOf(String str)	返回字符串对象 str 所表示的 int 数值对应的 Integer 对象
double doubleValue()	将 Integer 对象所对应的 int 值转换成 double 类型
float floatValue()	将 Integer 对象所对应的 int 值转换成 float 类型
int intValue()	返回 Integer 对象所对应的 int 值
short shortValue()	将 Integer 对象所对应的 int 值转换成 short 类型
byte byteValue()	将 Integer 对象所对应的 int 值转换成 byte 类型
long longValue()	将 Integer 对象所对应的 int 值转换成 long 类型

JDK1. 5 之后提供了将基本数据类型与封装类自动转换的功能，也就是说如果一个基本数据类型出现在了需要对象的情况下，编译器就会把基本数据类型封装成对应的封装类对象(封箱 boxing)，如果一个对象出现在需要基本数据类型的情况下，编译器就会把封装

类对象转换成对应的基本数据类型(拆箱 unboxing)。

实例代码 Demo6_7 展示了封装类 Integer 的基本使用。

```
public class Demo6_7
{
    public static void main(String[] args)
    {
        Integer a = new Integer(10);
        Integer b = new Integer("123");
        int c = a + b; //自动拆箱操作,将封装类对象转换成对应的 int 值
        Integer d = 20 + 1000; //自动封箱操作,将 1020 转换成对应的 Integer 对象
        String s = "9999";
        System.out.println("a + b = " + c);
        System.out.println("d 对应的 int 值是:" + d.intValue());
        System.out.println("d 对应的 short 值是:" + d.shortValue());
        System.out.println("d 对应的 byte 值是:" + d.byteValue());
        System.out.println("d 对应的 long 值是:" + d.longValue());
        System.out.println("d 对应的 float 值是:" + d.floatValue());
        System.out.println("d 对应的 double 值是:" + d.doubleValue());
        System.out.println("字符串 s 对应的 int 值是:" + Integer.parseInt(s));
        System.out.println("Integer 对应的最大值:" + Integer.MAX_VALUE);
        System.out.println("Integer 对应的最小值:" + Integer.MIN_VALUE);
    }
}
```

程序运行结果如下:

```
a+b=133
d 对应的 int 值是:1020
d 对应的 short 值是:1020
d 对应的 byte 值是:-4
d 对应的 long 值是:1020
d 对应的 float 值是:1020.0
d 对应的 double 值是:1020.0
字符串 s 对应的 int 值是:9999
Integer 对应的最大值:2147483647
Integer 对应的最小值:-2147483648
```

注意:对于 Float 和 Double 来说,MIN_VALUE 表示 float 类型和 double 类型的最小正值。

6.7 BigInteger 和 BigDecimal

long 型整数的最大值是 Long. MAX_VALUE，如果想要表示比 Long. MAX_VALUE 更大的数值，用 java. math. BigInteger 类来表示。同样如果想要表示比 double 类型所能表示的精度更精确的数据，需要使用 java. math. BigDecimal。这两个类都是 java. lang. Number 类的子类，实现了 Comparable 接口，都是通过构造方法来创建对象，对象一旦创建其要表示的数据就不能改变。这两个类能够实现对所表示数据进行加、减、乘、除等算术运算，运算结果用另一个相应的对象来表示。如下代码所示，用字符串对象创建想要表示的 BigInteger 和 BigDecimal：

```
public BigInteger(String str);        //字符串 str 代表要表示的数据
public BigDecimal(String str);
```

实例代码 Demo6_8 展示了 BigInteger 和 BigDecimal 的基本使用。

```
import java.math.BigDecimal;
import java.math.BigInteger;
public class Demo6_8
{
    public static void main(String[] args)
    {
        BigInteger bi1 = new BigInteger("1111111111111111111111");
        BigInteger bi2 = new BigInteger("2222222222222222222222");
        BigInteger bi3 = bi1.add(bi2);  //加法运算
        BigInteger bi4 = bi1.subtract(bi2); //减法运算
        BigInteger bi5 = bi1.multiply(bi2);  //乘法运算
        BigInteger bi6 = bi1.divide(bi2);  //除法运算
        System.out.println("相加后的结果为:" + bi3);
        System.out.println("相减后的结果为:" + bi4);
        System.out.println("相乘后的结果为:" + bi5);
        System.out.println("相除后的结果为:" + bi6);
        System.out.println("--------------");
        BigDecimal bd1 = new BigDecimal("1.0");
        BigDecimal bd2 = new BigDecimal("6");
        //参数 20 表示小数部分的位数,ROUND_UP 表示小数最后一位加 1
        BigDecimal bd3 = bd1.divide(bd2,20,BigDecimal.ROUND_UP);
        System.out.println("相除后的结果为:" + bd3);
    }
}
```

程序运行结果如下：

```
相加后的结果为:333333333333333333333
相减后的结果为:-111111111111111111111
相乘后的结果为:2469135802469135802468641975308641975308642
相除后的结果为:0
----------------------
相除后的结果为:0.1666666666666666667
```

练习题

一、选择题

1. Java 语言中,一切类的父类是________。

   A. java.lang.Object　　B. java.awt.Obejct

   C. java.sql.Object　　D. java.util.Object

2. 一般情况下,调用某个对象的 toString()方法,得到的结果是________。

   A. 类名+@+哈希值的 16 进制形式　　B. 对象名+@+哈希值的 16 进制形式

   C. 类名+@+哈希值的 8 进制形式　　D. 类名+@+哈希值的 2 进制形式

3. Object 类中定义的 equals()方法的本意是________。

   A. 判断两个对象是否同一个对象　　B. 判断两个对象的值是否相等

   C. 判断两个对象的哈希编码值是否相等　　D. 判断两个对象是否是同一种类型

4. 用来表示时间和日期的类是________。

   A. java.util.Date　　B. java.lang.Calendar

   C. java.lang.Date　　D. java.util.Calendar

5. 假定通过 Random 类需要得到一个 0~7(包含 7)的随机整数,需要执行________方法。

   A. nextInt()　　B. nextInt(7)

   C. nextInt(7)+1　　D. nextInt(6)+1

二、程序设计题

1. 假定给出某个人的身份证号码(用 18 位字符串表示),请输出这个人的生日信息。
2. 利用 Calendar 类推算,当前日历的两年后的两个月后的 20 天后是哪年哪月哪日。

第 7 章　Java 异常处理机制

本章学习目标：

(1)理解异常的概念和体系结构。

(2)掌握 try、catch、finally 关键字的使用。

(3)掌握 throws、throw 关键字的用法。

(4)能根据应用实际情况自定义异常。

7.1　异常的基本概念

异常指程序在执行过程中出现程序本身没有预料的情况，例如读取文件操作时文件不存在、访问数据库时驱动程序不存在、进行算术除法运算时除数为零等情况，这些情况的出现可能会导致程序出现不正确的逻辑或者导致程序结束。异常是不可避免的，出现了什么样的异常？由谁来处理异常？如何处理异常？如何从异常中恢复？这些问题是任何一门编程语言都要解决的。传统面向过程的程序语言(例如 C 语言)通常根据程序返回的某个特殊值或标记，并且假定接收者会检查该返回值或标记，以此来判断异常是否发生。这种处理方式会在程序的许多地方逐一检查某个特定的异常并加以处理，导致正常的业务流程和异常处理代码紧密耦合，不利于代码的阅读和维护。

Java 语言提供了一整套高效的，包括异常抛出、捕获和处理的机制用于识别和处理异常，并且由 Java 编译器强制执行。相对于其他语言来讲，Java 提供的异常处理机制具有以下优点：

(1)将描述业务逻辑的代码与处理异常的代码分离开来，从而使代码的可读性、撰写、调试和维护都大大提高。

(2)把错误传播给调用堆栈。

(3)按错误类型和错误差别分组。

(4)系统提供了对于一些无法预测的错误的捕获和处理。

(5)克服了传统方法的错误信息有限的问题。

使用异常处理的目的就是用来在发生异常时，告诉程序如何控制自身的运行，防止错误进一步恶化，从而导致严重的后果。

7.2 Java异常体系结构

任何中断程序正常流程的因素都被认为是异常。由于Java是纯面向对象的，所以把异常当作对象来处理。JDK API中根据访问资源的不同（例如内存、文件、数据库等）定义了许多具体异常类，同时允许开发人员根据项目需要自行定义异常类用来描述实际异常信息。异常的体系结构如图7-1所示。

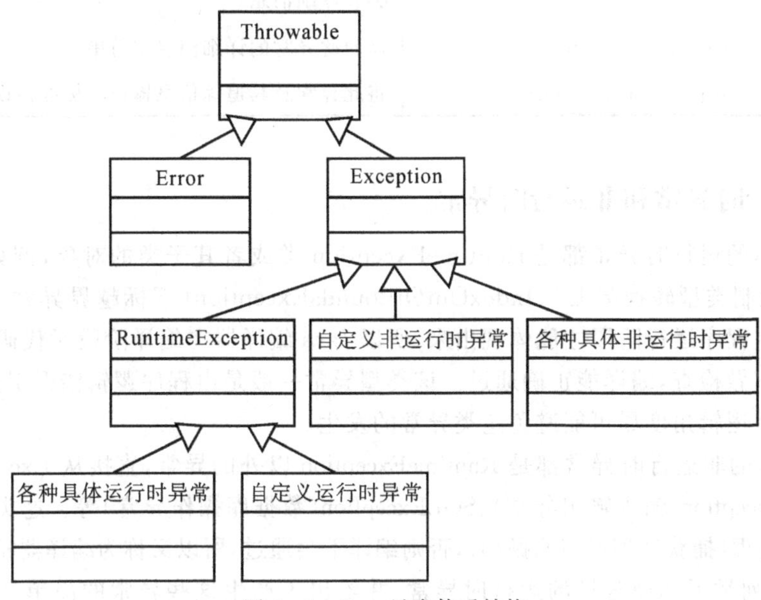

图7-1 Java异常体系结构

Throwable是所有异常和错误的父类，它主要包含了三个方面的内容：①线程创建时执行堆栈的快照；②用以描述异常或错误出现位置的消息字符串；③异常或错误产生的原因。Throwable有两个直接子类：Error和Exception，分别表示错误和异常。其中异常Exception又包括两大类：运行时异常（RuntimeException）和非运行时异常，运行时异常又称为编译器不检查的异常（Unchecked Exception），非运行时异常又称为编译器检查的异常（Checked Exception）。

7.2.1 Error与Exception

Error类层次结构描述了Java运行时系统的内部错误和资源耗尽错误，例如OutOfMemoryError（内存溢出错误）、NoClassDefFoundError（类定义找不到错误）等。如果这些错误发生（一般情况很少发生），Java虚拟机不会检查Error是否被处理，除了通知给用户并且会尽力使程序安全的终止外，程序本身是无法处理这些错误的。

Exception分为两大类：运行时异常和非运行时异常。开发人员在代码中应当尽可能去处理这些异常，从而保证程序正确执行完毕。Exception的构造方法和常用方法如表7-1所示。

表7-1　Exception的构造方法和常用方法

构造方法	功能说明
Exception()	创建详细消息为null的异常
Exception(String str)	创建带指定详细消息的异常
Exception(String message, Throwable cause)	创建带指定详细消息和原因的异常
Exception(Throwable cause)	根据指定的原因创建异常(它通常包含cause的类和详细消息)
String getMessage()	返回此异常的详细消息字符串
void printStackTrace()	将此异常及其追踪信息输出至标准错误流

7.2.2　运行时异常和非运行时异常

各种具体的运行时异常都是RuntimeException类或者其子类的对象，例如ClassCastException(强制类型转换异常)、IndexOutOfBoundsException(下标越界异常)等。因为这类异常只有在程序运行阶段才能体现出来，所以Java编译器在编译阶段对代码是否处理了该类型异常不做检查，编译能正确通过。该类型异常一般是由程序逻辑错误引起的，所以开发人员应该从逻辑角度尽可能避免这类异常的发生。

各种具体的非运行时异常都是RuntimeException以外的异常，直接从Exception继承而来，例如IOException(输入输出异常)、SQLException(数据库操作异常)等。这类异常在代码中必须进行处理(捕获处理或声明抛出)，否则编译不会通过，所以又称为编译器检查的异常。

表7-2列举了几种常见的运行时异常，并给出了产生这些异常的简单实例代码。表7-3列举了几种常见的非运行时异常。

表7-2　常见的运行时异常

异常名称	含义	产生异常的实例代码

ArithmeticException	算术除法运算中除数为零	int a=10,b=0;
		//产生异常,b为0
		System.out.println(a/b);

ArrayIndexOutOfBoundsException	数组下标超界	int a[]=new int[10];
		//产生异常,a[10]元素不存在
		System.out.println(a[10]);

NumberFormatException	数据格式化引发的异常	//产生异常,字符串形式的"abc"无法转换成int型 int i=Integer.parseInt("abc");
ClassCastException	对象类型转换不兼容	Person p=new Person(); //产生异常,对象p无法转换成Student类型 Student s=(Student)p;

续表

异常名称	含义	产生异常的实例代码

NullPointerException	空引用引发的异常	Person p=new Person();
		p=null;
		//产生异常,p指向为空
		System.out.println(p.getName());

表7-3 常见的非运行时异常

异常名称	含义
ClassNotFoundException	在编译阶段找不到指定的字节码
FileNotFoundException	找不到指定的文件
SocketException	不能完成socket操作
SQLException	操作数据库时引发的异常
CloneNotSupportedException	没有实现Cloneable接口的对象进行克隆操作引发的异常
InterruptedException	一个线程被另一个线程中断所产生的异常

7.3 Java异常处理

异常处理是指当异常发生后,程序能够转向到相关的异常处理代码中并执行尝试性修复处理,然后根据修复处理的结果决定程序的走向,使应用程序能够正常运行、或降级运行或安全地终止应用程序的执行,以提高应用系统的可靠性。

Java异常处理机制通过提供5个关键字来完成对异常的捕获、处理和抛出这3个过程,分别是:try、catch、finally、throw、throws。try、catch和finally关键字可分别包含独立的代码段依次用来抛出异常、匹配并捕获异常、处理异常和善后处理。throw和throws关键字用来将当前方法所产生的异常声明抛出,将异常的捕获和处理操作交给当前方法的调用者。try、catch和finally的基本形式如下:

```
try
{
    可能出现异常的程序代码
}
catch(异常类型1  异常对象名1)
{
    异常类型1对应的异常处理代码
}
catch(异常类型2  异常对象名2)
{
    异常类型2对应的异常处理代码
```

```
}
⋮
finally
{
    无论异常是否发生,程序都必须执行的代码(善后代码)
}
```

(1)try 代码段:包含在 try 中的代码段可能有多条语句会产生异常。但程序的一次执行过程中如果产生异常,只可能是这些异常中的某一个,该异常对象由 Java 运行时系统生成并抛出,try 中产生异常语句之后的语句都不会被执行;如果这次执行过程中没有产生异常,那么 try 中所有的语句都会被执行。如图 7-2 左侧表示异常没有发生时的执行流程,try 中的语句 1 到语句 n 都执行。

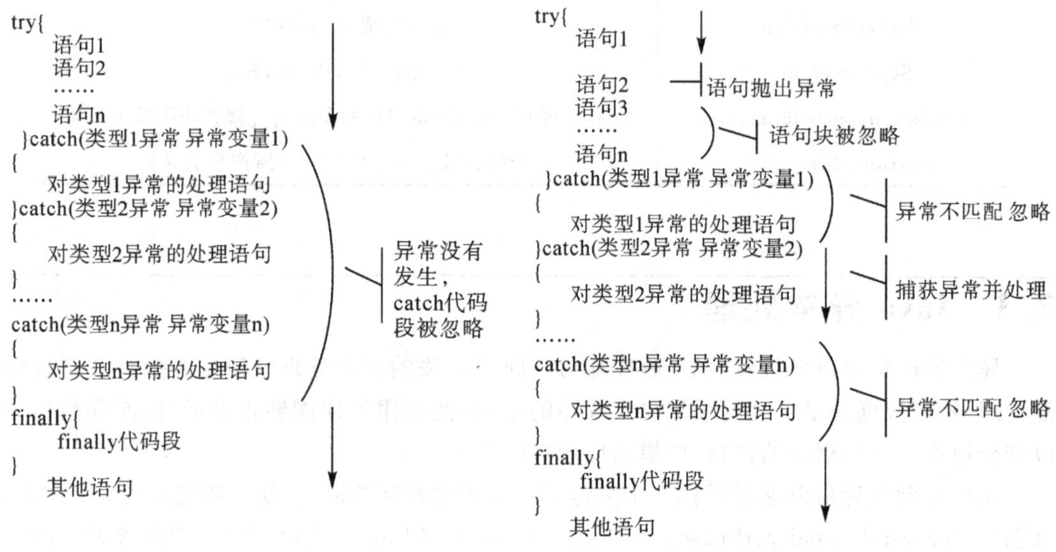

图 7-2 try catch finally 代码段的执行情况

(2)catch 代码段:捕获 try 中抛出的异常并在其代码段中做相应处理,catch 语句带一个 Throwable 类型的参数,表示可捕获异常的类型。一般情况下 catch 代码段的数量由 try 中所抛出的异常个数决定。当 try 中代码产生的异常被抛出后,catch 代码段按照从上到下的书写顺序将异常类型与自己参数所指向的异常类型进行匹配,若匹配成功表示异常被捕获,程序转而执行当前 catch 中的代码,后面所有的 catch 代码段都不会被执行;如果匹配不成功,交给下一个 catch 进行匹配;如果所有 catch 都不匹配,表示当前方法不具备处理该异常的能力,对于这种情况如果是一个非运行时异常,为了编译器通过,必须使用 throws 关键字声明抛出。如图 7-2 右侧表示异常发生时的执行流程,在 try 中语句 2 发生异常,语句 3 到语句 n 都不执行,转到与语句 2 发生的异常相匹配的 catch 语句执行,不匹配的 catch 都不执行。

注意:如果异常类型有父子关系,那么子异常所在的 catch 代码段的书写顺序应该位于父异常所在 catch 代码段的上方。

(3)finally 代码段:该代码段不是必须有的,但如果有一定紧跟在最后一个 catch 代码段后面，作为异常处理机制的统一出口（作为善后处理）。无论 try 中是否产生异常，finally 中的代码总在当前方法返回之前无条件执行。图 7-2 左右两侧的 finally 代码段都无条件执行。

注意：如果在某个 catch 代码段中已经执行了要终止程序的 System.exit()方法，那么此时 finally 中的代码不会执行。

(4)throw 关键字：用来在方法体内部创建异常对象并将其抛出，如果是非运行时异常，还必须结合 throws 关键字在方法头部声明抛出该异常，表明当前方法没有处理该异常，将异常的处理任务延迟到当前方法的调用者，当前方法的调用者就必须检查、处理或者继续抛出被调用方法抛出的异常。如果所有方法都层层上抛获取的异常，最终会在 main 方法中寻找对应的 catch 代码段。如果 main 中也没有对异常进行捕获，那么 JVM 将通过控制台打印该异常消息和堆栈信息，同时程序也会终止。

(5)throws 关键字：用来在方法头部声明方法可能会抛出的某些异常。仅当抛出了非运行时异常，该方法的调用者才必须处理或者重新抛出该异常。如果方法的调用者无法处理该异常，应该继续抛出而不是在 catch 中向控制台打印异常发生时的堆栈信息。虽然这样处理对程序调试有帮助，但当程序交付给客户运行后，printStackTrace()这样的代码就不具备处理异常的意义了。

7.3.1 try、catch、finally 的使用

try、catch、finally 这 3 个关键字可以同时出现在程序里，也可以两两组合的形式出现在程序里，组成三种常见形式：①try、catch 形式；②try、finally 形式；③try、catch、finally 形式。

```
(1)  try
{
    //可能抛出异常的代码
}
catch(异常类型 异常对象名)
{
    //针对异常的处理代码
}
(2)  try
{
    //可能抛出异常的代码
}
finally
{
    //无论异常是否发生,都无条件执行的代码
}
(3)try
{
    //可能抛出异常的代码
```

```
}
catch(异常类型 异常对象名)
{
    //针对异常的处理代码
}
finally
{
    //无论异常是否发生,都无条件执行的代码
}
```

注意:catch 代码段用于处理异常。如果没有 catch 代码段就代表异常没有被处理。如果该异常是非运行时异常,那么必须声明抛出,否则编译不通过。

实例代码 Demo7_1 展示了 try、catch 形式的基本应用,运行结果如图 7 - 3 所示。

```
public class Demo7_1
{
public static void main(String args[])
{
    int array[] = {11,12,13,14,15};
    try
    {
        for(int i = 0;i< = 5;i ++ )
            System.out.println(array[i]);
    }
    catch(ArrayIndexOutOfBoundsException e)
    {
        e.printStackTrace();
    }
    System.out.println("程序结束");
}
}
```

```
11
12
13
14
15
java.lang.ArrayIndexOutOfBoundsException: 5
        at 异常.Demo7_1.main(Demo7_1.java:10)
程序结束
```

图 7 - 3 Demo7_1 程序运行结果

从运行结果可以看出数组下标为 0～4 的元素值都正常输出了，下标为 5 的元素不存在，所以产生了数组下标越界的异常，此时程序转向到 catch 代码段执行。catch 代码段中调用异常对象的 printStackTrace()方法输出异常发生时堆栈中的信息，从这些信息中可以看到是哪个类的哪行代码产生的异常，为调试程序避免此异常的产生提供了有效的线索。本例中要避免出现 ArrayIndexOutOfBoundsException，循环变量 i 的值应该是 0～4。catch 代码段执行完后再跳出 catch，继续执行后续的代码，正如本例中输出“程序运行结束”字符串。

实例代码 Demo7_2 展示了 try、finally 形式的基本应用，运行结果如图 7－4 所示。

```
public class Demo7_2
{
    public static void main(String args[])
    {
        int array[] = {11,12,13,14,15};
        try
        {
            for(int i = 0;i< = 5;i ++ )
                System.out.println(array[i]);
        }
        finally
        {
            System.out.println("这是 finally 中的代码");
        }
        System.out.println("程序运行结束");  //如果异常发生，此行语句不会执行
    }
}
```

```
11
12
13
14
15
这是finally中的代码
Exception in thread "main" java.lang.ArrayIndexOutOfBoundsException: 5
	at 异常.Demo7_2.main(Demo7_2.java:12)
```

图 7－4 Demo7_2 运行结果

从运行结果可以看出数组下标为 0～4 的元素值都正常输出了，当循环变量为 5 时产生数组下标越界异常，由于没有 catch 代码段，程序跳转到 finally 代码段执行。finally 代码段执行完后程序就结束了，不会再执行 finally 代码段之后的语句，所以输出结果中并没有“程序运行结束”字符串。

实例代码 Demo7_3 展示了 try、catch、finally 形式的基本应用，运行结果如图 7－5 所示。

```
public class Demo7_3
```

```
{
    public static void main(String args[])
    {
        int array[] = {11,12,13,14,15};
        try
        {
            for(int i = 0;i< = 5;i ++ )
                System.out.println(array[i]);
        }
        catch(ArrayIndexOutOfBoundsException e)
        {
            e.printStackTrace();
        }
        finally
        {
            System.out.println("这是 finally 中的代码");
        }
        System.out.println("程序运行结束");
    }
}
```

```
11
12
13
14
15
这是finally中的代码
程序运行结束
java.lang.ArrayIndexOutOfBoundsException: 5
        at 异常.Demo7_3.main(Demo7_3.java:11)
```

图 7-5 Demo7_3 运行结果

从运行结果可以看出数组下标为 0～4 的元素值都正常输出了，当循环变量为 5 时发生数组下标越界异常，程序跳转到 catch 代码段执行完毕后，继续转到 finally 代码段执行，最后再执行 finally 代码段后续的语句。

注意：

(1)finally 代码段与其上面的 catch 代码段之间不能再添加其他代码语句。

(2)try、finally 这种形式一般在实际开发中很少使用，因为没有异常处理部分的逻辑。

7.3.2 throws 和 throw 关键字的使用

如果当前方法不对异常进行处理，可以通过声明抛出异常，将处理该异常的任务交给当前方法的调用者。throws用在方法声明部分的结尾处，表示该方法抛出异常。一个方法可以声明抛出多个异常，这取决于方法中可能产生的异常个数。如果抛出多个异常，那么这些多个异常之间用逗号隔开。一个声明了抛出异常的方法定义格式如下：

```
访问权限修饰符   返回值类型   方法名([参数]) throws 异常类型1,…,异常类型n
{
    //方法体
}
```

实例代码Demo7_4展示了throws关键字的基本应用，运行结果如图7-6所示。

```
public class Demo7_4
{
    private static void print() throws ArrayIndexOutOfBoundsException
    {
        int array[] = {11,12,13,14,15};
        for(int i = 0;i< = 5;i ++ )
            System.out.println(array[i]);
    }
    public static void main(String args[])
    {
        try
        {
            print();
        }
        catch(ArrayIndexOutOfBoundsException e)
        {
            e.printStackTrace();
        }
    }
}
```

```
11
12
13
14
15
java.lang.ArrayIndexOutOfBoundsException: 5
	at 异常.Demo7_4.print(Demo7_4.java:9)
	at 异常.Demo7_4.main(Demo7_4.java:15)
```

图7-6 Demo7_4运行结果

实例代码Demo7_4中，print()方法体中并没有通过try、catch方式对ArrayIndexOut-

OfBoundsException 异常进行处理，而是通过 throws 关键字声明抛出。main()方法中对 print()方法进行了调用，通过 try、catch 方式对 print()方法抛出的异常进行捕获处理。当然，main()方法中也可以不用 try、catch 方式处理，可以继续通过 throws 声明抛出。从运行结果看出，Demo7_4 的 print()方法先抛出异常(源文件中的第 9 行)，然后是 main()方法抛出异常(源文件第 15 行)。这里就可以看出异常发生时，异常堆栈的相关信息，一般情况下从输出信息的最上部(异常入栈时位于栈底)入手去源文件中查找异常产生的原因。在本例中，首先应该在 Demo7_4 源文件的第 9 行处查找异常产生的原因。

注意：

(1)如果一个方法通过 throws 声明抛出了异常，那么调用该方法的其他方法可以通过 try、catch 方式进行捕获处理，也可以继续通过 throws 声明将异常抛出。

(2)一般不建议在 main()方法通过 throws 声明抛出异常。

throw 关键字主要用在方法体中对异常进行抛出，通常方法体中捕获到相关异常对象后并不进行处理，将对异常的处理交给当前方法的调用者。一个通过 throw 声明抛出异常的方法定义格式如下：

```
访问权限修饰符    返回值类型    方法名([参数])
{
    //方法体
    throw 异常对象
}
```

实例代码 Demo7_5 展示了 throw 关键字的基本应用，运行结果同实例代码 Demo7_4，如图 7-6 所示。

```
public class Demo7_5
{
    private static void print()
    {
        try
        {
            int array[] = {11,12,13,14,15};
            for(int i = 0;i< = 5;i ++ )
                System.out.println(array[i]);
        }
        catch(ArrayIndexOutOfBoundsException e)
        {
            throw e;//将异常对象声明抛出
        }
    }
    public static void main(String args[])
    {
```

```
            try
            {
                print();
            }
            catch(ArrayIndexOutOfBoundsException e)
            {
                e.printStackTrace();
            }
        }
    }
```

实例代码 Demo7_5 中，print()方法的 catch 代码段没有对捕获的异常进行处理，而是通过 throw 将异常对象抛出了。main()方法中调用 print()方法并通过 try、catch 对异常进行了处理。由于 ArrayIndexOutOfBoundsException 是运行时异常，所以 print()方法声明部分的结尾处不再需要 throws；如果 throw 抛出的是某个非运行时异常，那么 throw 所在的方法的声明尾部还需要通过 throws 声明将这个非运行时异常对象抛出。

7.4 自定义异常

JDK 所提供的异常类型是有限的，由于 Java 异常系统不可能解决实际中出现的各种异常问题，有时候需要开发人员按照 Java 的面向对象思想，将程序中出现的特有问题进行封装，由此产生了自定义异常。为了使自定义的异常具有可抛性和操作异常的共性方法，自定义的异常必须继承 Exception 或者 RuntimeException。从 Exception 继承表示自定义异常是非运行时异常；从 RuntimeException 继承表示自定义异常是运行时异常。当要操作自定义异常的信息时，可以使用父类已经定义好的方法。自定义异常的一般形式如下所示：

```
class 异常类名 extends Exception|RuntimeException
{
    //类体
}
```

实例代码 Demo7_6 展示了自定义异常的使用，其中自定义异常 TriangleException 表示三边值不能构成三角形的情况。运行结果如图 7-7 所示。

```
class TriangleException extends Exception //自定义非运行时异常
{
    TriangleException(String message)
    {
        //调用父类的构造方法传递引起异常的信息
        super(message);
    }
}
```

```
interface Shape
{
    double area(); //计算面积
    double perimeter(); //计算周长
}
class Triangle implements Shape
{
    private double sideA; //三角形的三边
    private double sideB;
    private double sideC;
    public Triangle(double sideA, double sideB, double sideC) throws Triangle-
Exception
    {
        if((sideA + sideB>sideC)&&Math.abs(sideA - sideB)<sideC)
        {
            this.sideA = sideA;
            this.sideB = sideB;
            this.sideC = sideC;
        }
        else
            //三边值不能构成三角形,创建异常对象并抛出
            throw new TriangleException("不能构成一个三角形,请检查三角形的
                                    三边值");
    }
    public double area()
    {
        //通过海伦公式计算三角形面积
        double s  =  1/2.0 * (sideA + sideB + sideC);
        return Math.sqrt(s * (s - sideA) * (s - sideB) * (s - sideC));
    }
    public double perimeter()
    {
        return sideA + sideB + sideC;
    }
}
public class Demo7_6
{
    public static void main(String[] args)
    {
```

```
        try
        {
            //捕获 TriangleException
            Triangle triangle = new Triangle(2, 8, 10);
            System.out.println("三角形的面积为:" + triangle.area());
            System.out.println("三角形的周长为:" + triangle.perimeter());
        }
        catch (TriangleException e)
        {
            e.printStackTrace();//发生异常时将异常信息打印出来
        }
    }
}
```

```
异常.TriangleException: 不能构成一个三角形,请检查三角形的三边值
	at 异常.Triangle.<init>(Demo7_6.java:31)
	at 异常.Demo7_6.main(Demo7_6.java:50)
```

图 7-7　Demo7_6 运行结果

由于 JDK 没有提供某一个异常用来描述无法构成三角形这种情况，所以需要自定义异常 TriangleException 来表示三边值无法构成三角形这种情况。该异常类继承 Exception，所以是非运行时异常。在 Triangle 类的构造方法中首先判断三条边对应的形参值是否能构成三角形，如果无法构成三角形就创建 TriangleException 异常对象并通过 throw 抛出。由于 TriangleException 是非运行时异常，所以还需要在构造方法的声明部分通过 throws 关键字声明抛出。在 Demo7_6 中创建三角形对象时，三边形参值无法构成三角形所以产生了异常，请读者更换正确的三边值即可输出三角形的面积和周长。

注意：如果 Demo7_6 中的 TriangleException 从 RuntimeException 继承，那么 Triangle 类的构造方法尾部就可以省略 throws 语句了。

7.5　异常处理的注意事项

(1)如果一个方法可能产生多个异常，而且这些异常具有父子关系，那么书写 catch 代码块时，处理父异常的 catch 块要位于处理子异常 catch 块的后面。

如实例代码 Demo7_7 所示。

```
import java.sql.Connection;
import java.sql.DriverManager;
public class Demo7_7
{
    public static void main(String[] args)
    {
```

```
            try
            {
                Class.forName("com.mysql.jdbc.Driver");
                Connection con = DriverManager.getConnection("jdbc:mysql://
                        localhost:3306/MyDB","root","root");
            }
            catch(ClassNotFoundException e)
            {
                System.out.println("找不到数据库驱动");
            }
            catch(Exception e)
            {
                e.printStackTrace();
            }
        }
    }
```

上述代码是通过 JDBC 获取数据库连接对象的相关代码(JDBC 的相关知识具体见本书第 9 章描述),这里捕获了两个异常:ClassNotFoundException 和 Exception。由于 ClassNotFoundException 是 Exception 的子类,所以在 catch 块的书写顺序上必须是 ClassNotFoundException 的 catch 位于前面,Exception 的 catch 块位于后面,否则编译不通过。

(2)在进行方法覆盖时,如果被覆盖的方法抛出异常,那么覆盖方法可以不抛异常;或者抛与被覆盖方法相同的异常;或者抛被覆盖方法的所抛异常的子异常。

假定 SuperClass 类的 printArrayElements()方法声明抛出 RuntimeException,代码如下所示。

```
class SuperClass
{
    public void printArrayElements()
    {
        throw new RuntimeException();
    }
}
```

SubClass 是 SuperClass 的子类,如果 SubClass 中要覆盖 SuperClass 的 printArrayElements()方法,那么 SubClass 中 printArrayElements()方法有如下 3 种书写方式。

方式 1:

```
class SubClass extends SuperClass
{
    public void printArrayElements() throws RuntimeException
    {
```

```
        int array[] = {11,12,13,14,15};
        for(int i = 0;i< = 5;i ++ )
            System.out.println(array[i]);
    }
}
```

在方式1中，SubClass中的printArrayElements()抛出与父类覆盖方法相同的异常。

方式2：

```
class SubClass extends SuperClass
{
    public void printArrayElements()
    {
        int array[] = {11,12,13,14,15};
        for(int i = 0;i< = 5;i ++ )
            System.out.println(array[i]);
    }
}
```

在方式2中，SubClass中的printArrayElements()没有抛异常。

方式3：

```
class SubClass extends SuperClass
{
    public void printArrayElements() throws ArrayIndexOutOfBoundsException
    {
        int array[] = {11,12,13,14,15};
        for(int i = 0;i< = 5;i ++ )
            System.out.println(array[i]);
    }
}
```

在方式3中，SubClass中的printArrayElements()方法抛出RuntimeExcepion的子异常——ArrayIndexOutOfBoundsException。上述SubClass类的3种书写方式均能正确编译通过。

(3)如果try代码段中有return语句返回基本数据类型变量，即使finally中对该基本数据类型变量进行修改，返回结果以try中修改的值为准。如实例代码Demo7_8所示。

```
public class Demo7_8
{
    public static void main(String[] args)
    {
        System.out.println(getResult());
```

```
    }
    private static int getResult()
    {
        int i = 0;
        try
        {
            i = 100;
            return i; //返回基本数据类型变量 i
        }
        catch(Exception e)
        {
            e.printStackTrace();
        }
        finally
        {
            i = 1000;
        }
        return i;
    }
}
```

实例代码 Demo7_8 的运行结果是 100。虽然 finally 代码段将变量 i 修改为 1000，但变量 i 是基本数据类型，返回结果以 try 代码段对变量 i 的操作结果为准，所以是 100。

(4)如果 try 代码段中有 return 语句返回引用数据类型变量，finally 中对该引用数据类型变量进行了修改，那么返回结果以 finally 中修改后的结果为准。如实例代码 Demo7_9 所示。

```
class User
{
    private String name;
    public void setName(String name)
    {
        this.name = name;
    }
    public String getName()
    {
        return this.name;
    }
}
public class Demo7_9
```

```
{
    public static void main(String[] args)
    {
        System.out.println(getResult().getName());
    }
    private static User getResult()
    {
        User u = new User(); //创建 User 类型的对象(User 是引用数据类型)
        try
        {
            u.setName("张三");//修改 User 对象的 name 值
            return u;
        }
        catch(Exception e)
        {
            e.printStackTrace();
        }
        finally
        {
            u.setName("李四");//修改 User 对象的 name 值
        }
        return u;
    }
}
```

实例代码 Demo7_9 的运行结果是李四。User 是我们定义的一个引用数据类型，try 代码段中修改 name 属性值为“张三”，finally 代码段中将 name 属性值修改为“李四”，返回结果是 finally 代码段中修改的结果，所以是“李四”。

(4)如果 try、finally 代码段中都有 return 语句，无论返回的是什么数据类型，返回结果都以 finally 代码段中对该变量的操作结果为准。如实例代码 Demo7_10 所示。

```
public class Demo7_10
{
    public static void main(String[] args)
    {
        System.out.println(getResult());
    }
    private static int getResult()
    {
        int i = 0;
```

```
          try
          {
              i = 100; //对 i 进行修改
              return i;
          }
          catch(Exception e)
          {
              e.printStackTrace();
          }
          finally
          {
              i = 1000;
              return i;//对 i 进行修改
          }
      }
  }
```

实例代码 Demo7_10 的运行结果是 1000。try、finally 代码段中都对变量 i 进行了修改，而且都有 return 语句，返回结果以 finally 代码段中的操作为准，所以是 1000。

练习题

一、选择题

1. 下列关于异常的描述中，不正确的是________。
   A. 可以通过继承自 Exception 类实现自定义异常
   B. 异常通常包括运行时异常和非运行时异常
   C. 对于可能抛出异常的代码要进行捕获
   D. try{}与 catch{}是一一对应关系
2. 要实现自定义的运行时异常，需要直接继承________这个类。
   A. Exception　　B. Error
   C. RuntimeException　　D. Object
3. 已知有代码：

```
int a = 10,b = 0;
System.out.println(a/b);
```

   执行上述代码会产生的异常是________。
   A. NullPointerException　　B. ArithmeticException
   C. ArrayIndexOutOfBoundsException　　D. ClassNotFoundException
4. 假定一个程序段中有多个 catch 代码块，如果程序产生异常，则会按如下________情况执行。

A. 找到对应的 catch 代码块执行后，继续执行后面的 catch 代码块
B. 找到每个符合条件的 catch 代码块都执行一次
C. 找到对应的 catch 代码块执行后，就不再执行后面的 catch 代码块
D. 按照 catch 代码块的书写顺序，从前往后都执行一次

5. 关于异常处理中 finally 代码段的描述中，正确的是________。
A. 从语法规则上讲，finally{}出现在 catch{}的前面
B. finally{}是必须出现的
C. finally{}中的代码无论是否发生异常都是必须执行的
D. finally{}中的代码一定不会产生异常

6. 下列代码执行的结果，描述正确的是________。

```
public class MutiException
{
    static void procedure()
    {
        try
        {
            int c[] = {1};
            c[10] = 99;
        }
        catch(ArrayIndexOutOfBoundsException e)
        {
            System.out.println("数组下标越界异常:" + e);
        }
    }
    public static void main(String args[])
    {
        try
        {
            procedure();
            int a = args.length;
            int b = 42/a;
            System.out.println("b = " + b);
        }
        catch(ArithmeticException e)
        {
            System.out.println("除 0 异常:" + e);
        }
    }
}
```

A. 程序只输出数组下标越界的异常信息

B. 程序只输出除数为 0 的异常信息

C. 程序将不输出异常信息

D. 两种异常信息程序都将输出

7. 在异常处理中，将可能抛出异常的方法放在________语句块中。

A. throws　　B. catch

C. try　　D. finally

二、简答题

1. 什么是异常？请简要说明 Java 异常处理的机制。
2. 请说明 final、finally 关键字的区别和作用。
3. 请说明 Error 和 Exception 有哪些区别。

三、程序设计题

1. 将实例代码 Demo7_6 中的 TriangleException 改为运行时异常，重新编写程序，运行并观察结果。

第 8 章　集合框架

本章学习目标：

1. 理解泛型的概念。
2. 理解 Java 集合框架的基本概念。
3. 理解 Collection 接口。
4. 理解 Set 接口，掌握 HashSet 和 TreeSet 的基本使用。
5. 理解 List 接口，掌握 ArrayList 类、LinkedList 类、Vector 类和 Stack 类的基本使用。
6. 理解 Map 接口，掌握 HashMap 类和 TreeMap 类的基本使用。

8.1　泛型

泛型是 JDK5.0 的新特征，泛型的本质是参数化类型，即程序中所操作的数据类型被指定为一个参数。Java 语言引入泛型的好处是安全简单，可以避免强制类型转换而产生的 ClassCastException。在 JDK5.0 之前，在没有泛型的情况下，通过对类型 Object 的引用来实现参数的“任意化”。

泛型可以用在类、接口和方法的创建中，分别称为泛型类、泛型接口、泛型方法。

- 泛型类的定义是在类名后面加上〈T〉，泛型接口的定义是在接口名后面加上〈T〉，而泛型方法的定义是在方法的返回值前面加上〈T〉，其头部定义分别如下。
- 泛型类的定义：[修饰符] class 类名〈T〉。
- 泛型接口的定义：[public] interface 接口名〈T〉。
- 泛型方法的定义：[public] [static]〈T〉返回值类型 方法名(T 参数)。

8.1.1　泛型类的定义与创建

泛型类的定义格式如下：

```
[public] class 泛型类名〈形式类型参数列表〉
{
    类体
}
```

说明：

(1)类型参数通常用 K、T、E、V 等字母表示。

(2)泛型类名的命名要符合标识符的命名规则。

(3)形式类型参数列表用于指明当前泛型类可接受的类型参数占位符的个数,可以有一个参数,也可以有多个参数。如果多个参数,则参数之间用逗号隔开,如 Map〈K,V〉。

(4)泛型的类型参数只能是引用类型,不能是基本数据类型。

创建泛型类对象的时候,需要用实际的参数类型去代替泛型类中的参数类型,格式如下:

泛型类名〈实际类型参数列表〉变量名 = new 泛型类名〈实际类型参数列表〉(参数列表);

例如:Genericity〈String〉 name = new Genericity〈String〉("张三");

在这里声明对象 name 时传递给 T 的类型是 String,即用 String 类型代替占位符 T。

实例代码 Demo8_1 展示了泛型类的一个简单使用。

```
class GenericTest<T> //T 为类型参数
{
    private T obj; //定义泛型成员变量
    public GenericTest(T obj) //定义构造方法
    {
        this.obj = obj;
    }
    public T getObj() {
        return obj;
    }
    public void setObj(T obj) {
        this.obj = obj;
    }
    public void showType() {
        System.out.println("T 实际类型是:" + obj.getClass().getName());
    }
}
public class Demo8_1
{
    public static void main(String[] args)
    {
        //定义泛型类 GenericTest 的一个 Float 类型
        GenericTest<Float> grade = new GenericTest<Float>(80.5f);
        grade.showType();//调用 showType()方法
        float i = grade.getObj();
        System.out.println("成绩 =" + i);
```

```
        // 定义泛型类 GenericTest 的一个 String 类型
        GenericTest<String> name = new GenericTest<String>("张三");
        name.showType();
        String s = name.getObj();
        System.out.println("姓名 =" + s);
    }
}
```

程序运行结果如下所示：

```
T 的实际类型是:java.lang.Float
成绩=80.5
T 的实际类型是:java.lang.String
姓名=张三
```

8.1.2 泛型接口

泛型接口的定义格式如下：

```
[public] interface 接口名<T>
{
    //抽象方法
}
```

实例代码 Demo8_2 展示了泛型接口的基本使用，实现泛型接口的类是泛型类。

```
interface GenericInter<T> //将泛型定义在接口上
{
    void show(T t);
}
class GenericInterImp<T> implements GenericInter<T> //实现泛型接口的类
{
    @Override
    public void show(T t)
    {
        System.out.println(t);
    }
}
public class Demo8_2
{
    public static void main(String[] args)
    {
        GenericInter<String> inter1 = new GenericInterImp<String>();
```

```
            inter1.show("咸阳师范学院");
            GenericInter<Double> inter2 = new GenericInterImp<Double>();
            inter2.show(99.5);
        }
    }
```

8.1.3 泛型的优点

泛型对程序带来的主要优点有两部分：

(1)类型安全。泛型的主要目标是提高 Java 程序的类型安全。

(2)消除强制类型转换。采用了泛型后，所有强制转换都是自动的和隐式的，这样就提高了代码的重用率。

下面的类 NoGenericTest 在不使用泛型的情况下实现了 Demo8_1 中的 GenericTest〈T〉的功能，Demo8_3 的运行结果与 Demo8_1 一致。

```
class NoGenericTest
{
    private Object obj; //定义一个通用类型成员
    public NoGenericTest(Object obj) //构造方法
    {
        this.obj = obj;
    }
    public Object getObj()
    {
        return obj;
    }
    public void setObj(Object obj)
    {
        this.obj = obj;
    }
    public void showType()
    {
        System.out.println("实际类型是:" + obj.getClass().getName());
    }
}
public class Demo8_3
{
    public static void main(String[] args)
    {
        // 定义类 NoGenericTest 的一个 Float 类型
```

```
        NoGenericTest grade = new NoGenericTest(new Float(80.5f));
        grade.showType();//调用 showType()方法
        float i = (Float) grade.getObj();
        System.out.println("成绩 = " + i);
        // 定义类 NoGenericTest 的一个 String 类型
        NoGenericTest strObj = new NoGenericTest("张三");
        strObj.showType();
        String s = (String) strObj.getObj();
        System.out.println("姓名 = " + s);
    }
}
```

在 Demo8_3 中我们发现:必须进行显式地强制转换,否则将无法编译通过。

8.1.4 通配符与受限的泛型类型

泛型的类型通配符是"?",使用"?"作为类型参数,代表任何可能的类型。

例如:Vector〈?〉

它表示 Vector 集合中可以存放任意一种类型的对象。泛型 Vector〈?〉是任何泛型 Vector 的父类。Vector〈?〉类型的变量在调用方法时是受到限制的:凡是必须知道具体类型参数的操作都不能执行。

实例代码 Demo8_4 展示了带通配符的泛型类型的基本使用。

```
import java.util.Vector;
public class Demo8_4
{
    public static void main(String args[])
    {
        //创建 String 类型的 Vector 对象
        Vector<String> v1 = new Vector<String>();
        v1.add("tom");  //添加字符串对象
        v1.add("jerry");
        showElement(v1);
        //创建 Integer 类型的 Vector 对象
        Vector<Integer> v2 = new Vector<Integer>();
        v2.add(new Integer(1)); //添加 Integer 对象
        v2.add(new Integer(2));
        showElement(v2);
    }
    public static void showElement(Vector<?> v)
    {
```

```
            //因为形参v是通配符类型的Vector对象，此处明确要添加的类型为Date
            //所以编译器阻止了该操作的执行
            v.add(new Date()); //编译器报错
            for(int i = 0;i<v.size();i++)
            {
                Object obj = v.elementAt(i);
                System.out.println(obj);
            }
            v.clear();
        }
    }
```

在定义泛型类时，默认可以使用任何类型来实例化一个泛型类对象，但也可以在用泛型类创建对象时对数据类型做出限制。如下列语法格式：

```
class ClassName<T extends anyClass>
```

其中 anyClass 是某个类或接口，它表示泛型类型只能是 anyClass 的子类或子接口。

使用通配符"?"创建泛型类对象，通配符的主要作用是在创建一个泛型类对象时限制这个泛型类的类型是某个类或是继承该类的子类或是实现某个接口的类。例如：ArrayList<? extends Number>，表示泛型类型只能是 Number 的子类。

实例代码 Demo8_5 展示了受限制泛型的基本使用。

```
class GeneralType<T extends Number>
{
    private  T obj;  //泛型成员属性
    public GeneralType(T obj)  //泛型类的构造方法
    {
        this.obj = obj;
    }
    public T getObj()  //泛型类的方法
    {
        return obj;
    }
}
public class Demo8_5
{
    public static void main(String[] args)
    {
        //创建 Integer 类型的泛型对象 num1
        GeneralType<Integer> num1 = new GeneralType<Integer>(5);
        System.out.println("给出的参数是" + num1.getObj());
```

```
        //创建Double类型的泛型对象num1
        GeneralType<Double> num2 = new GeneralType<Double>(5.5);
        System.out.println("给出的参数是" + num2.getObj());
        //下面这行代码编译器报错,因为实际参数String不是Number或Number的子类
        GeneralType<String> s = new GeneralType<String>("Hello");
    }
}
```

8.1.5 泛型的局限性

Java 的泛型并不是真正的泛型,它只是编辑器级别的泛型,是编译器在编译的时候在字节码上做了手脚(称为擦除,虚拟机并不知道有没有泛型,所以我们在使用泛型的时候需要注意以下几点：

(1)泛型的参数不能被实例化；

(2)不能声明参数化类型的数组；

(3)不能用基本类型替换引用类型参数；

(4)不能定义带泛型的异常。不允许定义 Throwable 的泛型子类；

(5)不能在静态变量或者静态方法中引用类中声明的类型参数。

Java 泛型的主要作用是建立具有类型安全的数据结构,它在集合框架中的应用非常广泛。

8.2 集合框架简介

Java 集合框架(Java Collection Framework)是由一组分层的接口、代表存储集合的对象和一组面向开发人员提供的可重用的算法组成。集合框架通过提供标准的 API 和致力于高品质和高性能的实现促进了软件的重复使用。本章中所有的集合框架接口和实现类均包含在 java. util 包中。

在程序设计时都需要采用适当的数据结构来描述要解决的问题,在此基础上设计出合适的算法来处理数据,从而解决问题。采用的数据结构不同,导致所采用的算法就可能不同,进而影响程序的执行效率。对于同一种类型的数据要存放和处理时,我们可能会想到采用数组来解决。但是数组的使用上也有一定的缺点,如长度固定,插入元素、删除元素效率低下等问题。其实,采用集合是解决此类问题的最佳实践。

Java 语言对数据结构进行了很好的封装,只需从 Java 集合框架中选择对我们的问题最合适的类,就可以轻松完成创建和操作所需的数据结构的任务。所抽象出来的数据结构和操作统称为 Java 集合框架。这样程序员在具体应用时,不必考虑数据结构和算法的实现细节,可大大提高编程效率。

集合框架的引入给编程操作带来了如下的优势：

(1)集合框架强调了软件的复用。集合框架通过提供有用的数据结构和算法,使开发者能集中注意力于程序的重要部分上。

(2)简化编程过程,提高效率。集合框架通过提供对有用的数据结构(动态数组、链接

表、树和散列表等)和算法的高性能、高质量的实现使程序的运行速度和质量得到提高。

(3)集合框架允许不同类型的数据以相同的方式和高度互操作方式工作。

(4)集合框架允许扩展或修改。

随着泛型的引入,JDK5.0 对集合框架进行了相应调整,以使集合框架完全支持泛型,这样集合就会更加方便和安全。

Java 集合架构由 3 个组件构成:接口、实现方式和算法。接口为一种特定类型的集合提供行为。不同的接口描述一组不同的数据类型。集合框架中的主要接口有 Collection、List、Set 和 Map,每个接口都有若干实现类,如图 8-1 所示。

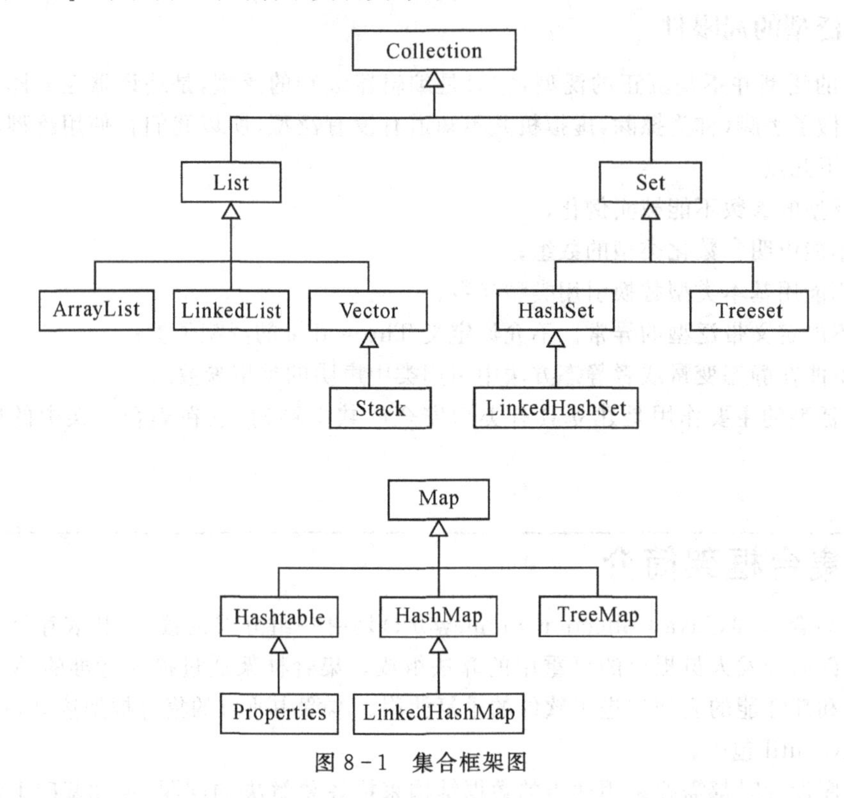

图 8-1 集合框架图

8.3 Collection 接口

Collection 接口是列表(List)和集(Set)的分层树结构的根,是最基本的集合接口,该接口不会被直接扩展。List 和 Set 接口都对 Collection 进行了扩展,提供更具体的实现。Collection 接口提供了对集合的最通用定义,主要用于传送对象集合并对它们进行操作,包括添加、删除和在集合中迭代的基本功能。该接口能够得到集合中元素的个数,不管为空还是包含特定的对象。Collection 接口定义的主要方法如表 8-1 所示。

表 8-1 Collection 接口中的主要方法

方法	功能说明
boolean add(Object o)	向集合中添加一个元素

续表

方法	功能说明
boolean addAll(Collection c)	向集合中添加多个元素
boolean remove(Object o)	从集合中删除指定的元素
boolean removeAll(Collection c)	从集合中删除集合 c 中的所有元素
void clear()	删除集合中的所有元素
int size()	返回当前集合中元素的个数
boolean isEmpty()	判断集合中是否为空
boolean contains(Object o)	查找集合中是否含有对象 o
Iterator iterator()	返回一个迭代器,用来访问集合中的各个元素
boolean containsAll(Collection〈?〉 c)	查找集合中是否含有集合 c 中所有元素
void retainAll(Collection〈?〉 c)	从集合中删除集合 c 中不包含的元素
Object[] toArray()	返回一个包含有集合中所有元素的数组对象

Collection 接口的 iterator()方法返回一个 Iterator 对象。Iterator 接口能以迭代方式逐个访问集合中各个元素,并安全地从 Collection 中除去适当的元素。Iterator 接口中定义的主要方法如表 8-2 所示。

表 8-2 Iterator 接口中的方法

方法	功能说明
boolean hasNext()	判断游标右边是否还有元素
Object next()	返回游标右边的元素并将游标移动到该元素后
void remove()	删除游标左边的元素,通常在 next()方法之后执行,只执行一次

Enumeration 接口的功能与 Iterator 接口类似,也能够对集合中的元素进行遍历。但是 Enumeration 接口只对 Vector、Hashtable 类提供遍历方法,并且不支持移除操作。实现 Enumeration 接口的对象,它生成一系列元素,一次生成一个。连续调用 nextElement 方法将返回一系列的连续元素。表 8-3 是 Enumeration 接口的主要方法。

表 8-3 Enumeration 接口中的方法

方法	功能说明
boolean hasMoreElements()	如果存在需要访问的更多元素,则返回为 true
Object nextElement()	返回下一个元素的引用

8.4 List 接口与实现类

8.4.1 List 接口

List 是 Collection 接口的子接口，它是一种包含有序元素的线性表。其中的元素必须按照加入 List 集合的顺序存放，同一个元素可以多次存放到 List 中，而且允许存放 null 元素。该接口不但能够对集合的一部分元素进行处理，还提供了针对位置索引的随机访问。它的常用实现类有 ArrayList 和 LinkedList。List 除了能使用 Collection 定义的方法之外，还定义了一些新增的方法，如表 8-4 所示。

表 8-4 List 接口中新增的方法

方法	功能说明
boolean add(E e)	在列表的末尾加入新元素 e，列表发生改变，则返回为 true
void add(int index,E element)	在指定的索引位置插入元素，而原来索引位置的元素以及该索引以后的元素都向后移动，索引值都增加 1
boolean remove(Object obj)	从此列表中移除第一次出现的指定元素 obj；如果存在，返回为 true，否则为 false
boolean removeAll(Collection〈?〉 c)	从列表中移除指定集合 c 中包含的其所有元素。相当于移除了列表和集合 c 的交集
boolean retainAll(Collection〈?〉 c)	和 removeAll 方法相反，它保留的是列表中所有包含在指定集合 c 中的元素
E remove(int index)	移除列表指定索引位置上的元素，方法的返回值是从列表中移除的元素
E get(int index)	返回列表中指定位置的元素
List〈E〉 subList(int fromIndex, int toIndex)	返回列表中指定的 fromIndex(包括)和 toIndex(不包括)之间的部分视图
E set(int index,E element)	用指定元素 element 替换列表中指定位置 index 处的元素

8.4.2 ArrayList 集合

ArrayList 集合具有以下特点。

(1)ArrayList 实现了 List 接口。

(2)ArrayList 允许任何对象类型的数据作为它的元素。

(3)ArrayList 允许 null 作为它的元素。

(4)ArrayList 不是线程安全的,不适合在多线程环境中使用。

ArrayList 有如下 3 个重载的构造方法。

(1)ArrayList():构造一个空的 ArrayList 对象,同时为其分配一个默认大小的容量。

(2)ArrayList(Collection c):构造一个和参数 c 中具有相同元素的 ArrayList 对象。

(3)ArrayList(int initialCapacity):构造一个空的 ArrayList 对象,同时为其分配大小为 initialCapacity 的容量。

ArrayList 的常用方法如表 8-5 所示。

表 8-5 ArrayList 的常用方法

方法	功能说明
void add(int index,Object o)	将指定的元素插入此列表中的指定位置
boolean addAll(int index,Collection c)	从指定的位置开始,将指定 collection 中的所有元素插入到此列表中
boolean remove(Object o)	删除指定的元素
boolean removeAll(Collection c)	从集合中删除包含在 Collection 中的元素
void clear()	将集合清空
Object get(int index)	获取此列表中指定位置上的元素
int indexOf(Object o)	查找此列表中首次出现的指定元素的索引
int lastIndexOf(Object o)	查找此列表中最后一次出现的指定元素的索引
boolean isEmpty()	判断集合是否为空
boolean contains(Object o)	查找此列表中包含指定的元素
Object set(int index,Object o)	用指定的元素替代此列表中指定位置上的元素,并把该位置上原来的元素返回

实例代码 Demo8_6 展示了 ArrayList 集合的简单使用。

```
import java.util.ArrayList;
import java.util.Iterator;
import java.util.List;
public class Demo8_6
{
    private static List<Integer> list = new ArrayList<Integer>();
    public static void add()//添加元素
    {
        for(int i = 1;i< = 5;i + + )
        {
            list.add(i);
        }
        System.out.println("插入前:" + list);
```

```
        System.out.println("插入前元素个数是:" + list.size());
        list.add(6);
        System.out.println("插入后:" + list);
        System.out.println("插入后元素个数是:" + list.size());
    }
    public static void delete()//删除元素
    {
        System.out.println("\n 删除元素'2':" + list.remove(new Integer(2)));
        System.out.println("删除后:" + list);
        System.out.println("删除索引位置为 1 的元素,该元素为:" + list.remove(1));
        System.out.println("删除后:" + list);
        //将此 ArrayList 实例的容量调整为列表的当前大小
        ((ArrayList<Integer>) list).trimToSize();

    System.out.println("删除后元素个数是:" + list.size() + "\n");
    }
    public static void update()//修改 List
    {
        list.set(list.size() - 1, 7);
        System.out.println("修改最后一个元素为 7:" + list);
    }
    public static void getList1()//利用元素的位置遍历 List
    {
        System.out.println("调用 get 方法遍历 list:");
        for(int i = 0;i<list.size();i++)
        {
            System.out.print(list.get(i) + "\t");
        }
    }
    public static void getList2()//利用 Iterator 迭代器遍历 List
    {
        System.out.println("\nIterator 遍历 list:");
        Iterator<Integer> it = list.iterator();//获得 list 对象的迭代器
        while(it.hasNext())//看集合中还有没有元素
        {
            Object obj = it.next();
            System.out.print(obj + "\t");
        }
    }
```

```
    public static void main(String args[])
    {
        add();
        delete();
        update();
        getList1();
        getList2();
    }
}
```

程序运行结果如下：

```
插入前:[1, 2, 3, 4, 5]
插入前元素个数是:5
插入后:[1, 2, 3, 4, 5, 6]
插入后元素个数是:6

删除元素'2':true
删除后:[1, 3, 4, 5, 6]
删除索引位置为1的元素,该元素为:3
删除后:[1, 4, 5, 6]
删除后元素个数是:4

修改最后一个元素为7:[1, 4, 5, 7]
调用get方法遍历list:
1 4 5 7
Iterator遍历list:
1 4 5 7
```

8.4.3 LinkedList 集合

LinkedList 集合有如下特点。

(1)LinkedList 实现了 List 接口。

(2)LinkedList 允许任何对象类型的数据作为它的元素。

(3)LinkedList 允许 null 作为它的元素。

(4)LinkedList 不是线程安全的。

(5)LinkedList 中添加了针对初始元素和结束元素的 get 和 set 操作。

(6)LinkedList 通常可以当作队列、双端队列和堆栈等数据结构使用。

LinkedList 具有如下的两个构造方法。

(1)LinkedList():构造一个空的 LinkedList 对象。

(2)LinkedList(Collection c):构造一个包含与 c 中相同的元素的 LinkedList 对象。

LinkedList 的新增方法如表 8 - 6 所示。

表 8 - 6 LinkedList 的新增方法

方法	功能说明
void addFirst(Object obj)	将指定元素插入此列表的开头
void addLast(Object obj)	将指定元素添加到此列表的结尾
E getFirst()	返回此列表的第一个元素
E getLast()	返回此列表的最后一个元素
Object peek()	获取但不移除列表的第一个元素
Object poll()	获取并移除列表中的第一个元素
Object element()	获取但不移除列表中的头元素

实例代码 Demo8_7 是把 LinkedList 当作栈(元素先进后出)的一个简单应用。

```
import java.util.LinkedList;
public class Demo8_7
{
    public static void main(String args[])
    {
        LinkedList<Integer> list = new LinkedList<Integer>();
        for(int i = 1;i< = 6;i ++ )
            list.addFirst(i);//将元素插入到头部
        System.out.println("在头部插入元素后,集合中的元素是:" + list);

        int size = list.size();
        for(int i = 0;i<size;i ++ )
    System.out.println("返回首元素:" + list.poll());//将集合中的首元素出栈
        System.out.println("执行完 poll()方法后,集合中的元素是:" + list);
    }
}
```

程序运行结果如下:

```
在头部插入元素后,集合中的元素是:[6, 5, 4, 3, 2, 1]
返回首元素:6
返回首元素:5
返回首元素:4
返回首元素:3
返回首元素:2
返回首元素:1
执行完 poll()方法后,集合中的元素是:[]
```

实例代码 Demo8_8 是把 LinkedList 当作队列(元素先进先出)的一个简单应用。

```
public class Demo8_8
{
    public static void main(String args[])
    {
        LinkedList<Integer> list = new LinkedList<Integer>();
        for(int i = 1;i< = 6;i ++ )
            list.addLast(i);//将元素插入到尾部
        System.out.println("在尾部插入元素后,集合中的元素是:" + list);

        int size = list.size();
        for(int i = 0;i<size;i ++ )
        {
            System.out.println("集合中的首元素是:" + list.peek());
            list.poll();//从集合中删除首元素
        }
        System.out.println("执行完 poll()方法后,集合中的元素是:" + list);
    }
}
```

程序运行结果如下：

```
在尾部插入元素后,集合中的元素是:[1, 2, 3, 4, 5, 6]
集合中的首元素是:1
集合中的首元素是:2
集合中的首元素是:3
集合中的首元素是:4
集合中的首元素是:5
集合中的首元素是:6
执行完 poll()方法后,集合中的元素是:[]
```

ArrayList 和 LinkedList 都是 List 接口的实现类,两者之间的区别主要是以下方面：

(1)ArrayList 是以数组方式实现的 List 集合,LinkedList 是以链表方式实现的 List 集合。在 ArrayList 的中间插入或删除一个元素意味着这个列表中剩余的元素都会被移动;而在 LinkedList 的中间插入或删除一个元素的开销是固定的。

(2)ArrayList 支持高效的按索引访问元素;LinkedList 不支持高效的按索引访问元素。

(3)ArrayList 的空间浪费主要体现在列表的结尾预留了一定的容量空间,而 LinkedList 的空间浪费则体现在它的每一个元素都需要消耗相当的空间。

(4)如果操作经常是在一列数据的后面添加数据而不是在前面或中间,并且需要随机地访问其中的元素时,使用 ArrayList 会得到较好的性能;当操作经常是在一列数据的前面或中间添加或删除数据，并且按照顺序访问其中的元素时，使用 LinkedList 会得到较好的性能。

8.4.4 Vector 集合

Vector 集合有如下特点。

(1) Vector 实现了 List 接口。

(2) Vector 的大小可以在元素进行添加和删除时根据需要自动进行扩充和缩减。

(3) Vector 是线程安全的，可使用在多线程环境中。

Vector 有以下 4 个构造方法。

(1) Vector()：创建一个元素个数为 0 的 Vector 对象，并为其分配默认大小的初始容量。

(2) Vector(int size)：创建一个元素个数为 0 的 Vector 对象，并为其分配大小为 size 的初始容量。

(3) Vector(int initialcapacity, int capacityIncrement)：创建一个元素个数为 0 的 Vector 对象，为其分配大小为 initialcapacity 的初始容量，并指定当 Vector 中的元素个数达到初始容量时，Vector 会自动增加大小为 capacityIncrement 的容量。

(4) Vector(Collection c)：创建一个包含了集合 c 中元素的 Vector 对象。

Vector 类新增的方法如表 8-7 所示。

表 8-7 Vector 新增的方法

方法	功能说明
void addElement(E obj)	将指定的元素添加到此向量的末尾，将其大小增加 1
E elementAt(int index)	返回指定索引处的元素
boolean removeElement(Object obj)	从向量中移除变量的第一个(索引最小的)匹配项
Enumeration<E> elements()	返回此向量中元素所组成的枚举
boolean removeElementAt(int index)	删除指定索引处的元素
void removeAllElements()	从向量中移除全部元素，并将其大小设置为零
void insertElementAt(Object obj, int index)	将指定对象作为此向量中的元素插入到指定的 index 处
Object[] toArray()	返回一个数组，包含此向量中以恰当顺序存放的所有元素

实例代码 Demo8_9 展示了 Vector 的一个简单应用。

```
import java.util.Enumeration;
import java.util.Vector;
public class Demo8_9
```

```
{
    public static void main(String args[])
    {
        Vector<String> vector = new Vector<String>();//创建向量对象
        for(int i = 1;i< = 5;i ++ )
            vector.addElement("00" + i);//向向量中插入元素
        System.out.println("插入新元素前,向量中的元素是:");
        Object objs[] = vector.toArray();//将向量转换成数组
        printElements(objs);//输出数组中的元素
                                //在索引1位置插入一个新的元素
        vector.insertElementAt("006", 1);
        System.out.println("插入新元素后,向量中的元素是:");
        objs = vector.toArray(); //将向量转换为数组
        printElements(objs);
        showElements(vector);
    }
    //输出数组中的元素
    private static void printElements(Object[] objs)
    {
        int size = objs.length;
        for(int i = 0;i<size;i ++ )
        {
            if(i = = size - 1)
                System.out.println(objs[i]);
            else
                System.out.print(objs[i] + ",");
        }
    }
    private static void showElements(Vector<String> v)
    {
        Enumeration<String> enumeration = v.elements();
        System.out.println("使用enumeration迭代器遍历Vector对象,结果如下:");
        while(enumeration.hasMoreElements())
        {
            String str = enumeration.nextElement();
            System.out.println(str);
        }
    }
}
```

程序运行结果如下：

```
插入新元素前,向量中的元素是:
001,002,003,004,005
插入新元素后,向量中的元素是:
001,006,002,003,004,005
使用 enumeration 迭代器遍历 Vector 对象,结果如下:
001
006
002
003
004
005
```

8.4.5 Stack

Stack 继承自 Vector 类,其本质是“先进后出”的数据结构——栈。其特点是:先进入栈的元素后出栈,后进入栈的元素先出栈。Stack 类提供了表 8-8 所示的方法对 Vector 进行了扩展。

表 8-8 Stack 类新增的方法

方法	功能说明
boolean empty()	判断栈是否为空
E peek()	返回但不移除栈顶部的元素
E pop()	返回并移除栈顶部的元素
E push(E item)	对元素执行压栈操作
int search(Object o)	返回对象在栈中的位置,以 1 为基数

实例代码 Demo8_10 是 Stack 的一个简单应用。

```
import java.util.Date;
import java.util.Stack;
public class Demo8_10
{
    public static void main(String args[])
    {
        Stack s = new Stack();
        s.push("hello"); //执行压栈操作
        s.push(new Integer(100));
        s.push(new Float(3.14f));
        s.push(new Date());
```

```
        //查找元素在栈中的位置
        System.out.println("元素'100'在栈中的位置是:" + s.search(new Integer
                                (100)));
        System.out.println("出栈前栈的大小:" + s.size());
        //移除栈顶部的元素并返回该元素
        System.out.println("当前栈顶元素是:" + s.pop());
        System.out.println("弹出栈顶元素后栈的大小:" + s.size());
        //返回栈顶部的元素,该元素还在栈中
        System.out.println("当前栈顶元素是:" + s.peek());
        System.out.println("执行 peek()方法后栈的大小:" + s.size());
        while(! s.isEmpty())//清空栈
            System.out.println(s.pop());
        System.out.println("出栈操作完成后,栈的大小为:" + s.size());
    }
}
```

程序运行结果如下:

```
元素'100'在栈中的位置是:3
出栈前栈的大小:4
当前栈顶元素是:Mon Apr 04 22:06:40 GMT+08:00 2022
弹出栈顶元素后栈的大小:3
当前栈顶元素是:3.14
执行 peek()方法后栈的大小:3
3.14
100
hello
出栈操作完成后,栈的大小为:0
```

8.5 Set 接口与实现类

Set 接口是 Collection 的子接口,存放到 Set 接口的集合中的元素是没有顺序的,且同一个元素只能存放一遍,不允许重复存放,而且不允许存放 null 元素。其元素添加后采用自己内部的一个排列机制存放,即集合中元素的存放顺序可能与添加时的顺序不一致。所以,如果两个 Set 对象含有完全相同的元素,无论这些元素在集合中的位置怎样,这两个对象被认为是相等的。Set 接口没有引入新的方法或者常量,但是它规定 Set 集合的实例中不能包含相同的元素。Set 接口没有引入新的方法,可以说 Set 就是一个 Collection,只是行为不同。它常用的实现类有 HashSet 和 TreeSet。表 8-9 是 Set 接口中常用的一些方法。

表 8-9 Set 接口中的常用方法

方法	功能说明
boolean add(E e)	如果 Set 中尚未存在指定的元素，则添加此元素
boolean addAll(Collection<? extends E> c)	如果 Set 中没有指定 Collection 中的所有元素，则将其添加到此 set 中
boolean remove(Object o)	如果 Set 中存在指定的元素，则将其移除
boolean removeAll(Collection<?> c)	移除 Set 中那些包含在指定 Collection 中的元素
boolean retainAll(Collection<?> c)	和 removeAll 方法相反，仅保留 Set 中那些包含在指定 Collection 中的元素
Object[] toArray()	返回一个包含 set 中所有元素的数组

8.5.1 HashSet 集合

HashSet 集合有如下特点。

(1)HashSet 实现了 Set 接口。

(2)任何对象类型的数据作为它的元素。

(3)HashSet 是为优化查询速度而设计的 Set。

(4)存放到 HashSet 集合中的元素需要重写其 equals()方法 HashCode()方法。

HashSet 有以下常用的构造方法。

(1)HashSet()：构造一个空的 HashSet。

(2)HashSet(Collection c)：构造一个和给定的 Collection 中具有相同元素的 HashSet 对象。

(3)HashSet(int capacity)：构造一个给定初始容量 capacity 的 HashSet 对象。

(4)HashSet(int capacity, float fillRatio)：构造一个给定初始容量 capacity 和填充比 fillRatio 的 HashSet 对象。

实例代码 Demo8_11 是 HashSet 的一个简单应用。

```
import java.util.HashSet;
import java.util.Iterator;
class Student  //定义学生类
{
    private String num;//学号
    private String name;//姓名
    private int age;//年龄
    public String getName() {
        return name;
    }
    public void setName(String name) {
        this.name = name;
    }
```

```
    public String getNum() {
        return num;
    }
    public void setNum(String num) {
        this.num = num;
    }
    public int getAge() {
        return age;
    }
    public void setAge(int age) {
        this.age = age;
    }
    public Student(String num, String name, int age) {
        super();
        this.num = num;
        this.name = name;
        this.age = age;
    }
    //重写 hashCode 方法
    public int hashCode() {
        final int prime = 31;
        int result = 1;
        result = prime * result + age;
        result = prime * result + ((name == null) ? 0 : name.hashCode());
        result = prime * result + ((num == null) ? 0 : num.hashCode());
        return result;
    }
    //重写 equals 方法
    public boolean equals(Object obj) {
        if (this == obj)
            return true;
        if (obj == null)
            return false;
        if (getClass() != obj.getClass())
            return false;
        Student other = (Student) obj;
        if (age != other.age)
            return false;
        if (name == null) {
```

```
            if (other.name ! = null)
                return false;
        } else if (! name.equals(other.name))
            return false;
        if (num = = null) {
            if (other.num ! = null)
                return false;
        } else if (! num.equals(other.num))
            return false;
        return true;
    }
//重写 toString()方法
    public String toString()
    {
        return "学号:" + this.num + ",姓名:" + this.name + ",年龄:" + this.age;
    }
}
public class Demo8_11
{
    public static void main(String[] args)
    {
        Student stu1 = new Student("001","Bob",20); //创建 4 个 Student 类型的对象
        Student stu2 = new Student("002","Alice",21);
        Student stu3 = new Student("003","Tom",22);
        Student stu4 = new Student("003","Tom",22);
        HashSet<Student> stus = new HashSet<Student>();//创建两个 HashSet 对象
        HashSet<Student> subStus = new HashSet<Student>();
        //添加元素
        stus.add(stu1);
        stus.add(stu2);
        stus.add(stu3);
        stus.add(stu4);
        //添加元素
        subStus.add(stu1);
        subStus.add(stu3);
        //判断 stus 中是否包含指定元素
        if(stus.contains(stu2))
        {
            System.out.println("集合 stus 中含有:" + stu2.getName());
```

```
        }
        if(stus.containsAll(subStus))
        {
            System.out.println("集合 stus 包含集合 subStus");
        }
        //返回 subStus 中元素的个数
        int number = subStus.size();
        System.out.println("集合 subStus 中有" + number + "个元素");
        //将集合元素存放到数组中,并返回这个数组
        Object obj[] = subStus.toArray();
        for(int i = 0;i<obj.length;i++)
        {
            System.out.println(obj[i]);
        }
        System.out.println("-----------          //通过 Iterator 迭代器遍历集合
        Iterator<Student> it = stus.iterator();
        while(it.hasNext())
        {
            Student s = it.next();
            System.out.println(s);
        }
    }
}
```

程序运行结果如下：

```
集合 stus 中含有:Alice
集合 stus 包含集合 subStus
集合 subStus 中有 2 个元素
学号:003,姓名:Tom,年龄:22
学号:001,姓名:Bob,年龄:20
--------------------
学号:003,姓名:Tom,年龄:22
学号:001,姓名:Bob,年龄:20
学号:002,姓名:Alice,年龄:21
```

在上述代码中,Student 类重写了 hashCode()方法和 euqals()方法,在 main()方法中创建的 stu3 和 stu4 这两个对象的学号、姓名、年龄属性值都相同,HashSet 集合认为 stu3 和 stu4 是“相同”的对象,所以 stu4 并没有被加入到 HashSet 集合中。

HashSet 集合在设计时,为了避免多次调用 equals()方法带来的效率降低问题,当添加元素时,首先调用该元素的 hashCode()方法得到一个地址值,如果该地址值没有被占用,就

将该元素插入;如果地址值已经被占用了,再调用 equals()方法与占用该位置的元素比较,如果为 true,这两个元素被认为是重复的,重复的元素就不会被添加;如果为 false,元素才能被添加到 HashSet 中。

注意:加入到 HashSet 集合中的对象,一定要重写 equals()和 hashCode()两个方法。

8.5.2 LinkedHashSet 集合

LinkedHashSet 集合有如下特点。

(1)LinkedHashSet 实现了 Set 接口。

(2)LinkedHashSet 从 HashSet 继承而来。

(3)LinkedHashSet 的存储结构是一个双向链表,可以保证元素的顺序,也就是说 LinkedHashSet 的遍历顺序和插入顺序是一致的。

LinkedHashSet 有以下四种常用的构造方法。

(1)LinkedHashSet():构造一个空的 LinkedHashSet。

(2)LinkedHashSet(Collection c):构造一个和给定的 Collection 中具有相同元素的 LinkedHashSet 对象。

(3)LinkedHashSet(int capacity):构造一个给定初始容量 capacity 的 LinkedHashSet 对象。

(4)LinkedHashSet(int capacity, float fillRatio):构造一个给定初始容量 capacity 和填充比 fillRatio 的 LinkedHashSet 对象。

实例代码 Demo8_12 展示了 LinkedHashSet 的一个简单应用。

```
import java.util.Iterator;
import java.util.LinkedHashSet;
import java.util.Set;
public class Demo8_12
{
    public static void main(String[] args)
    {
        Set<String> sets = new LinkedHashSet<String>();
        //向集合中添加元素
        sets.add("s1");
        sets.add("s5");
        sets.add("s4");
        sets.add("s2");
        sets.add("s3");
        System.out.println("集合中的元素是:");
        Iterator<String> its = sets.iterator();
        while(its.hasNext())
        System.out.print(its.next() + ",");
    }
}
```

运行该程序会发现:遍历输出 LinkedHashSet 中的元素顺序与元素添加时的顺序一致。

8.5.3　TreeSet 集合

TreeSet 集合有如下特点。

(1)TreeSet 实现了 Set 接口。

(2)TreeSet 对加入其中的元素按照某种规则进行升序排列,排序规则由元素本身决定。

(3)TreeSet 允许添加空元素。

(4)TreeSet 不是线程安全的,不能用在多线程环境中。

(5)所有添加到 TreeSet 的元素必须是可比较的。

TreeSet 有以下四种常用的构造方法。

(1)TreeSet():构造一个空的 TreeSet。

(2)TreeSet(Collection c):构造一个和给定的 Collection 中具有相同元素的 TreeSet 对象,同时为其中的元素按照升序排列。

(3)TreeSet(Comparator c):构造一个空的 TreeSet,并为其规定排序规则。

(4)TreeSet(SortedSet s):构造一个和给定的 SortedSet 具有相同元素、相同排序规则的 TreeSet 对象。

TreeSet 集合中新增的方法如表 8-10 所示。

表 8-10　TreeSet 集合新增的方法

方法	功能说明
E first()	返回当前集合中的第一个元素
E last()	返回当前集合中的最后一个元素
E floor(E e)	返回当前集合中小于等于给定元素的最大元素
E pollFirst()	获取并移除第一个元素
E pollLast()	获取并移除最后一个元素

实例代码 Demo8_13 是 TreeSet 的一个简单应用。

```
import java.util.Iterator;
import java.util.TreeSet;
public class Demo8_13
{
    public static void main(String[] args)
    {
        TreeSet<String> ts = new TreeSet<String>();//创建 TreeSet 对象
        //添加元素
        ts.add("Monday");
        ts.add("Tuesday");
        ts.add("Wednesday");
        ts.add("Thursday");
```

```
        ts.add("Friday");
        System.out.println("集合中的元素为:" + ts);
        System.out.println("集合中的第一个元素是:" + ts.first());
        System.out.println("集合中的最后一个元素是:" + ts.last());
        //添加一个重复元素
        ts.add("Monday");
        System.out.println("添加一个重复元素后,集合中的元素:" + ts);
        System.out.println("集合中小于或等于Mon的最大元素是:" + ts.floor("Mon"));
        //从集合中移除元素
        ts.remove("Thursday");
        System.out.println("从集合中移除一个元素之后:" + ts);
        //利用迭代器遍历该集合
        Iterator<String> it = ts.iterator();
        //集合中是否还有元素
        while(it.hasNext())
        {
            //如果集合中还有元素,则取出元素并输出
            System.out.print(it.next() + "  ");
        }
        //移除集合中的第一个元素
        ts.pollFirst();
        //移除集合中的最后一个元素
        ts.pollLast();
        System.out.println("\n" + "移除第一个和最后一个元素后,集合中的元素
                            是:" + ts);
    }
}
```

程序运行结果如下：

```
集合中的元素为:[Friday, Monday, Thursday, Tuesday, Wednesday]
集合中的第一个元素是:Friday
集合中的最后一个元素是:Wednesday
添加一个重复元素后,集合中的元素:[Friday, Monday, Thursday, Tuesday, Wednesday]
集合中小于或等于Mon的最大元素是:Friday
从集合中移除一个元素之后:[Friday, Monday, Tuesday, Wednesday]
Friday Monday Tuesday Wednesday
移除第一个和最后一个元素后,集合中的元素是:[Monday, Tuesday]
```

由运行结果可以看出：在TreeSet中添加的字符串元素是按字符串的大小升序存放的。重复元素“Monday”并没有被添加到集合中，因为Set中不能存放重复的元素。

注意：通常所说 Set 集合中的元素无序是指 HashSet 集合中的元素无序，但 LinkedHashSet 可以实现元素按添加顺序存放；TreeSet 可以实现元素的排序。

8.6 Map 接口与实现类

Map 接口没有从 Collection 接口继承。Map 接口用于维护“键-值”对(Key-Value Pairs)数据，这个“键-值”对就是 Map 中的元素。Map 提供“键(Key)”到“值(Value)”的映射。一个 Map 中键值必须是唯一的，不能有重复的键，因为 Map 中的“键-值”对元素是通过键来唯一标识的，Map 的键是用 Set 集合来存储的，所以充当键元素的类必须重写 hashCode()和equals()方法。通过键元素来检索对应的值元素。Map 接口中的常用方法如表 8-11 所示。

表 8-11 Map 接口中的常用方法

方法	功能说明
int size()	返回 Map 中的键-值对的个数
boolean isEmpty()	判断 Map 中包含的键-值对数量是否为 0，也就是判断 Map 集合中元素是否为空
void clear()	从 Map 中删除所有键-值对
V remove(Object key)	如果存在一个键的映射关系，则根据键把该键-值对从 Map 中移除，并返回值对象。
V get(Object key)	返回指定键所对应的值；否则返回 null
boolean containsKey(Object key)	如果 Map 中包含指定键的映射，则返回 true
boolean containsValue(Object value)	如果此 Map 中包含一个或多个键所映射的值是指定的 value 值，则返回为 true
V put(K key,V value)	将一个键-值对存放到 Map 中
Set<K> keySet()	返回此 Map 中所有的键构成的 Set 集合

8.6.1 HashMap

HashMap 有如下特点。

(1)HashMap 实现了 Map 接口。

(2)HashMap 允许键(Key)为空和值(Value)为空。

(3)HashMap 不是线程安全的，不能用在多线程环境中。

(4)HashMap 以 Hash 表为基础构建。

HashMap 常用的构造方法如下。

(1)HashMap()：创建一个空 HashMap 对象，并为其分配默认的初始容量和加载因子。

(2)HashMap(int initialCapacity)：创建一个空 HashMap 对象，并为其分配指定的初始容量。

(3)HashMap(int initialCapacity, float loadFactor)：创建一个空 HashMap 对象，并为其分配指定的初始容量和加载因子。

(4)HashMap(Map m)：创建一个与给定 Map 对象具有相同键-值对的 HashMap 对象。

实例代码 Demo8_14 为 HashMap 的一个简单应用。

```
import java.util.HashMap;
import java.util.Iterator;
import java.util.Set;
public class Demo8_14
{
    public static void main(String args[])
    {
        //创建 HashMap 对象,键为 Integer 类型,值为 String 类型
        HashMap<Integer,String> hm = new HashMap<Integer,String>();
        //将"键-值"对元素添加到映射中
        hm.put(1,"Monday");
        hm.put(2,"Tuesday");
        hm.put(3,"Wednesday");
        hm.put(4,"Thursday");
        hm.put(5,"Friday");
        //输出 hm 中的元素
        System.out.println("哈希映射中的内容如下:\n" + hm);
        //删除键值为'2'的元素
        hm.remove(2);
        Set<Integer> keys = hm.keySet();  //获取哈希映射 hm 的键对象集合
        Iterator<Integer> it = keys.iterator();  //获取键对象集合的迭代器
        System.out.println("删除键为'2'的元素后,HashMap 类中的元素如下:");
        while(it.hasNext())  //判断是否还有后续元素
        {
            int hk = it.next();          //返回键值
            String name = hm.get(hk);    //返回键所对应的值
            System.out.println(hk + "   " + name);
        }
    }
}
```

程序运行结果如下:

```
哈希映射中的内容如下:
{1=Monday, 2=Tuesday, 3=Wednesday, 4=Thursday, 5=Friday}
删除键为'2'的元素后,HashMap 类中的元素如下:
1 Monday
3 Wednesday
4 Thursday
5 Friday
```

8.6.2 LinkedHashMap

LinkedHashMap 有如下特点。

(1)LinkedHashMap 实现了 Map 接口

(2)LinkedHashMap 继承了 HashMap,内部还有一个双向链表维护键一值对的顺序,每个键-值对既位于哈希表中,也位于双向链表中。

(3)LinkedHashMap 保存了两种元素顺序:插入顺序和访问顺序。插入顺序是指先添加的元素在前面,后添加的元素在后面,修改对应的元素不会影响元素的顺序;访问顺序指的是 get/put 操作,对一个键执行 get/put 操作后,其对应的键一值对会移动到链表末尾,所以最末尾的是最近访问的,最开始的是最久没有被访问的。

(4)LinkedHashMap 不是线程安全的,不能用在多线程环境中。

LinkedHashMap 的构造方法如下。

(1)LinkedHashMap():构造一个空的 LinkedHashMap 对象。

(2)LinkedHashMap(Map m):构造一个具有和给定 Map 相同键-值对的 LinkedHashMap 对象。

(3)LinkedHashMap(intcapacity):构造一个给定初始容量 capacity 的 LinkedHashMap 对象。

(4)LinkedHashMap(int capacity, float fillRatio):构造一个给定初始容量 capacity 和填充比 fillRatio 的 LinkedHashMap 对象。

(5)LinkedHashMap(int capacity, float fillRatio,boolean accessOrder):构造一个给定初始容量 capacity、填充比 fillRatio 以及是否按访问顺序的 LinkedHashMap 对象;accesOrder 为 true 表示按访问顺序,否则按插入顺序。其中前 4 个构造方法创建的 LinkedHashMap 对象都是按插入顺序。

实例代码 Demo8_15 为 HashMap 的一个简单应用。

```
import java.util.LinkedHashMap;
import java.util.Map.Entry;
import java.util.Set;
public class Demo8_15
{
    public static void main(String[] args)
    {
        LinkedHashMap<String,Integer> maps = new LinkedHashMap<String,Inte-
                                                        ger>();
        //向集合中添加元素
        maps.put("s1",100);
        maps.put("s2",200);
        maps.put("s3",300);
        //修改键为's2'的值为 1000
        maps.put("s2", 1000);
```

```
        Set<Entry<String, Integer>> sets = maps.entrySet();
        System.out.println("maps 集合中的元素为:");
        for(Entry<String,Integer> entry:sets)
            System.out.println("键为:" + entry.getKey() + ",值为:" + entry.
                                        getValue());
        System.out.println("--------------");
        LinkedHashMap<String,Integer> maps2 = new LinkedHashMap<String,Inte-
                                                    ger>(3,0.5f,true);
        //向集合中添加元素
        maps2.put("s1",100);
        maps2.put("s2",200);
        maps2.put("s3",300);
        maps2.put("s4",400);
        //按键访问元素
        maps2.get("s1");
        maps2.get("s4");
        //修改键为's3'的值为 1000
        maps2.put("s3", 1000);
        Set<Entry<String, Integer>> sets2 = maps2.entrySet();
        System.out.println("maps2 集合中的元素为:");
        for(Entry<String,Integer> entry2:sets2)
            System.out.println("键为:" + entry2.getKey() + ",值为:" + entry2.
                                        getValue());
    }
}
```

程序运行结果如下：

```
maps 集合中的元素为:
键为:s1,值为:100
键为:s2,值为:1000
键为:s3,值为:300
----------------------
maps2 集合中的元素为:
键为:s2,值为:200
键为:s1,值为:100
键为:s4,值为:400
键为:s3,值为:1000
```

从 Demo8_15 的运行结果可以看出：maps 集合按照插入顺序存放键-值对，修改 s2 的值并没有影响 s2 在集合中的位置;maps2 集合按照访问顺序存放键-值对,执行 get/put 操作改变了键-值对在集合中的位置。

8.6.3 TreeMap

TreeMap 有如下特点。

(1)TreeMap 实现了 SortedMap 接口。

(2)TreeMap 和实现 Map 的其他对象不同的是:它不具有调优选项。

(3)TreeMap 中所有的元素必须是可比较的。

(4)TreeMap 不是线程安全的。

TreeMap 的构造方法如下。

(1)TreeMap():构造一个空的 TreeMap 对象。

(2)TreeMap(Map m):构造一个具有和给定 Map 相同键-值对的 TreeMap 对象。

(3)TreeMap(Comparator c):构造一个空的 TreeMap 对象,并且规定特定的排列方式。

(4)TreeMap(SortedMap s):构造一个与给定的 SortedMap 具有相同键-值对,相同的排列规则的 TreeMap 对象。

实例代码 Demo8_16 是 TreeMap 的一个简单应用。

```
import java.util.Iterator;
import java.util.Set;
import java.util.TreeMap;
public class Demo8_16
{
    public static void main(String args[])
    {
        //创建 TreeMap 对象,键为 Integer 类型,值为 String 类型
        TreeMap<Integer,String> tm = new TreeMap<Integer,String>();
        tm.put(5,"Monday");     //添加键值对
        tm.put(4,"Tuesday");
        tm.put(3,"Wednesday");
        tm.put(2,"Thursday");
        tm.put(1,"Friday");
        //输出 Map 中的元素
        System.out.println("映射中的元素是:\n" + tm);
        //删除键为'2'的键值对
        tm.remove(2);
        //得到 Map 中所有 key 元素组成的 Set 集合
        Set<Integer> keySets = tm.keySet();
        //获取迭代器
        Iterator<Integer> iter = keySets.iterator();
        System.out.println("TreeMap 类实现的 Map 映射,按键值升序排列元素如
```

```
                    下:");
        while(iter.hasNext())    //判断是否还有后续元素
        {
            int tk = iter.next();    //返回键值
            String name = tm.get(tk);//返回键所对应的值
            System.out.println(tk + "  " + name);
        }
    }
}
```

程序运行结果如下：

```
映射中的元素是：
{1=Friday, 2=Thursday, 3=Wednesday, 4=Tuesday, 5=Monday}
TreeMap 类实现的 Map 映射,按键值升序排列元素如下：
1 Friday
3 Wednesday
4 Tuesday
5 Monday
```

从运行结果可以看出：TreeMap 是按键的升序排列元素的。

HashMap 与 TreeMap 的比较：

HashMap 和 TreeMap 都实现 Cloneable 接口。在实际的编程应用中要使用哪一个，还是取决于特定的业务需要。在 Map 中插入、删除和定位元素，HashMap 是最好的选择。但如果要按顺序遍历键，那么 TreeMap 会更好。根据集合大小，先把元素添加到 HashMap，再把这种映射转换成一个用于有序键遍历的 TreeMap 会更快。使用 HashMap 要求添加的键类明确定义了 hashCode()实现。有了 TreeMap 实现，添加到映射的元素一定是可排序的。

8.6.4 Hashtable

Hashtable 有如下特点。

(1) Hashtable 实现了 Map 接口。

(2) Hashtable 以 Hash 表为基础构建。

(3) Hashtable 和 HashMap 在执行过程中具有一定的相似性。

(4) Hashtable 中不允许空元素，即键和值都不允许为空。

(5) Hashtable 是线程安全的，可以在多线程环境中使用。

Hashtable 的四个构造方法如下。

(1) Hashtable()：创建一个空 Hashtable 对象，并为其分配默认的初始容量和加载因子。

(2) Hashtable(int initialCapacity) 创建一个空 Hashtable 对象，并为其分配指定的初始容量。

(3)Hashtable(int initialCapacity, float loadFactor)：创建一个空 Hashtable 对象，并指定其初始容量和加载因子。

(4)Hashtable(Map m)：创建一个与给定 Map 对象具有相同键-值对的 Hashtable 对象。

表 8-12　Hashtable 新增加的常用方法

方法	功能说明
Enumeration<E> elements()	返回 Hashtable 中所有 Value 对应的 Enumeration
Enumeration<E> keys()	返回 Hashtable 中所有 Key 对应的 Enumeration
Collection<E> values()	返回 Hashtable 中所有 Value 对应的 Collection

实例代码 Demo8_17 是 Hashtable 的简单应用。

```
import java.util.Enumeration;
import java.util.Hashtable;
public class Demo8_17
{
    public static void main(String args[])
    {
        //创建 Hashtable 对象,key 为 String 类型,value 为 Double 类型
        Hashtable<String,Double> balance = new Hashtable<String,Double>();
        balance.put("张三", new Double(3500.55));
        balance.put("李四", new Double(10050.25));
        balance.put("王五", new Double(860.75));
        //得到集合中所有 key 对应的 Enumeration
        Enumeration<String> names = balance.keys();
        //判断集合中是否包含更多的元素
        while(names.hasMoreElements()) {
            //返回下一个元素的引用
            String name = names.nextElement();
            System.out.println(name + ":" + balance.get(name));
        }
        //在李四账户存入 10000 元
        double bal = ((Double)balance.get("李四")).doubleValue();
        balance.put("李四", new Double(bal + 1000));
        System.out.println("李四的新余额:" + balance.get("李四"));
    }

}
```

程序运行结果如下：

```
王五：860.75
张三：3500.55
李四：10050.25
李四的新余额：11050.25
```

8.7 Comparable⟨T⟩接口与 Compatator⟨T⟩接口

Java 提供了 Comparable⟨T⟩与 Compatator⟨T⟩两个接口，它们为数组或集合中的元素提供了排序逻辑，实现此接口的对象数组或集合可以通过 Arrays. sort 或 Collections. sort 进行自动排序。

1. Comparable⟨T⟩接口

Comparable⟨T⟩接口定义了 compareTo 方法，如下所示：

```
int  compareTo(T obj);
```

该方法的功能是将当前对象与参数 obj 进行比较，在当前对象小于、等于或大于指定对象 obj 时，分别返回负整数、零或正整数。

一个类实现了 Comparable 接口，则表明这个类对象之间是可以相互比较的，这个类对象组成的集合元素就可以直接使用 sort()方法进行排序。

实例代码 Demo8_18 展示了 Comparable 接口的使用，其中 Student 类实现了 Comparable 接口，在 compareTo()方法中定义了 Student 对象的比较逻辑。

```
import java.util.ArrayList;
import java.util.Arrays;
import java.util.Collections;
import java.util.List;
class Student implements Comparable<Student>
{
    private String num;//学号
    private String name;//姓名
    private int age;//年龄
    public String getName() {
        return name;
    }
    public void setName(String name) {
        this.name = name;
    }
    public String getNum() {
        return num;
    }
```

```
    public void setNum(String num) {
        this.num = num;
    }
    public int getAge() {
        return age;
    }
    public void setAge(int age) {
        this.age = age;
    }
    public Student(String num, String name, int age) {
        super();
        this.num = num;
        this.name = name;
        this.age = age;
    }
    public String toString()
    {
        return "学号:" + this.num + ",姓名:" + this.name + ",年龄:" + this.age;
    }
    //定义 Student 的比较逻辑,先按照年龄比较,再按照姓名比较,最后按照学号比较
    public int compareTo(Student o)
    {
        if(this.age>o.age)
            return 1;
        else if(this.age<o.age)
            return -1;
        else
        {
            if(this.name.compareTo(o.name)>0)
            return 1;
            else if(this.name.compareTo(o.name)>0)
                return -1;
            else
                return this.num.compareTo(o.num);
        }
    }
}
public class Demo8_18
{
```

```
    public static void main(String[] args)
    {
        List<Student>  stus = new ArrayList<Student>();
        //向集合中添加 Student 对象
        stus.add(new Student("001","张三",20));
        stus.add(new Student("002","王五",19));
        stus.add(new Student("003","张三",19));
        stus.add(new Student("004","李四",19));
        System.out.println("排序之前,集合中的元素是:");
        int size = stus.size();
        for(int i = 0;i<size;i ++ )
            System.out.println(stus.get(i));
        //将 List 集合转换成对应的数组
        Object[] objs = stus.toArray();
        //对数组元素进行排序(排序规则就是 Student 类中 compareTo()方法规定的)
        Arrays.sort(objs);
        System.out.println("排序之后,数组中的元素是:");
        for(int i = 0;i<size;i ++ )
            System.out.println(objs[i]);
        System.out.println("-------------");
        //对集合元素排序
        Collections.sort(stus);
        System.out.println("排序之后,集合中的元素是:");
        for(int i = 0;i<size;i ++ )
            System.out.println(stus.get(i));
    }
}
```

程序运行结果如下：

```
排序之前,集合中的元素是:
学号:001,姓名:张三,年龄:20
学号:002,姓名:王五,年龄:19
学号:003,姓名:张三,年龄:19
学号:004,姓名:李四,年龄:19
排序之后,数组中的元素是:
学号:003,姓名:张三,年龄:19
学号:004,姓名:李四,年龄:19
学号:002,姓名:王五,年龄:19
```

```
学号:001,姓名:张三,年龄:20
----------------------------
排序之后,集合中的元素是:
学号:003,姓名:张三,年龄:19
学号:004,姓名:李四,年龄:19
学号:002,姓名:王五,年龄:19
学号:001,姓名:张三,年龄:20
```

2. Comparator〈T〉接口

Compatator〈T〉接口定义了如下方法:

```
int compare(T obj1,T obj2);
```

当 obj1 小于、等于或大于 obj2 时,分别返回负整数、零或正整数。

Comparator 接口可以看成一种对象比较算法的实现,它将算法和数据分离。Comparator 接口常用于以下两种环境:

(1)开发人员在进行类的设计时没有考虑到比较问题,因而没有实现 Comparable 接口,可以通过 Comparator 比较算法来实现排序而不必改变对象本身。

(2)对象排序时要用多种排序标准,如升序、降序等,只要在执行 sort()方法时用不同的 Comparator 比较算法就可以适应变化。

实例代码 Demo8_19 展示了 Comparator 接口的使用,其中 Student 类并没有实现了 Comparable 接口,SortHandler 类实现了 Comparator 接口,在 compare()方法中定义了 Student 对象的比较逻辑。通过 Collections 类的 sort()方法对一个 Student 集合对象进行了排序。

```
import java.util.ArrayList;
import java.util.Collections;
import java.util.Comparator;
import java.util.List;
class Student
{
    private String num;//学号
    private String name;//姓名
    private int age;//年龄
    public String getName() {
        return name;
    }
    public void setName(String name) {
        this.name = name;
    }
    public String getNum() {
```

```
            return num;
        }
        public void setNum(String num) {
            this.num = num;
        }
        public int getAge() {
            return age;
        }
        public void setAge(int age) {
            this.age = age;
        }
        public Student(String num, String name, int age) {
            super();
            this.num = num;
            this.name = name;
            this.age = age;
        }
        public String toString()
        {
            return "学号:" + this.num + ",姓名:" + this.name + ",年龄:" + this.age;
        }
    }
    class SortHandler implements Comparator<Student>
    {
        //定义 Student 的比较逻辑,先按照年龄比较,再按照姓名比较,最后按照学号比较
        public int compare(Student o1, Student o2)
        {
            if(o1.getAge()>o2.getAge())
                return 1;
            else if(o1.getAge()<o2.getAge())
                return -1;
            else
            {
                if(o1.getName().compareTo(o2.getName())>0)
                    return 1;
                else if(o1.getName().compareTo(o2.getName())>0)
                    return -1;
                else
                    return o1.getNum().compareTo(o2.getNum());
```

```
        }
    }
}
public class Demo8_19
{
    public static void main(String[] args)
    {
        List<Student>  stus = new ArrayList<Student>();
        //向集合中添加 Student 对象
        stus.add(new Student("001","张三",20));
        stus.add(new Student("002","王五",19));
        stus.add(new Student("003","张三",19));
        stus.add(new Student("004","李四",19));
        System.out.println("排序之前,集合中的元素是:");
        int size = stus.size();
        for(int i = 0;i<size;i++)
            System.out.println(stus.get(i));
        System.out.println("---------------");
        //对集合元素排序,传入集合数组以及实现 Comparator 接口的类对象
        Collections.sort(stus,new SortHandler());
        System.out.println("排序之后,集合中的元素是:");
        for(int i = 0;i<size;i++)
            System.out.println(stus.get(i));
    }
}
```

程序运行结果如下：

```
排序之前,集合中的元素是:
学号:001,姓名:张三,年龄:20
学号:002,姓名:王五,年龄:19
学号:003,姓名:张三,年龄:19
学号:004,姓名:李四,年龄:19
---------------------------
排序之后,集合中的元素是:
学号:003,姓名:张三,年龄:19
学号:004,姓名:李四,年龄:19
学号:002,姓名:王五,年龄:19
学号:001,姓名:张三,年龄:20
```

8.8 Collections 类

java.util.Collections 类提供了一些静态方法，这些方法能够对 List 集合实现常用的算法操作。这些算法是排序、填充、移位和查找等。表 8-13 展示了 Collections 的常用方法。

表 8-13 Collections 的常用方法

方法	功能说明
void sort(List list)	对集合内的元素进行升序排序
void reverse(List list)	对集合内的元素进行逆序排列
void shuffle(List list)	对 List 集合内的元素进行随机排列
void fill(List list,Object obj)	对特定的对象来填充 list
void copy(List des,List src)	将 src 容器中的内容复制到 des 容器中
void rotate(List list,int distance)	对集合中元素按 distance 进行移位操作
int binarySearch(List list,Object obj)	采用折半查找在 list 中寻找 obj 对象，返回这个对象在容器中的位置(下标从 0 开始)
T max(Collection<? extends T> coll)	得到集合中的最大元素
T min(Collection<? extends T> coll)	得到集合中的最小元素

实例代码 Demo8_20 是 Collections 的简单应用。

```
import java.util.ArrayList;
import java.util.Collections;
import java.util.List;
public class Demo8_20
{
    public static void main(String args[])
    {
        //静态初始化方式创建一个一维 int 型数组
        int array[] = {125,68,45,235,10};
        List<Integer> list = new ArrayList<Integer>();
        int size = array.length;
        //将上述数组中的元素添加到 List 集合中
        for (int i = 0;i<size;i ++ )
            list.add(array[i]);
            //按升序进行排序
        Collections.sort(list);
            System.out.println("排序后 ,元素 45 的下标是:" + Collections.bi-
                                    narySearch(list,45));
```

```
        System.out.print("排序后集合中的元素是");
        for(Integer i:list)
            System.out.print(i + " ");
        System.out.print("\n随机排序后集合中的元素是:");
        Collections.shuffle(list); //随机排序
        for(Integer i:list)
            System.out.print(i + " ");
        System.out.println("\n集合中的最大值:" + Collections.max(list));
        System.out.println("集合中的最小值:" + Collections.min(list));
        System.out.print("逆序排序后集合中的元素是:");
        Collections.reverse(list); //逆序排序
        for (Integer j : list)
            System.out.print(j + " ");
    }
}
```

程序运行结果如下：

```
排序后，元素45的下标是:1
排序后集合中的元素是 10 45 68 125 235
随机排序后集合中的元素是:68 10 235 45 125
集合中的最大值:235
集合中的最小值:10
逆序排序后集合中的元素是:125 45 235 10 68
```

注意：在执行 binarySearch 方法对元素进行折半查找前，先调用 sort 方法对集合进行排序，如果集合元素无序，那么对元素进行折半查找无意义。

练习题

一、选择题

1. 下列集合类型中可以存储无序、不重复数据的是________。

   A. ArrayList　　B. LinkedList　　C. TreeSet　　D. HashSet

2. 下列集合类中属于非线程安全，且结构采用了哈希表的是________。

   A. Vector　　B. ArrayList　　C. HashMap　　D. HashTable

3. 分析如下 Java 代码，编译运行后输出的结果是________。

```
public class Test {
    public Test() {
    }
```

```
    static void print(List<Integer> al) {
        al.add(2);
        al = new ArrayList<Integer>();
        al.add(3);
        al.add(4);
    }
    public static void main(String[] args) {
        List<Integer> al = new ArrayList<Integer>();
        al.add(1);
        print(al);
        System.out.println(al.get(1));
    }
}
```

A. 1　　B. 2　　C. 3　　D. 4

4. 下面哪个对象不能直接获取 java. util. Iterator 迭代器进行迭代的是________。

A. java. util. HashSet　　B. java. util. ArrayList

C. java. util. TreeSet　　D. java. util. HashTable

5. 下列方法中，不能用于删除 Collection 集合中元素的是________。

A. clear()　　B. isEmpty()　　C. remove()　　D. removeAll()

6. 能够被当作数据结构中栈类型使用的集合类是________。

A. ArrayList　　B. LinkedList　　C. Vector　　D. Statck

7. 能够重复添加相同元素并且能够确保元素添加顺序的集合类型是________。

A. ArrayList　　B. LinkedList　　C. HashSet　　D. HashMap

二、填空题

1. 键和值对象之间存在一种对应关系，称为________。
2. Java. util. Iterator 接口的主要作用是对________进行迭代的迭代器。
3. Map 接口的主要实现类有________和________。
4. ArrayList 集合中大部分都是从父类 Collection 和 List 继承过来的，其中________方法和________方法用于实现元素的存取。
5. 当向 HashSet 集合中添加一个对象时，首先会调用该对象的________方法来计算对象的哈希值。

三、程序设计题

1. 定义一个集合，并把集合(集合里面的元素是 Integer)转成存有相同元素的数组，并将结果输出在控制台。(可以使用 Object[]数组类型接收转换的数组)。
2. 按照下列要求编写程序并运行输出。

(1)定义一个书籍类，属性包括：编号、名称、单价、出版社。方法包括构造方法、设置和获取属性的方法。

(2)分别使用 List 集合和 Map 集合，添加多个书籍对象（对象属性值自行定义），遍历并输出这些商品信息。（Map 集合中使用书籍编号作为 Key）

(3)定义 SortHandler 类，该类实现 Comparator〈T〉接口，用来定义书籍的比较逻辑（按单价进行比较，如果相同再按照书籍名称比较）。对 List 中的书籍对象进行排序，再重新遍历 List 中的书籍对象并输出，观察输出结果。

3. 使用 HashSet 和 TreeSet 存储多个书籍对象，遍历并输出；要求向其中添加多个相同的书籍对象，验证集合中元素的唯一性。

(1)向 HashSet 中添加自定义类的对象信息，需要重写 hashCode 和 equals( )，向 TreeSet 中添加自定义类的对象信息，需要实现 Comparable 接口。

(2)书籍类同题 2 中要求，比较规则也同题 2 要求。

第9章　图形用户界面(GUI)程序设计

本章学习目标：

(1)理解 AWT 和 Swing 的基本概念和区别。

(2)掌握常用的 AWT 和 Swing 组件的使用。

(3)理解布局管理器的基本概念，掌握常用布局管理器的使用。

(4)理解事件监听机制的基本概念，掌握事件监听机制的 3 种实现方式。

(5)掌握 JTable、JTree 等复杂组件的基本使用。

9.1　AWT 概述

图形用户界面(Graphics User Interface，GUI)，指使用图形的方式借助窗体、对话框、菜单、按钮、文本框、单选框等标准界面元素和鼠标操作，帮助用户方便地向计算机系统发出指令、启动操作，并将系统运行的结果同样以图形方式显示给用户，实现用户与计算机的交互。

Java 语言中完成图形用户界面的相关程序，主要包括以下步骤。

(1)创建组件(Component)：创建组成界面的各种元素，如窗体、按钮、文本框等。

(2)指定布局(Layout)：按照布局策略排列组件的位置关系。

(3)响应事件(Event)：根据图形用户界面相关元素的事件和监听器，设计事件处理者定义业务逻辑，从而实现图形用户界面与用户的交互功能。

Java 抽象窗口工具集(Abstract Window Toolkit，AWT)提供了很多组件类、窗口布局管理器类和事件监听接口供 GUI 设计使用。Java 语言提供 AWT 的目的是为开发人员创建图形用户界面提供支持。AWT 组件定义在 java. awt 包中，主要的类与继承关系，如图 9－1所示。

9.2　组件类

组件(Component)是构成图形用户界面的基本成分和核心元素，是一个可以以图形化的方式显示在屏幕上并能与用户进行交互的对象。java. awt. Component 是一个抽象类，是 AWT 组件类层次结构的根类，提供对组件操作的通用方法，包括设置组件位置、大小、字体、颜色、响应鼠标或键盘事件等。实际开发中使用的是 Component 的子类，Component 类

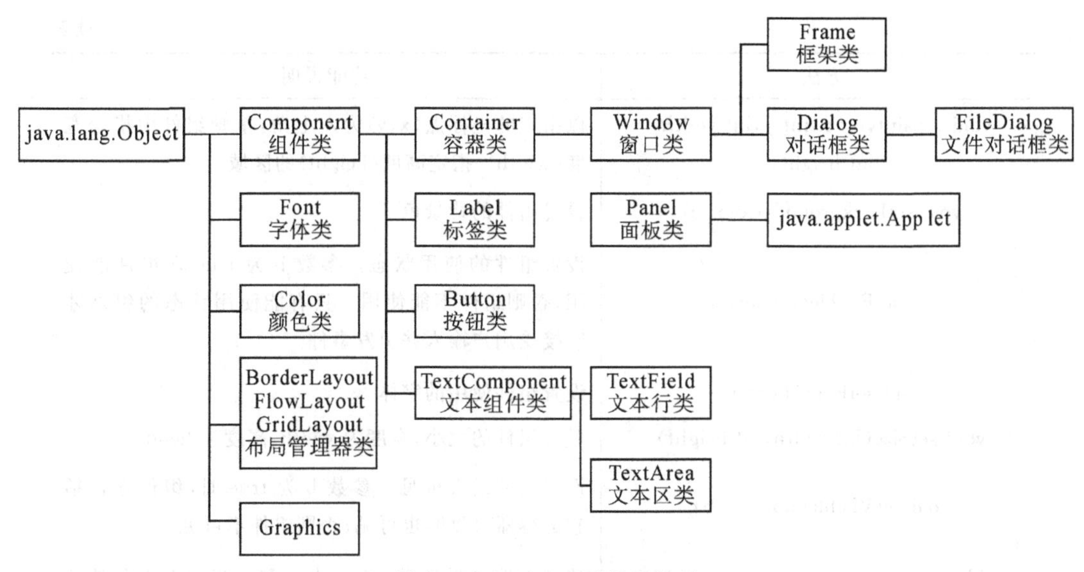

图 9-1　java.awt 的继承关系

的常用子类组件如图 9-2 所示。java.awt.Component 类的常用方法如表 9-1 所示。

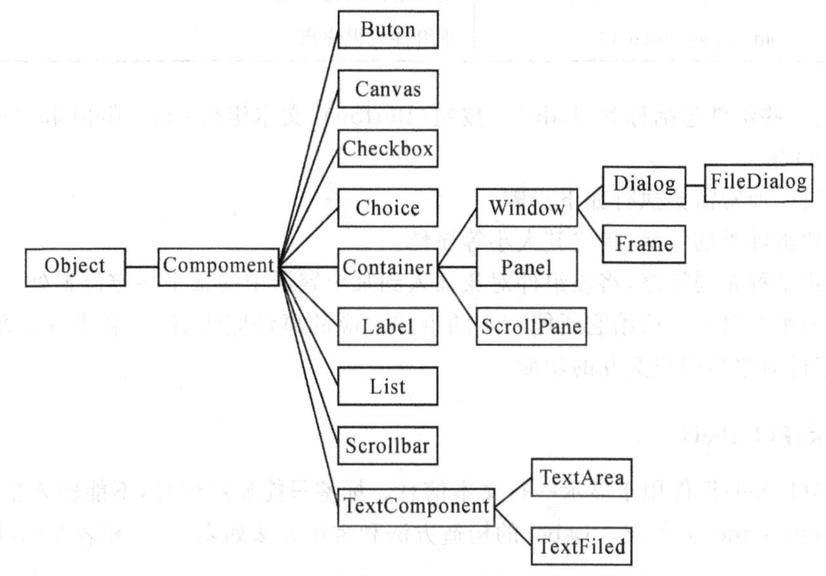

图 9-2　Component 类的常用组件

表 9-1　Component 类的常用方法

方法	功能说明
void add(PopupMenu popup)	在组件上加入一个弹出菜单
Color getBackground()	获得组件的背景色
Font getFont()	获得组件使用的字体
Color getForeground()	获得组件的前景色
Graphics getGraphics()	获得在组件上绘图时需要使用的 Graphics 对象

续表

方法	功能说明
void repaint(int x,int y,int width,int height)	以指定的坐标点(x,y)为左上角,重画组件中指定宽度(width)、指定高度(height)的区域
void setBackground(Color c)	设置组件的背景色
void setEnable(boolean b)	设置组件的使用状态。参数 b 为 true 则组件能使用,否则组件不能使用。只有能使用状态的组件才能接受用户输入并引发事件
void setFont(Font f)	设置组件使用的字体
void setSize(int width,int height)	设置组件的大小,宽度为 width,高度为 height
void setVisible(boolean b)	设置组件是否可见。参数 b 为 true 时,组件在包括它的容器可见时也可见;否则组件不可见
void setBounds(int x,int y,int width,int height)	移动组件并调整其大小。由 x 和 y 指定左上角的新位置,由 width 和 height 指定新的大小
void setForeground(Color c)	设置组件的前景色
void requestFocus()	使组件获得焦点

常用的一些组件包括标签(Label)、按钮(Button)、文本组件(Textfield 和 TextArea)、列表框(List)等。

使用组件,通常需要执行如下步骤:

(1)创建组件类的对象,指定其大小等属性。

(2)使用某种布局策略,将该组件对象加入到某个容器中的某个指定位置处。

(3)将该组件对象注册给它所能产生的事件对应的事件监听者,重载事件处理方法,实现利用该组件对象与用户交互的功能。

9.2.1 标签(Label)

标签类(Label)组件用于显示一行文本信息。标签只能显示信息,不能输入信息。标签通过 java.awt.Label 类创建。Label 的构造方法和常用方法如表 9-2 和表 9-3 所示。

表 9-2 Label 的构造方法

构造方法	功能说明
Label()	创建一个空字符串的标签组件
Label(String strCaption)	创建一个显示指定字符串的标签组件
Label(String strCaption,int alignment)	创建一个显示指定字符串并且按一定方式对齐的标签组件,其中参数 alignment 的值有 LEFT、RIGHT、CENTER,默认是 LEFT 左对齐

表 9-3　Label 的常用方法

方法	功能说明
void setText(String strCaptionText)	设置 Label 显示的文本内容
String gettext()	获取 Label 当前显示的文本内容
int getAlignment()	获取 Label 的对齐方式
void setAlignment(int alignment)	设置 Label 的对齐方式

9.2.2　按钮(Button)

按钮是最常见的一种组件,几乎在图形用户界面程序中都存在。按钮用来控制程序运行的方向。用户单击按钮时,计算机将执行一系列命令,完成相应的功能。通过 java.awt.Button 类来创建按钮对象。Button 的构造方法和常用方法如表 9-4 和表 9-5 所示。

表 9-4　Button 的构造方法

构造方法	功能说明
Button()	创建一个标签字符串为空的按钮
Button(String label)	创建一个显示指定标签字符串的按钮

表 9-5　Button 的常用方法

方法	功能说明
void addActionListener (ActionListener listener)	添加指定的动作监听器,以接收来自此按钮的动作事件
void removeActionListener(ActionListener l)	移除动作监听器
String getLabel()	获取 Button 上的标签内容
void setLabel()	设置 Button 上的标签内容

9.2.3　文本框(TextField)与文本区(TextArea)

文本框是一个单行文本编辑框,用于输入一行文字。由 java.awt.TextField 类来创建,TextField 的构造方法和常用方法如表 9-6 和表 9-7 所示。

表 9-6　TextField 的构造方法

构造方法	功能说明
TextField()	创建一个空文本的文本框对象
TextField(String text)	创建一个要显示字符串 text 的文本框对象
TextField(int columns)	创建一个具有指定列数 columns 的空文本框对象
TextField(String text,int columns)	创建一个具有指定列数 columns、显示指定初始字符串 text 的文本框对象

TextArea 表示多行文本框，它允许输入多行文本，可以任意给定宽度和高度，默认有滚动条，通常用于显示和输入较大量的文本信息。TextArea 组件具有 TextField 组件和 Scrollbar 组件两者的属性和方法，TextField 组件所有的属性和方法在 TextArea 组件中一样可以使用。TextArea 组件用 rows 属性来表示在文本区中能够显示的文本行数。可以用调用 getRows()和 setRows(int nRows)方法来操作 rows 属性值。TextArea 的常用构造方法如表 9-7 所示。

表 9-7 TextArea 的构造方法

构造方法	功能说明
TextArea()	创建一个有水平和垂直滚动条的空文本区对象
TextArea(String text)	创建一个有水平和垂直滚动条并显示初始文本 text 的文本区对象
TextArea(int rows,int columns)	创建一个有水平和垂直滚动条并具有指定行数和列数的文本区对象
TextArea(String text,int rows,int columns)	创建一个有水平和垂直滚动条、具有指定行数和列数并显示初始文本 text 的文本区对象

9.2.4 列表框(List)

列表组件 List 用于提供一组数据项，用户可以用鼠标选择其中一个或者多个数据项，但是不能直接编辑列表框的数据。当列表框不能同时显示所有数据项时，它将自动添加滚动条，使用户可以滚动查阅所有选项。List 的常用构造方法如表 9-8 所示。

表 9-8 List 的构造方法

构造方法	功能说明
List()	创建一个单选列表
List(int rows)	创建一个显示指定项数 int 的单选列表
List(int rows,boolean multipleMode)	创建一个显示指定项数 int 的列表，multipleMode 为 true 表示为多选列表，false 表示单选列表

9.3 容器类

容器(Container)是一种特殊组件，用 java. awt. Container 来表示，主要用来在可视区域中容纳并显示其他组件。容器分为顶层容器和非顶层容器两类。顶层容器是可以独立存在并显示的窗口，不需要其他组件支撑，顶层容器的类是 Window，Window 的重要子类是 Frame 和 Dialog。非顶层容器是不能独立存在并显示窗口，它们必须依附到其他非顶层或顶层容器中，非顶层容器包括 Panel 和 ScrollPane 等。

容器的主要作用和特点如下。

(1)容器有一定的显示边界。一般容器都是矩形的,容器的边界可以用边框来显示,有些容器则没有。

(2)容器有一定的位置。这个位置可以是屏幕四角的绝对位置,也可以是相对于其他容器边框的相对位置。

(3)容器通常都有一个背景,这个背景覆盖全部容器,可以透明,也可以指定一幅特殊的图案,使界面生动化和个性化。

(4)容器中可以容纳其他的组件元素。当容器被打开显示时,它所包含的组件元素也同时被显示出来;当容器被关闭或隐藏时,它所包含的组件元素也一起被隐藏。

(5)容器可以设置布局管理策略。按照显示策略来排列容器中所包含的组件元素。

(6)容器可能被包含在其他容器中,形成容器的嵌套,用于构建较复杂的显示效果。

Container 类的常用方法如表 9 - 9 所示。

表 9 - 9　Container 类的常用方法

方法	功能说明
Component add(Component comp)	将指定组件添加到容器中
void remove(Component comp)	将指定组件从容器中删除
void setLayout(LayoutManager mgr)	设置容器的布局管理器
void paint(Graphics g)	绘制此容器

9.3.1　窗口框架

Window 类是顶层窗口,它可以自由停泊。窗口类 Window 主要有两个子类:框架类(Frame)和对话框(Dialog)。要生成一个窗口,通常使用 Window 的子类 Frame 类进行实例化,而不是直接使用 Window 类。框架是一种带标题栏并且可以改变大小的窗口,框架的外观就像平常 Windows 系统下的窗口,有标题、边框、菜单和大小等。在应用程序中,通常使用框架作为顶层容器,在其中再放置其他的组件。Frame 类的常用构造方法如表 9 - 10 所示。

表 9 - 10　Frame 类的常用构造方法

构造方法	功能说明
Frame()	创建一个最初不可见的 Frame 对象
Frame(String title)	创建一个最初不可见、标题显示 title 的 Frame 对象

实例代码 Demo9_1 展示了 Frame 的基本使用,运行效果如图 9 - 3 所示。

```
import java.awt.Frame;  //导入 Frame 类
public class Demo9_1
{
    public static void main(String[] args)
    {
```

```
        Frame f = new Frame("New Window");
        //设置窗口位置、宽和高,前两个参数为上顶点坐标,后面两个参数是宽和高
        f.setBounds(30,30,250,200);
        f.setVisible(true);  //将窗口显示出来
    }
}
```

图 9-3　Demo9_1 运行结果

由于每个 Frame 的对象实例化以后,都是没有大小和不可见的,因此必须调用 setBounds()或者 setSize()来设置大小,调用 setVisible(true)来设置该窗口为可见。

对话框(Dialog)也是一种可移动的窗口,它比框架简单、具有较少的修饰,没有最大化按钮、状态栏等。对话框不能作为应用程序的主窗口,它依赖于一个框架窗口而存在。当框架窗口关闭时,对话框也关闭。对话框有"模式(modal)"和"非模式"两种形式。模式对话框在该对话框被关闭之前,其他窗口无法接收任何形式的输入。非模式对话框在该对话框被关闭之前,其他窗口可以接收输入。对话框的构造方法如表 9-11 所示。

表 9-11　对话框的构造方法

构造方法	功能说明
Dialog(Frame parent)	创建一个没有标题的对话框
Dialog(Frame parent,boolean modal)	创建一个没有标题的对话框,boolean 型参数指定对话框是否为模式窗口
Dialog(Frame parent,String title)	创建一个显示特定标题的对话框
Dialog(Frame parent,Sting title,boolean modal)	创建一个显示指定标题的对话框,boolean 型参数指定对话框是否为模式窗口

实例代码 Demo9_2 展示了对话框的基本使用。

```
import java.awt.BorderLayout;
import java.awt.Button;
import java.awt.Dialog;
import java.awt.Frame;
```

```
import java.awt.event.ActionEvent;
import java.awt.event.ActionListener;
import java.awt.event.WindowAdapter;
import java.awt.event.WindowEvent;
public class Demo9_2
{
    Frame frame = new Frame("对话框");  //创建一个窗体对象
    Dialog d1 = new Dialog(frame,"模式对话框",true);  //创建带有标题的模式
                                                   对话框
    Dialog d2 = new Dialog(frame,"非模式对话框",false); //创建带有标题的非
                                                     模式对话框
    Button b1 = new Button("打开模式对话框");
    Button b2 = new Button("打开非模式对话框");
    public void show()
    {
        frame.setBounds(300,300,300,300); //设置窗体的位置和大小
        d1.setBounds(20,30,300,400);  //设置两个对话框的位置和大小
        d2.setBounds(20,30,300,400);
        b1.addActionListener(new ActionListener()
        {
            public void actionPerformed(ActionEvent e)
            {
                d1.setVisible(true); //对话框 d1 显示
            }
        });
        d1.addWindowListener(new WindowAdapter()
        {
            public void windowClosing(WindowEvent e)
            {
                d1.dispose();  //对话框 d1 消失
            }
        });
        b2.addActionListener(new ActionListener()
        {
            public void actionPerformed(ActionEvent e)
            {
                d2.setVisible(true);  //对话框 d2 显示
            }
        });
```

```
        d2.addWindowListener(new WindowAdapter()
        {
            public void windowClosing(WindowEvent e)
            {
                d2.dispose();   //对话框 d2 消失
            }
        });
            frame.add(b1,BorderLayout.NORTH); //将按钮 b1 添加到窗体的北部显
                                                示区域
            frame.add(b2,BorderLayout.SOUTH);//将按钮 b2 添加到窗体的南部显
                                                示区域
            frame.setVisible(true); //使窗体显示
        }
        public static void main(String[] args) {
        new Demo9_2().show();
        }
}
```

在实例代码 Demo9_2 的运行结果中，点击按钮 b1 即可显示模式对话框 d1，如果 d1 不关闭，鼠标无法选择到其他窗口；点击按钮 b2 即可显示非模式对话框 d2，即使 d2 不关闭也可以选择到其他窗口。

注意：新创建的对话框是不可见的，需要调用 setVisible(true)方法才能将其显示出来。

9.3.2 面板

面板是一种"透明"的容器，用 java.awt.Panel 来表示。与 Frame 不同，Panel 没有标题栏、边框和控制栏，不能作为顶层的容器单独存在。通常都是把其他组件放置到 Panel 中，再把 Panel 作为一个组件放置到 Frame 中。Panel 容器存在的意义是为其他组件提供空间，通常作为容器嵌套来使用。

实例代码 Demo9_3 展示了 Frame 和 Panel 的嵌套使用，运行效果如图 9-4 所示。

```
import java.awt.Color; //导入颜色类
import java.awt.Frame;
import java.awt.Panel; //导入 Panel 类
public class Demo9_3
{
    public static void main(String[] args)
    {
        Frame fm1 = new Frame("包含 Panel 的 Frame");
        Panel pn1 = new Panel();//创建 3 个 Panel
        Panel pn2 = newPanel();
```

```
        Panel pn3 = newPanel();
        fm1.setSize(300, 200);
        fm1.setBackground(Color.gray); //设置 Frame 的背景色是灰色
        fm1.setLayout(null); //Frame 对象不使用默认的布局管理器
        pn1.setSize(100,100);//分别设置 3 个 Panel 的大小和背景色
        pn1.setBackground(Color.red);
        pn1.setLocation(0, 80); //设置 Panel1 左上顶点的位置
        pn2.setSize(100, 100);
        pn2.setBackground(Color.yellow);
        pn2.setLocation(100, 80); //设置 Panel2 左上顶点的位置
        pn3.setSize(100,100);
        pn3.setBackground(Color.green);
        pn3.setLocation(200, 80); //设置 Panel3 左上顶点的位置
        fm1.add(pn1);//将三个 Panel 添加到 Frame 中
        fm1.add(pn2);
        fm1.add(pn3);
        fm1.setVisible(true); //设置 Frame 对象为可见
    }
}
```

图 9 - 4　Demo9_3 的运行结果

注意:

(1)Panel 作为容器来容纳其他组件,为放置其他组件提供空间。

(2)Panel 不能单独存在,必须放到其他容器中,一个 Panel 可以放置到另一个 Panel 中,但最终要放置到一个顶级容器中。

(3)Panel 默认使用 FlowLayout 作为其布局管理器。

(4)容器对象都有默认的布局管理器,如果不想使用布局管理器就调用 setLayout(null)方法。

9.3.3　ScrollPane 容器

java.awt.ScrollPane 类表示一个带有滚动条的容器,它不能独立存在,必须被添加到其他容器。当 ScollPane 中容纳的组件占用空间过大时,ScrollPane 自动产生滚动条;也可以

通过特定的构造方法来指定默认具有滚动条。ScrollPane 不能单独存在,必须放置到其他容器中(一般都是放到 Frame 中)。ScrollPane 默认使用 BorderLayout 作为其布局管理器。

实例代码 Demo9_4 展示了 ScrollPane 的基本使用,运行效果如图 9-5 所示。

```
import java.awt.Color;
import java.awt.Frame;
import java.awt.Panel;
import java.awt.ScrollPane;
public class Demo9_4
{
    public static void main(String[] args)
    {
        Frame f = newFrame("New Window");
        //创建一个 scrollPane 容器,指定总是具有滚动条。
        ScrollPane sp = newScrollPane(ScrollPane.SCROLLBARS_ALWAYS);
        //向 scrollPane 容器中添加 Panel
        Panel p = newPanel();
        p.setBackground(Color.red);//设置 Panel 的背景色为红色
        sp.add(p);
        //将 scrollPane 容器添加到 Frame 对象中
        f.add(sp);
        f.setBounds(30, 30, 250, 200);
        f.setVisible(true);
    }
}
```

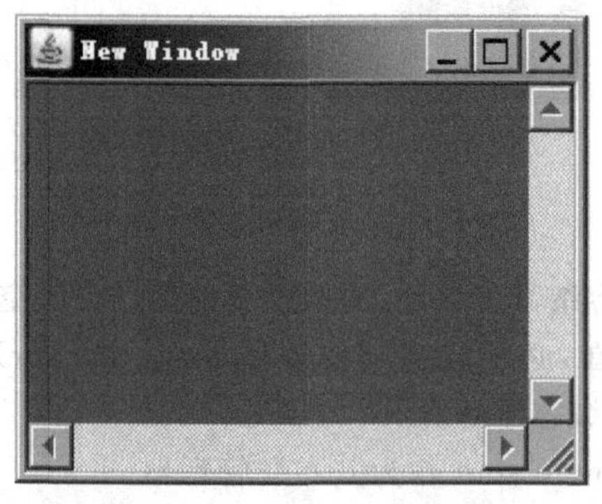

图 9-5 Demo9_4 运行效果

实例代码 Demo9_5 结合了 Frame、Label、Button、TextField 和 List 等容器和控件设计了一个登录窗体,使用了它们的常用方法,运行结果如图 9-6 所示。

```
import java.awt.List;     //导入相关的组件和容器类
import java.awt.TextField;
```

```
import java.awt.Label;
import java.awt.Button;
import java.awt.Frame;
class Demo9_5 extends Frame //继承 Frame 类,表示当前类的对象是一个窗体
{
    private Label lab_name;
    private Label lab_password;
    private Label lab_type;
    private TextField text_name;
    private TextField text_password;
    private Button button_ok;
    private Button button_cancel;
    private List list;
    public Demo9_5()
    {
        //实例化窗体中的各组件对象
        lab_name = new Label("用户名:");
        lab_password = new Label("密 码:");
        lab_type = new Label("用户类型:");
        list = new List(2);
        text_name = new TextField();
        text_password = new TextField();
        text_password.setEchoChar('*'); //设置文本框输入信息的回显字符
        button_ok = new Button("确定");
        button_cancel = new Button("退出");
        //设置窗体的标题栏信息
        this.setTitle("教师信息管理系统登录界面");
        initLoginFrm();
    }
    public void initLoginFrm()
    {
        //当前窗体不使用布局管理器
        this.setLayout(null);
        list.add("教辅人员");
        list.add("管理人员");
        //调用 setBounds 方法设置各组件的位置和大小
        lab_name.setBounds(30,60,60,20);
        lab_type.setBounds(30,100,60,20);
        lab_password.setBounds(30,130,60,20);
```

```
            text_name.setBounds(100,60,120,30);
            list.setBounds(100,100,120,30);
            text_password.setBounds(100,140,120,30);
            button_ok.setBounds(40, 180, 60, 30);
            button_cancel.setBounds(140, 180, 60, 30);
            //将各组件对象添加到Frame容器中
            this.add(lab_name);
            this.add(lab_password);
            this.add(lab_type);
            this.add(text_name);
            this.add(list);
            this.add(text_password);
            this.add(button_ok);
            this.add(button_cancel);
            //设置当前窗体的位置和大小
            this.setBounds(100,100,260,230);
            //设置窗体不可以改变大小
            this.setResizable(false);
            //设置窗体可见
            this.setVisible(true);
        }
        public static void main(String args[])
        {
            new Demo9_5();
        }
    }
```

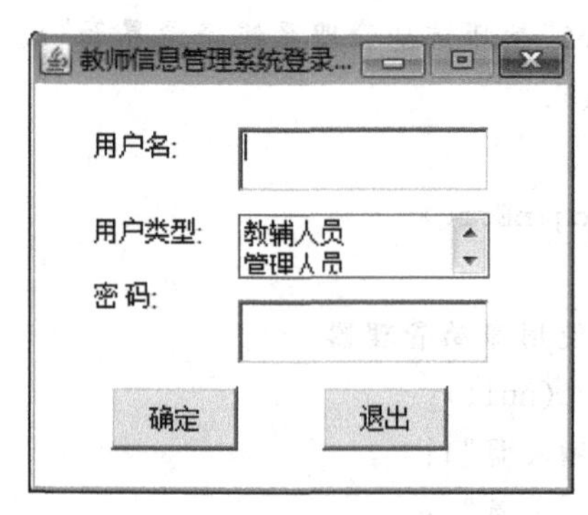

图 9-6 Demo9_5 运行结果

注意:如果不使用容器的布局管理器,一般都是通过 setBounds()方法来设置组件的位置和大小。或者结合 setSize()和 setLocation()方法来设置大小和位置。

9.4 布局管理器

布局管理器(Layout Manager)是用来对窗口中的组件进行相对定位,并根据窗口大小自动改变组件大小,合理布局各组件的。Java 提供了多种风格和特点的布局管理器,每一种布局管理器都采用一种布局策略来指定组件的相对位置和大小位置。布局管理器是容器类所具有的特性(普通组件并不具备布局管理器),每种容器都有一种默认的布局管理器。

在 java.awt 包中共提供了 5 个布局管理器,分别是 FlowLayout、BorderLayout、CardLayout、GridLayout 和 GridBagLayout,每一个布局类都对应一种布局策略,这 5 个类都是 java.lang.Object 类的子类。容器对象使用布局管理器方便地决定了所要加入到其中组件的大小和位置,使容器中的布局合理,简化了用户的编程。

9.4.1 BorderLayout

BorderLayout 是边框布局管理器,它是 Window、Frame 和 Dialog 的默认布局管理器。边框布局管理器将容器的显示区域分为东(East)、西(West)、南(South)、北(North)、中(Center)5 个部分,如图 9-7 所示。North 表示将组件放置到容器的上方;South 表示将组件放置到容器的下方;East 表示将组件放置到容器的右侧;West 表示将组件放置到容器的左侧;中间区域 Center 是在东、南、西、北都填满后剩下的区域。BorderLayout 的构造方法如表 9-12 所示。

<table>
<tr><td colspan="3">North</td></tr>
<tr><td>West</td><td>Center</td><td>East</td></tr>
<tr><td colspan="3">South</td></tr>
</table>

图 9-7　边框布局管理器区域划分示意图

表 9-12　BorderLayout 的构造方法

构造方法	功能说明
BorderLayout()	创建一个各显示区域之间不留间隙的边框布局管理器对象
BorderLayout(int hgap,int vgap)	创建一个边框布局管理器,其中 hgap 表示组件之间的水平间隔;vgap 表示组件之间的垂直间隔,单位是像素

实例代码 Demo9_6 展示了 BorderLayout 的基本布局结构,运行结果如图 9-8 所示。

```
import java.awt.BorderLayout;
import java.awt.Button;
import java.awt.Frame;
public class Demo9_6
{
    public static void main(String args[])
```

```
    {
        Frame f = new Frame();
        f.setTitle("边框布局管理器局部展示");
        //创建水平和垂直间距都是 5 个像素的边框布局管理器
        BorderLayout layout = new BorderLayout(5,5);
        f.setBounds(0,0,300,200);
        f.setLayout(layout);  //让窗体对象使用该边框布局管理器
    Button butN,butS,butC,butE,butW;
        //创建 5 个按钮对象
        butN = new Button("north button");
        butW = new Button("west button");
        butS = new Button("south button");
        butC = new Button("center button");
        butE = new Button("east button");
        //将按钮对象添加到窗体中,并指定了具体的区域
        f.add(butN,BorderLayout.NORTH);
        f.add(butW,BorderLayout.WEST);
        f.add(butE,BorderLayout.EAST);
        f.add(butS,BorderLayout.SOUTH);
        f.add(butC,BorderLayout.CENTER);
        //设置窗体对象可见
        f.setVisible(true);
    }
}
```

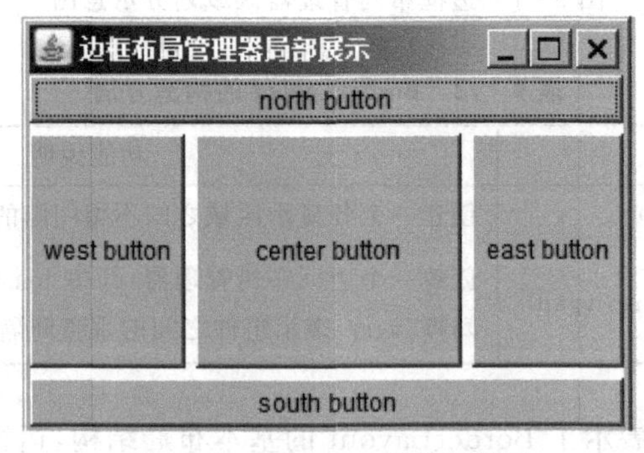

图 9-8 Demo9_6 的运行结果

注意:

(1)BorderLayout 并不要求所有区域都必须有组件,如果四周的区域(North、South、East 和 West 区域)没有组件,则由 Center 区域去补充。

(2)如果单个区域中添加的不止一个组件,那么后来添加的组件将覆盖原来的组件,也就是说区域中只显示最后一次添加的组件。

(3)当改变使用BorderLayout的容器的大小时，南、北区域的组件只能在水平方向上调整(宽度可变)；东、西区域的组件只能在垂直方向上调整(高度可变)；中央区域的组件在水平、垂直方向上都调整。

9.4.2 FlowLayout

FlowLayout是流式布局管理器，它将组件按照从上到下、从左到右的顺序逐行定位到容器中。FlowLayout并不限制加入其中的组件的大小，而是允许组件根据容器的尺寸调整自己的大小。FlowLayout是Panel的默认布局管理器，常用的构造方法如表9-13所示。

表9-13 FlowLayout的构造方法

构造方法	功能说明
FlowLayout()	创建一个布局管理器，使用默认的居中对齐方式和默认5像素的水平和垂直间隔
FlowLayout(int align)	创建一个布局管理器，使用默认5像素的水平和垂直间隔。其中，align表示组件的对齐方式，对齐的值必须是FlowLayout.LEFT、FlowLayout.RIGHT和FlowLayout.CENTER，指定组件在这一行的位置是居左对齐、居右对齐或居中对齐
FlowLayout(int align, int hgap,int vgap)	建一个布局管理器，其中align表示组件的对齐方式；hgap表示组件之间的横向间隔；vgap表示组件之间的纵向间隔，单位是像素

实例代码Demo9_7展示了FlowLayout的基本使用，运行结果如图9-9所示。

```
import java.awt.Button;
import java.awt.FlowLayout;
import java.awt.Frame;
import java.awt.TextField;
public class Demo9_7
{
    public static void main(String args[])
    {
        Frame f = new Frame("流式布局管理器局部展示");
        //创建流式布局管理器,左对齐,组件之间垂直和水平间距为10像素
        FlowLayout layout = new FlowLayout(FlowLayout.LEFT,10,10);
        f.setBounds(0,0,300,120);
        f.setLayout(layout);//设置窗体使用流式布局管理器
        Button but1,but2;
        TextField text1,text2,text3;
        but1 = new Button("button1");
        but2 = new Button("button2");
```

```
        text1 = new TextField("java");
        text2 = new TextField("program");
        text3 = new TextField("咸阳师范学院 - 计算机学院");
        //将组件添加到窗体中
        f.add(but1);
        f.add(but2);
        f.add(text1);
        f.add(text2);
        f.add(text3);
        f.setVisible(true);
    }
}
```

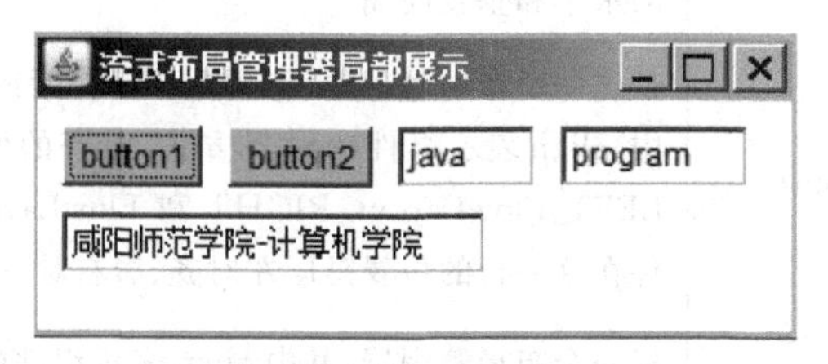

图 9-9 Demo9_7 运行结果

注意：改变使用流式布局管理器的容器的宽度，加入其中的组件会重新按行进行排列。可以改变 Demo9_7 运行结果中窗体的宽度，观察组件的位置变化。

9.4.3 GridLayout

GridLayout 是网格布局管理器，它为组件的放置位置提供了更大的灵活性。它将区域分割成 rows 行、columns 列的网格状布局，这些单元格拥有相同的大小。组件按照由左至右、由上而下的次序排列填充到各个单元格中，每个单元格只能容纳一个组件。GridLayout 的构造方法如表 9-14 所示。

表 9-14 GridLayout 布局管理器的构造方法

构造方法	功能说明
GridLayout(int rows,int cols)	创建一个行数为 rows、列数为 cols 的网格布局。布局中所有组件的大小一样，组件之间没有间隔
GridLayout(int rows,int cols,int hgap, int vgap)	创建一个行数为 rows、列数为 cols 的网格布局，组件之间的横向间距是 hgap 像素、纵向间距是 vgap 像素

实例代码 Demo9_8 展示了 GridLayout 布局管理器的使用，运行结果如图 9-10 所示。

```
import java.awt.Button;
import java.awt.Frame;
import java.awt.GridLayout;
```

```
import java.awt.Panel;
public class Demo9_8
{
    public static void main(String[] args)
    {
        Frame frame = new Frame("GridLayout 布局计算器");
        Panel panel = new Panel();    //创建面板
        //指定面板的布局为 GridLayout,4 行 4 列,间隙为 5
        panel.setLayout(new GridLayout(4,4,5,5));
        //将按钮添加到面板中
        panel.add(new Button("7"));
        panel.add(new Button("8"));
        panel.add(new Button("9"));
        panel.add(new Button("/"));
        panel.add(new Button("4"));
        panel.add(new Button("5"));
        panel.add(new Button("6"));
        panel.add(new Button(" * "));
        panel.add(new Button("1"));
        panel.add(new Button("2"));
        panel.add(new Button("3"));
        panel.add(new Button(" - "));
        panel.add(new Button("0"));
        panel.add(new Button("."));
        panel.add(new Button(" = "));
        panel.add(new Button(" + "));
        frame.add(panel);    //添加面板到容器
        frame.setBounds(300,200,200,150);
        frame.setVisible(true);
    }
}
```

图 9－10　Demo9_8 运行结果

注意：当加入 GridLayout 布局管理器中的组件数目大于单元格数目时，GridLayout 会自动增加行列数来容纳组件元素；如果组件数目小于单元格数目时，没有容纳组件的单元格空闲。

9.4.4 CardLayout(卡片布局管理器)

CardLayout 是卡片布局管理器，它能够帮助用户实现多个成员共享同一个显示空间，并且一次只显示一个容器组件的内容。CardLayout 布局管理器将容器分成许多层，每层的显示空间占据整个容器的大小，但是每层只允许放置一个组件。CardLayout 的构造方法如表 9-15。

表 9-15 GridLayout 布局管理器的构造方法

构造方法	功能说明
CardLayout()	创建卡片布局管理器，默认间隔为 0
CardLayout(int hgap, int vgap)	创建卡片布局管理器，组件间的水平间距为 hgap 像素，垂直间距为 vgap 像素

实例代码 Demo9_9 展示了 CardLayout 的基本用法，运行效果如图 9-11 所示。

```
import java.awt.Button;
import java.awt.CardLayout;
import java.awt.Frame;
import java.awt.Panel;
import java.awt.TextField;
public class Demo9_9
{
    public static void main(String[] agrs)
    {
        Frame frame = new Frame("CardLayout 布局管理器");
        Panel p1 = new Panel();  //面板 p1
        Panel p2 = new Panel();  //面板 p2
        Panel p3 = new Panel();  //面板 p3
        CardLayout layout = new CardLayout(); //创建卡片布局管理器
        p3.setLayout(layout);  //p3 使用卡片布局管理器
        p1.add(new Button("登录按钮"));
        p1.add(new Button("注册按钮"));
        p1.add(new Button("找回密码按钮"));
        p2.add(new TextField("用户名文本框",10));
        p2.add(new TextField("密码文本框",10));
        p2.add(new TextField("验证码文本框",10));
        p3.add(p1,"card1");  //向卡片布局面板中添加 p1,编号名称为 card1
```

```
            p3.add(p2,"card2");  //向卡片布局面板中添加 p2,编号名称为 card2
            layout.show(p3,"card1"); //调用 show()方法显示 p1 的内容
            frame.add(p3);
            frame.setBounds(300,200,450,200);
            frame.setVisible(true);
        }
    }
```

图 9-11　Demo9_9 运行结果(1)

实例代码 Demo9_9 创建了一个使用卡片布局管理器的面板 p3,其中包含两个大小相同的子面板 p1 和 p2。p1、p2 都使用默认的流式布局管理器,p1 中添加了 3 个按钮,p2 中添加了 3 个文本框。需要注意的是在将 p1 和 p2 添加到 p3 面板中时使用了含有两个参数的 add()方法,该方法的第二个参数表示子面板的编号。当需要显示某一个面板时,只需要调用卡片布局管理器的 show()方法,并在参数中指定子面板所对应的字符串编号即可,这里显示的是 p1 面板。如果将"layout.show(p3,"card1")"语句中的 card1 换成 card2,将显示 p2 面板的内容,此时运行结果如图 9-12 所示。

图 9-12　Demo9_9 运行结果(2)

9.5　GUI 中的事件处理

当用户与 GUI 组件交互时,GUI 组件能够激发一个响应事件。例如,用户点击按钮、输入文本、移动鼠标或按下键盘按键等,都将产生一个相应的事件。Java 提供了完善的事件处理机制,能够监听事件、识别事件源、调用事件处理者完成事件的处理。事件处理机制是一种事件处理框架,其设计目的是把 GUI 交互动作(单击、菜单选择等)转变为调用相关的事件处理程序进行处理。JDK 1.1 以后 Java 采取了授权处理机制(Delegation - based Model),即事件源可以把在其自身所有可能发生的事件分别授权给不同的事件处理者来处理。

java.awt.event 包中包含了 GUI 中的事件类。AWTEvent 类是所有事件类的祖先类,它又继承了 java.util.EventObject 类,而 EventObject 类又继承了 java.lang.Object 类,其继承关系图如图 9-13 所示。

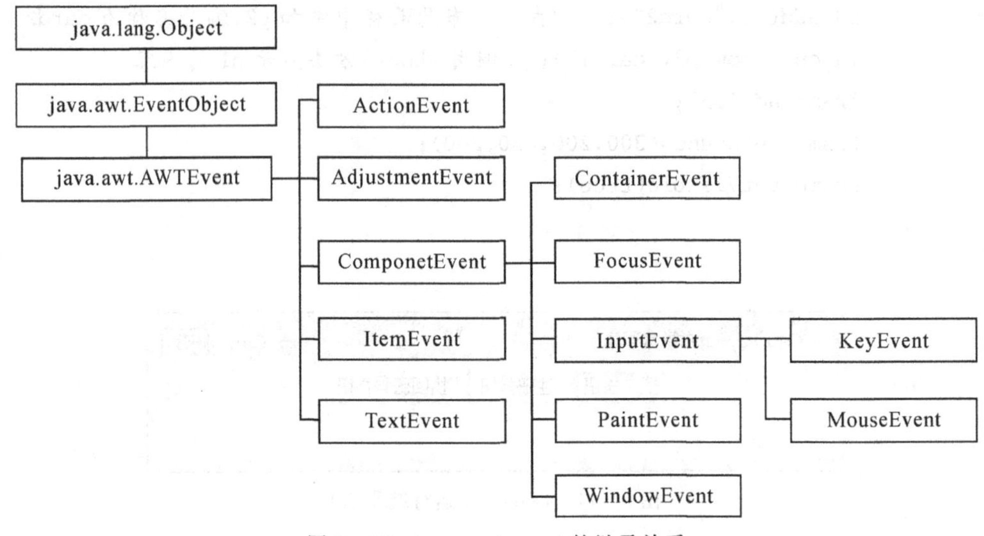

图 9－13　java. awt. event 的继承关系

9.5.1　事件处理机制

在事件处理机制中包含了几个主要的元素，分别是：事件源、事件、事件监听器、事件适配器等。

(1)事件源(Event Source)：即发生事件的场所，一般就是 GUI 的组件。如果组件产生了一个动作，就表明产生了这个动作所归属的事件。例如，单击一次 Button 按钮，则按钮就是一个事件源；在文本框中输入字符串，则文本框就是一个事件源。

(2)事件(Event)：可以理解为对一个组件的某种同类型操作动作的集合。例如，单击按钮、在文本框中输入字符串、选择菜单选项、选中单选按钮等都可以认为是一个操作动作。Java 按照事件产生的方式，将事件归类汇总后分为若干种类型，如动作事件、鼠标事件、键盘事件、窗口事件、选择事件等。

(3)事件监听器(Listener)：事件监听器的主要功能有，①监听组件，观察组件有没有发生某类事件；②如果监听的组件发生了某类事件，则调用对应的动作处理方法来处理这个事件。在事件处理机制中，监听器处于主体地位，与事件分类对应。监听器也相应地分为若干种类型，如鼠标事件对应鼠标监听器、键盘事件对应键盘监听器、窗口事件对应窗口监听器等。如果希望监听并处理一个组件的某类事件，则必须先给该组件添加对应的事件监听器。如果不给组件添加事件监听器，则该组件发生任何的事件都不会被监听器监听到，从而也不会产生任何的响应，所以说只有给组件添加事件监听器，组件才能与用户交互并执行某种操作。监听器是以接口类型呈现的，实现某一种监听器就必须实现该监听器的所有方法。

(4)事件适配器(Adapter)：监听器是对一类事件可能产生的所有动作进行监听。例如，鼠标监听器监听的是鼠标按键能够产生的所有动作，包括鼠标单击、鼠标按下、鼠标松开等。因为监听器属于接口，如果纯粹使用监听器来完成动作处理的操作，则程序必须实现这个监听器所有的动作处理方法。在进行具体的程序设计时，有时候只需要监听某类事件中的一个动作即可。例如，仅对鼠标单击按钮这个动作感兴趣，而对鼠标进入按钮、鼠标移动按钮等动作不需要进行编程响应动作。这个时候，就可以使用事件适配器，因为适配器可以由程序设计人员自主选择监听和响应的动作,从而简化了监听器的监听工作。当然,相应地能够监听的动作会变少,具体需要监听并响应何种动作,由程序设计人员根据实际需要在代码中自行指定。

9.5.2　常见事件

Java 处理事件响应的类和监听接口大多位于 java.awt 包中。AWT 事件类继承自 AWTEvent,它们的超类是 EventObject。在 AWT 事件中,事件分为低级事件和高级事件。低级事件(见表 9-16)是指基于容器和组件的事件,如鼠标的进入。高级事件是基于语义的事件(见表 9-17),它可以不和特定的动作相关联,而依赖触发此事件的类。

表 9-16　常用的低级事件

事件	说明
KeyEvent	按键按下和释放产生该事件
MouseEvent	鼠标按下、释放、拖动、移动、进入、离开等产生该事件
MouseWheelEvent	滚动鼠标滑轮产生该事件
FocusEvent	组件失去焦点产生该事件
WindowEvent	窗口发生变化产生该事件

表 9-17　常用的语义事件

事件	说明
ActionEvent	当单击按钮、选中菜单或在文本框中按 Enter 键等时产生该事件
ItemEvent	选中多选框、选中按钮或者单击列表产生该事件

9.5.3　监听接口与适配器

监听接口规定了组件所产生的事件类型和对应可以执行的方法。实现了监听接口的类的对象就称为事件监听者(处理者)。表 9-18 展示了事件类型、监听接口以及接口中的抽象方法。

表 9-18　事件类型、监听接口和抽象方法对应表

事件类型	对应的监听器	监听器接口中的抽象方法
ActionEvent	ActionListener	actionPerformed(ActionEvent e)
MouseEvent	MouseListener	mouseClicked(MouseEvent e) mouseEntered(MouseEvent e) mouseExited(MouseEvent e) mousePressed(MouseEvent e) mouseReleased(MouseEvent e) mouseDragged(MouseEvent e) mouseMoved(MouseEvent e)
MouseWheelEvent	MouseWheelListener	mouseWheelMoved(MouseWheelEvent e)

续表

事件类型	对应的监听器	监听器接口中的抽象方法
ItemEvent	ItemListener	itemStateChanged(ItemEvent e)
KeyEvent	KeyListener	keyPressed(KeyEvent e) keyReleased(KeyEvent e) keyTyped(KeyEvent e)
FocusEvent	FocusListener	focusGained(FocusEvent e) focusLost(FocusEvent e)
WindowEvent	WindowListener	windowActivated(WindowEvent e) windowClosed(WindowEvent e) windowClosing(WindowEvent e) windowDeactivated(WindowEvent e) windowDeiconified(WindowEvent e) windowIconified(WindowEvent e) windowOpened(WindowEvent e)
TextEvent	TextListener	textValueChanged(TextEvent e)

事件适配器其实就是一个接口的实现类，实际上适配器类只是将监听接口方法中的方法全部实现成空方法。这样在定义事件监听器时就可以继承该适配器，并重写所需要的方法，不必实现所有的方法了。

如果事件监听器接口中包含多个方法，即使只需要处理一个事件，也必须实现接口中的所有事件处理方法，不需响应的事件处理方法的方法体设置为空，编写程序较麻烦。为此，Java 提供了一种简单办法，为包含多个事件处理方法的每个事件监听器接口提供了一个抽象类，称为适配器(adapter)类，类名带有 Adapter 标记。每个适配器类实现一个事件监听接口，用空方法体实现该接口中每个抽象方法。例如，WindowAdapter 类实现 WinderListener 接口，用空方法体实现 WinderListener 接口中声明的所有的抽象方法。因此，一个需要处理事件的类可以声明为继承适配器类，仅需要覆盖所有响应的事件处理方法，再也不需要将其他方法体实现了。例如，处理窗口事件的类，可以声明为继承 WindowAdapter 类，仅需要覆盖所响应的窗口事件处理方法即可。常用的适配器如表 9-19 所示。

表 9-19　常用的适配器

适配器	说明
MouseAdapter	鼠标事件适配器
MouseMotionAdapter	鼠标移动事件适配器
WindowAdapter	窗口事件适配器
KeyAdapter	键盘事件适配器
FocusAdapter	焦点适配器

注意：只有包含两个及其以上抽象方法的监听器接口才有对应的适配器。

9.5.4　监听器对象的实现

当被监听的事件发生后,事件发生者(事件源)就会给注册该事件的监听者(监听器)发送消息,将监听到的事件对象传递给监听者,监听者根据这个对象可以获得相关属性并执行相关的操作,从而使事件源达到与用户交互的目的。交互过程如图9-14所示。

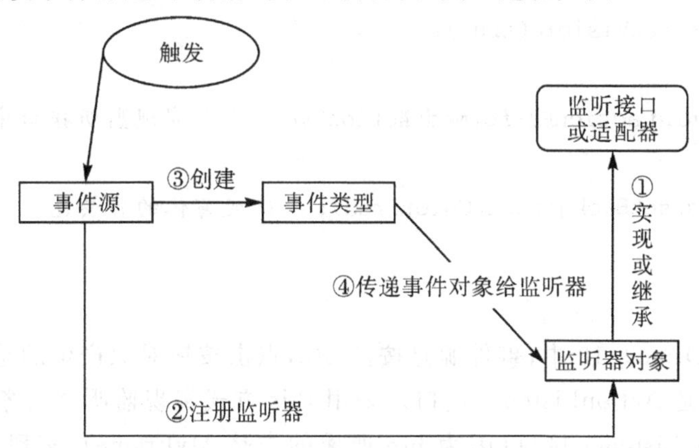

图9-14　事件处理机制交互过程

监听器对象的实现方式共有3种:this对象方式;内部类方式;匿名内部类方式。

1. this对象方式

该方式实现监听器对象的特点是:事件源所属的类充当事件源所产生事件的监听者,事件源调用addXXXListener()方法注册监听器对象的时候,传入的参数是this对象。

实例代码Demo9_10展示了监听器对象的this实现方式,当点击窗体中的按钮后,会将窗体的背景色改变为红色。

```
import java.awt.Button;
import java.awt.Frame;
import java.awt.BorderLayout;
import java.awt.event.ActionEvent;
import java.awt.event.ActionListener;
import java.awt.Color;
public class Demo9_10
{
    public static void main(String[] args) {
        new MyFrame();
    }
}
//MyFrame类的对象充当监听器,实现监听接口
class MyFrame extends Frame implements ActionListener  {
    private Button btn;   //btn作为事件源,它所属的类是MyFrame
    public MyFrame()
```

```
    {
        btn = new Button("变色");
        this.setBounds(100,100,200,200);
        this.add(btn,BorderLayout.NORTH);
        btn.addActionListener(this); //事件源注册监听器对象,传入 this 对象
        this.setVisible(true);
    }
    public void actionPerformed(ActionEvente) //实现监听接口中的抽象方法
    {
        this.setBackground(Color.red); //改变窗体的背景色
    }
}
```

在实例代码 Demo9_10 中,事件源是按钮 btn,点击按钮对象产生的是 ActionEvent 事件,对应的监听器是 ActionListener 接口。采用 this 方式实现监听器对象,那么 MyFrame 类就要实现 ActionListener 接口(因为 btn 所属的类是 MyFrame),实现抽象方法 actionPerformed(ActionEvent e),将窗体的背景色改为红色。

2. 内部类方式

该方式实现监听器对象的特点是:监听器对象所属的类是事件源所属类的内部类,事件源调用 addXXXListener()方法注册监听器对象的时候,传入的参数是内部类对象。

实例代码 Demo9_11 展示了监听器对象的内部类实现方式,当点击窗体中的按钮后,会在控制台输出一行字符串。

```
import java.awt.Button;
import java.awt.Frame;
import java.awt.BorderLayout;
import java.awt.event.ActionEvent;
import java.awt.event.ActionListener;
import java.awt.Color;
public class Demo9_11
{
    public static void main(String[] args) {
        new MyFrame();
    }
}
class MyFrame extends Frame
{
    private Button btn;
    public MyFrame()
    {
```

```
        btn = new Button("变色");
        this.setBounds(100,100,200,200);
        this.add(btn,BorderLayout.NORTH);
        //事件源注册监听器,监听器是内部类的对象
        btn.addActionListener(new ActionEventHandler());
        this.setVisible(true);
        }
        //MyFrame 类的内部类实现了 ActionListener 接口,ActionEventHandler 是
          内部类
        class ActionEventHandler implements ActionListener
        {
        public void actionPerformed(ActionEvent e)
        {
            System.out.println("按钮被点击了");
        }
    }
}
```

在实例代码 Demo9_11 中,事件源是按钮 btn,点击 btn 产生的是 ActionEvent 事件,对应的监听器是 ActionListener 接口。ActionEventHandler 是 MyFrame 类的内部类,实现了 ActionListener 接口,实现抽象方法 actionPerformed(ActionEvent e),在控制台输出“按钮被点击了”。

3. 匿名内部类方式

该方式实现监听器对象的特点是:监听器对象所属的类是事件源所属类的匿名内部类,事件源调用 addXXXListener()方法注册监听器对象的时候,完成匿名内部类的定义和对象的创建。

将实例代码 Demo9_11 中的监听器对象实现方式改为匿名内部类方式,如实例代码 Demo9_12 所示。

```
import java.awt.Button;
import java.awt.Frame;
import java.awt.BorderLayout;
import java.awt.event.ActionEvent;
import java.awt.event.ActionListener;
import java.awt.Color;
public class Demo9_12
{
    public static void main(String[] args)
    {
        new MyFrame();
```

```
        }
    }
    class MyFrame extends Frame
    {
        private Button btn;
        public MyFrame()
        {
            btn = new Button("变色");
            this.setBounds(100,100,200,200);
            this.add(btn,BorderLayout.NORTH);
            //匿名内部类的定义及对象的创建
            btn.addActionListener(new ActionListener()
            {
                public void actionPerformed(ActionEvent e)
                {
                    System.out.println("按钮被点击了");
                }
            }
            );
            this.setVisible(true);
        }
    }
```

在实例代码Demo9_12中,事件源是按钮btn,点击btn产生的是ActionEvent事件,对应的监听器是ActionListener接口。按钮btn在调用addActionListener()方法时,实参部分就是匿名内部类的定义及对象的创建。由于匿名内部类没有名字,在创建匿名内部类对象时要调用一个父类或接口的名字。

监听器对象的3种实现方式各有优缺点,如表9-20所示。在实际应用开发中应该具体问题具体分析,采取合适的方式来完成监听器对象的定义。

表9-20 监听器对象实现方式的比较

监听器对象的实现方式	优点	缺点
this对象方式	实现方式简单,不用单独创建监听器对象	显示逻辑与业务逻辑紧密耦合,分工不明确
内部类方式	显示逻辑与业务逻辑分离	增加了类的数量,需要创建内部类的对象
匿名内部类方式	代码位置固定,节约内存,程序结构清晰	类的定义与对象的创建是同时完成的,对初学者来说不容易理解

综上所述,编写 Java 图形用户界面程序,可以按照如下思路来完成。

(1)根据应用程序的实际需求,进行页面的布局和组件的设定。

(2)明确事件源以及对应的事件、监听器和适配器。

(3)选择表 9-20 所列举的 3 种实现方式完成监听器对象的定义。

(4)给事件源注册监听器对象。

9.6 Java Swing

Swing 是 Java 中扩展的 GUI 工具包。Swing 包括了 AWT 中几乎所有的容器和组件,而且提供许多比 AWT 更好的屏幕显示元素。Swing 是用纯 Java 编写的,所以同 Java 本身一样可以跨平台运行。它们支持可更换的面板和主题(各种操作系统默认的特有主题),但是不是真的使用原生平台提供的设备,而是仅仅在表面上模仿它们。Swing 是轻量级的组件,缺点则是执行速度较慢,优点就是可以在所有平台上采用统一的外观和行为。

9.6.1 Swing 常用组件

Swing 中的组件定义在 javax.swing 包中,组件的命名与 AWT 中的命名相似,前面以"J"开头。实例代码 Demo9_13 采用 Swing 中的组件实现了实例代码 Demo9_5 的效果,运行结果如图 9-15 所示。

```
import java.awt.Container;  //导入 Swing 包中相关的组件
import javax.swing.JButton;
import javax.swing.JFrame;
import javax.swing.JLabel;
import javax.swing.JList;
import javax.swing.JPasswordField;
import javax.swing.JTextField;
class Demo9_13 extends JFrame//从 JFrame 继承,当前类表示窗体
{
    private JLabel lab_name;
    private JLabel lab_password;
    private JLabel lab_type;
    private JTextField text_name;
    private JPasswordField text_password;
    private JButton button_ok;
    private JButton button_cancel;
    private JList list;
        public Demo9_13()
        {
            //实例化窗体中的各组件对象
            lab_name = new JLabel("用户名:");
```

```
        lab_password = new JLabel("密 码:");
        lab_type = new JLabel("用户类型:");
        String strs[] = {"教辅人员","管理人员"};
        list = new JList(strs); //实例化 JList 对象
        text_name = new JTextField();
        text_password = new JPasswordField();
        text_password.setEchoChar('*'); //设置密码框输入信息的回显字符
        button_ok = new JButton("确定");
        button_cancel = new JButton("退出");
        //设置窗体的标题栏信息
        this.setTitle("教师信息管理系统登录界面");
        initLoginFrm();
    }
    public void initLoginFrm()
    {
        //当前窗体不使用布局管理器
        this.setLayout(null);
        lab_name.setBounds(30,60,60,20);
        lab_type.setBounds(30,100,60,20);
        lab_password.setBounds(30,130,60,20);
        text_name.setBounds(100,60,120,30);
        list.setBounds(100,100,120,40);
        text_password.setBounds(100,140,120,30);
        button_ok.setBounds(40, 180, 60, 30);
        button_cancel.setBounds(140, 180, 60, 30);
        Container con = this.getContentPane(); //得到 JFrame 窗体的内容面板
        con.add(lab_name); //将各个组件添加到内容面板中
        con.add(lab_password);
        con.add(lab_type);
        con.add(text_name);
        con.add(list);
        con.add(text_password);
        con.add(button_ok);
        con.add(button_cancel);
        this.setBounds(100,100,260,260);
        this.setResizable(false);
        this.setVisible(true);
        //点击窗体的关闭按钮时关闭窗体
        this.setDefaultCloseOperation(JFrame.EXIT_ON_CLOSE);
```

```
        }
        public static void main(String args[])
        {
            new Demo9_13();
        }
}
```

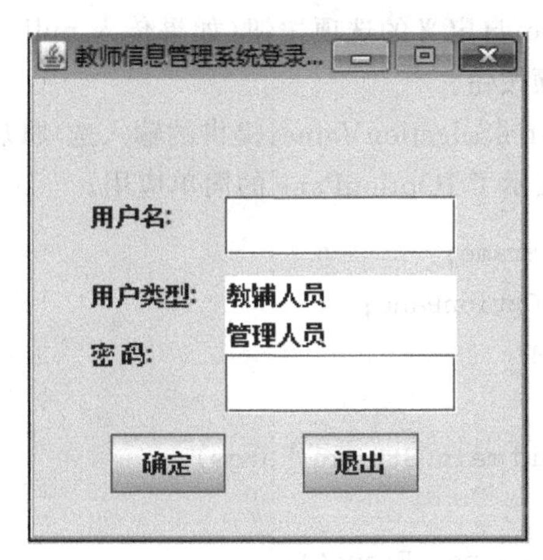

图 9-15　Demo9_13 运行结果

9.6.2　标准对话框(JOptionPane)

JOptionPane 是 Java Swing 内部封装好的、以静态方法的形式提供调用、能够快速方便地弹出要求用户提供值或向其发出通知的标准对话框。JOptionPane 提供的标准对话框类型如表 9-21 所示。

表 9-21　JOptionPane 提供的标准对话框类型

方法	功能说明
showMessageDialog()	消息对话框，向用户展示一个消息，没有返回值
showConfirmDialog()	确认对话框，询问一个问题是否执行
showInputDialog()	输入对话框，要求用户提供某些输入
showOptionDialog()	选项对话框，上述三项的大统一，自定义按钮文本，询问用户需要点击哪个按钮

上述四个类型的方法(包括重载方法)的参数遵循一致的模式，各参数的含义如下。

(1)parentComponent：对话框的父级组件，决定对话框显示的位置，对话框的显示会尽量靠近组件的中心；如果传 null，则显示在屏幕的中心。

(2)title：对话框标题。

(3)message：消息内容。

(4)messageType：消息类型，主要是提供默认的对话框图标。可能的值为

· JOptionPane. PLAIN_MESSAGE 简单消息(不使用图标)。

- JOptionPane. INFORMATION_MESSAGE 信息消息(默认)。
- JOptionPane. QUESTION_MESSAGE 问题消息。
- JOptionPane. WARNING_MESSAGE 警告消息。
- JOptionPane. ERROR_MESSAGE 错误消息。

(5)icon:自定义的对话框图标,如果传 null,则图标类型由 messageType 决定。

(6)optionType:选项按钮的类型。

(7)options、initialValue:自定义的选项按钮(如果传入 null,则选项按钮由 optionType 决定),以及默认选中的选项按钮。

(8)selectionValues、initialSelectionValue:提供的输入选项以及默认选中的选项。

实例代码 Demo9_14 展示了 JOptionPane 的简单应用。

```
import javax.swing.JFrame;
import javax.swing.JOptionPane;
public class Demo9_14
{
    public static void main(String[] args)
    {
        JFrame jFrame = newJFrame();
        jFrame.setSize(400,300);
        jFrame.setTitle("I Love Java");
        jFrame.setVisible(true);
        JOptionPane.showMessageDialog(jFrame, "How are you?");
        JOptionPane.showMessageDialog(null, "I'm fine, thanks!");
    }
}
```

9.6.3 JTable 组件

JTable 是用来显示和编辑常规的二维单元表。它包括行和列,每行代表的是一个实体对象,例如一个学生;每列代表一种属性,例如:学号、姓名、成绩等。在 JTable 中,默认情况下列会平均分配父容器的宽度,可以通过鼠标改变列的宽度,还可以交换列的排列顺序,这些都可以通过代码进行限定和修改。JTable 的构造方法如表 9-22 所示。

表 9-22 JTable 的构造方法

构造方法	功能说明
JTable()	创建空表格,后续再添加相应数据
JTable(int numRows, int numColumns)	创建指定 numRows 行、numColumns 列的空表格,表头名称默认使用大写字母(A, B, C ,…)依次表示

续表

构造方法	功能说明
JTable(Object[][] rowData, Object[] columnNames)	创建表格,rowData表示表格行内容、columnNames表示表头名称
JTable(TableModel dm)	使用表格模型创建表格

以下是JTable的其他方法：

- void setFont(Font font) //设置字体类型
- void setForeground(Color fg) //设置字体颜色
- void setSelectionForeground(Color selectionForeground) //设置被选中行的字体颜色
- void setSelectionBackground(Color selectionBackground) //设置被选中的行背景
- void setGridColor(Color gridColor) //设置网格颜色
- void setShowGrid(boolean showGrid) //设置是否显示网格
- void setShowHorizontalLines(boolean showHorizontalLines) //水平方向网格线是否显示
- void setShowVerticalLines(boolean showVerticalLines) //竖直方向网格线是否显示
- JTableHeader jTableHeader = jTable.getTableHeader();//获取表头
- jTableHeader.setFont(Font font); //设置表头名称字体样式
- jTableHeader.setForeground(Color fg); //设置表头名称字体颜色
- jTableHeader.setResizingAllowed(boolean resizingAllowed); //设置用户是否可以通过在头间拖动来调整各列的大小。
- jTableHeader.setReorderingAllowed(boolean reorderingAllowed); //设置用户是否可以拖动列头,以重新排序各列。

实例代码Demo9_15展示了JTable的基本使用,运行结果如图9-16所示。

```
import java.awt.BorderLayout;
import javax.swing.JFrame;
import javax.swing.JPanel;
import javax.swing.JTable;
import javax.swing.WindowConstants;
public class Demo9_15
{
    public static void main(String[] args)
    {
        JFrame jf = new JFrame("展示 JTable 的窗体");
        jf.setDefaultCloseOperation(WindowConstants.EXIT_ON_CLOSE);
        JPanel panel = new JPanel(new BorderLayout());//创建内容面板,使用边
                                                        界布局
        //表头(列名)字符串
```

```
        Object[] columnNames = {"姓名", "语文", "数学", "英语", "总分"};
        //表格所有行数据
        Object[][] rowData = {
            {"candy", 80, 80, 80, 240},
            {"John", 70, 80, 90, 240},
            {"Sue", 70, 70, 70, 210},
            {"Jane", 80, 70, 60, 210},
            {"Joe", 80, 70, 65, 215}
        };
        //创建一个表格,指定所有行数据和表头
        JTable table = newJTable(rowData, columnNames);
        //把表头添加到面板顶部(使用普通的中间容器添加表格时,表头和内容需要
          分开添加)
        panel.add(table.getTableHeader(), BorderLayout.NORTH);
        //把表格内容添加到面板中心
        panel.add(table, BorderLayout.CENTER);
        jf.setContentPane(panel);
        jf.pack();
        jf.setLocationRelativeTo(null);
        jf.setVisible(true);
    }
}
```

展示JTable的窗体

姓名	语文	数学	英语	总分
candy	80	80	80	240
John	70	80	90	240
Sue	70	70	70	210
Jane	80	70	60	210
Joe	80	70	65	215

图 9-16　Demo9_14 运行结果

表格组件和其他普通组件一样,需要添加到容器中才能显示,添加表格到容器中有两种方式。

(1)添加到普通的中间容器中,此时添加的 JTable 只是表格的行内容,表头内容可通过表格对象的 getTableHeader()方法单独添加。此添加方式适合表格行数确定,数据量较小,能一次性显示完整的表格。

(2)添加到 JScrollPane 滚动容器中,此添加方式不需要额外添加表头,JTable 对象添加到 JScrollPane 中后,表头自动添加到滚动容器的顶部,并支持行内容的滚动(滚动行内容时,表头会始终在顶部显示)。

9.6.4　JTree 组件

JTree 是以分层形式将数据显示为树状轮廓的组件。一棵树由若干节点,通过层级关系组成,一个节点由 TreeNode 实例来表示,节点在树中的位置由 TreePath 实例来表示。创建树时,首先要创建一个根节点,然后创建第二层节点添加到根节点,继续创建节点添加到其父节点,最终形成由根节点所引领的一棵树,再由 JTree 组件显示出来。JTree 的常用构造方法如表 9-23 所示。

所有拥有子节点的节点可以自由展开或折叠子节点。TreeNode 是一个接口,创建节点对象时,通常使用已实现该接口的 DefaultMutableTreeNode 类。DefaultMutableTreeNode 表示一个节点,提供了对节点进行增、删、改、查等操作。TreeModel 接口表示树模型,DefaultTreeModel 是 TreeModel 的实现类。可以通过根节点创建 DefaultTreeModel 对象,再通过 DefaultTreeModel 对象创建 JTree 对象。TreeSelectionModel 表示树的选择模式。上述这些接口和类都在 javax. swing. tree 包中。

对 JTree 对象进行操作会触发 TreeSelectionEvent,对应的监听接口是 TreeSelectionListener,它们在 javax. swing. event 包中。

表 9-23　JTree 的构造方法

构造方法	功能说明
JTree()	创建带有示例模型的 JTree 对象
JTree(Object[] value)	创建 JTree 对象,指定数组的每个元素作为不被显示的新根节点的子节点
JTree(TreeModel newModel)	创建 JTree 对象,它显示根节点。使用指定的数据模型创建树
JTree(TreeNode root)	创建 JTree 对象,指定 TreeNode 作为其根,它显示根节点

实例代码 Demo9_16 展示了 JTree 的基本使用,运行结果如图 9-17 所示。

```
import javax.swing.JFrame;
import javax.swing.JTree;
import javax.swing.event.TreeSelectionEvent;
import javax.swing.event.TreeSelectionListener;
import javax.swing.tree.DefaultMutableTreeNode;
import javax.swing.tree.DefaultTreeModel;
import javax.swing.tree.TreePath;
import javax.swing.tree.TreeSelectionModel;
class MyFrame extends JFrame
{
    //单选的常量值为 1,连选的常量值为 2,多选的常量值为 4
    private static final int DISCONTIGUOUS_TREE_SELECTION = 4;
    private JTree tree;
```

```
        public MyFrame()
        {
            this.setTitle("树操作");
            this.setBounds(400, 400, 400, 400);
            this.setDefaultCloseOperation(JFrame.EXIT_ON_CLOSE);
    DefaultMutableTreeNode root = new DefaultMutableTreeNode("计算机学院");
    DefaultMutableTreeNode rootFirst = new DefaultMutableTreeNode("计算机科学与
                                技术系");
    //创建节点对象,该节点不能有子节点
    DefaultMutableTreeNode rootSecond = new DefaultMutableTreeNode("软件工程
                                系",false);
    //创建节点对象,该节点不能有子节点
    DefaultMutableTreeNode rootThird = new DefaultMutableTreeNode("物联网工程
                                系",false);
            root.add(rootFirst); //向根节点添加子节点
            root.add(rootSecond);//向根节点添加子节点
            root.add(rootThird); //向根节点添加子节点
            //给一级节点添加子节点
            rootFirst.add(new DefaultMutableTreeNode("嵌入式系统研究团队"));
            //创建树模型,传入根节点对象
            DefaultTreeModel treeModel = new DefaultTreeModel(root);//采用树模型
            //创建数对象,传入树模型
            tree = new JTree(treeModel);
            //获得树的选择模式
            TreeSelectionModel treeSelect = tree.getSelectionModel();
            //设置树的选择模式为多选
            treeSelect.setSelectionMode(DISCONTIGUOUS_TREE_SELECTION);
            tree.addTreeSelectionListener(new TreeSelectionListener() {
            public void valueChanged(TreeSelectionEvent e)
            {
            //判断节点是否被选中,被选中为 0,没被选中为 1
            if(! tree.isSelectionEmpty())
            {
            //获取所有被选中节点的路径
                TreePath[] selectionPath = tree.getSelectionPaths();
                    for(int i = 0; i < selectionPath.length; i++)
                    {
                        TreePath path = selectionPath[i];
                        //以 Object 数组的形式返回该路径中所有节点的对象
```

```
                        Object[] obj = path.getPath();
                        for(int j = 0; j < obj.length; j++)
                        {
                            //获得节点
                        DefaultMutableTreeNode node = (DefaultMutableTreeNode)
                                                        obj[j];
            System.out.print(node.getUserObject());
                        }
                  }
              }
          });
              this.add(tree);
              this.setVisible(true);
              }
          }
          public class Demo9_16
          {
              public static void main(String[] args)
              {
                  new MyFrame();
              }
      }
```

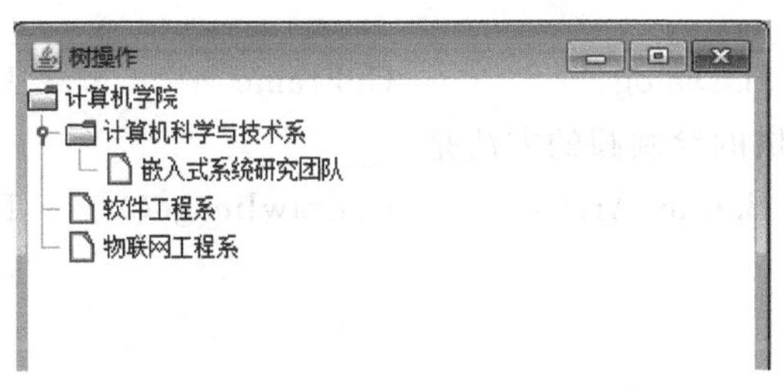

图 9-17 Demo9_16 运行结果

在图 9-17 的运行结果中,选择"计算机科学与技术系"这个一级节点,会打开或关闭它下面的字节点。

练习题

一、选择题

1. 下列关于容器的描述中,错误的是________。
   A. 容器可以包含若干个组件和其他容器

B. 容器是对图形界面中界面元素的一种管理

C. 容器是一种指定宽和高的矩形范围

D. 容器都是可以独立的窗口

2. 每个 GUI 程序必须至少包含一个________组件。

A. 按钮　　B. 标签　　C. 菜单　　D. 容器

3. 组建 JOptionPane 提供的静态方法 showConfirmDialog()包含________个参数。

A. 4　　B. 3　　C. 2　　D. 1

4. 当鼠标按键被释放时，会调用以下________事件处理器方法。

A. mouseReleased()　　B. mouseUp()　　C. mouseOff()　　D. mouseLetGo()

5. 使用 FlowLayout 布局时，为了适应各组件大小，JPanel 应使用的方法是________。

A. setSize()　　B. setResizable()　　C. pack()　　D. setVisible()

6. 在对下列语句的解释中，错误的是________。

but. addActionListener(this);

A. but 是事件源

B. this 表示当前容器

C. ActionListener 是动作事件的监听接口

D. 该语句的功能是将 but 对象注册为 this 对象的监听者

7. 所有事件类的父类是________。

A. ActionEvent　　B. AwtEvent　　C. KeyEvent　　D. MouseEvent

8. 下列各种布局管理器中 Window 类、Dialog 类和 Frame 类的默认布局是________。

A. FlowLayout　　B. CardLayout　　C. BorderLayout　　D. GridLayout

9. 在下列各种容器中，最简单的无边框的又不能移动和缩放的只能包含在另一种容器中的容器是________。

A. Window　　B. Dialog　　C. Frame　　D. Panel

10. 抽象类 Graphics 提供的绘制圆的方法是________。

A. drawstring()　　B. drawArc()　　C. drawImage()　　D. drawOval()

二、简答题

1. 请简要叙述 AWT 与 Swing 的区别。
2. 布局管理器的作用是什么？Java 提供了哪几种布局管理器？
3. 容器主要有哪些作用？Java 中有哪些常见的容器？它们之间有什么区别？
4. 请简述 GUI 中实现事件监听的步骤。
5. 在 Java 程序中哪三种对象可以担任监听者？

三、程序设计题

1. 编写一个 JFrame 窗口，要求如下：

(1)窗口包含一个菜单栏和一个 JLabel 标签。

(2)菜单栏中有两个菜单，第一个菜单有两个菜单项，它们之间用分隔符分开，第二个菜单有一个菜单项(菜单和菜单项的文本内容自行拟定)。

(3)JLabel 标签放置在窗口的中间(即 BorderLayout.CENTER),当点击菜单项的时候,菜单项中的文本内容显示到 JLabel 标签中。

2. 编写一个 JFrame 窗口,要求如下:

(1)在窗口的最上方放置一个 JLabel 标签,标签中默认的文本是"此处显示鼠标右键点击的坐标"。

(2)为 JFrame 窗口添加一个鼠标事件,当鼠标右键点击窗口时,在 JLabel 标签中显示鼠标的位置。

3. 在实例代码 Demo9_13 的基础上,给"确定"按钮添加事件监听机制,事件处理的逻辑是:当用户名文本框输入内容为"张三"、用户类型为"教辅人员"、密码框输入内容为"abc"时,弹出消息提示对话框,显示内容为"恭喜,登录成功"。(分别用 3 种方式来实现"确定"按钮的事件监听对象。)

第 10 章 IO 操作

本章学习目标：

1. 理解流的概念与分类。
2. 掌握 File 对象的使用。
3. 掌握字节流和字符流对文件的读写操作。
4. 掌握其他各种具体流特点和使用。
5. 掌握标准输入流、标准输出流和错误流的使用。
6. 理解流的重定向。

10.1 File 类

10.1.1 基本概念

File 类位于 java.io 包中，它是文件和目录（文件夹）的抽象表示形式。一个 File 类的对象可以表示一个磁盘文件或目录，其对象属性中包含了文件或目录的相关信息，例如名称、长度、所含文件个数等，其方法可以完成对文件或目录的常用管理操作，例如创建、删除等。File 类的对象是不可变的，也就是说 File 对象一旦创建，它所表示的抽象路径名将永不改变。

10.1.2 构造方法

File 类的常用构造方法有以下 3 种。

(1)File(String fileName)：通过文件名 fileName 创建 File 对象。

例如：File f = new File(“C:\\example\\file1.txt”);

(2)File(String directoryPath,String fileName)：通过目录名称 directoryPath 和文件名 fileName 创建 File 对象。

例如：String directoryPath = “e:\\example\\”;
　　　File f = new File(directoryPath,“file1.txt”);

(3)File(File file,String fileName)：以 file 代表的目录和文件名 fileName 创建 File 对

象。

例如：File f1 = new File("e:\\example\\")；
　　File f2 = new File(f1,"file1.txt")；

10.1.3　File 类的常用方法

File 中用来表示文件或目录属性的方法和表示路径分隔符的属性见表 10－1。

表 10－1　File 类的常用方法(1)

方法/属性	功能说明
boolean exists()	文件或目录是否存在
boolean canRead()	判断能否读取当前文件
boolean canWrite()	判断能否修改当前文件
boolean isHidden()	判断文件是否隐藏
boolean isFile()	判断是否是文件
boolean isDirectory()	判断是否是目录
File.separator	与操作系统无关的路径分隔符

File 中用来获取文件或目录的名称、路径、创建和删除等操作的方法见表 10－2。

表 10－2　File 类的常用方法(2)

方法	功能说明	备注
String getName()	得到文件或目录的名称	
String getPath()	得到文件或目录的路径	
String getAbsolutePath()	得到文件或目录的绝对路径	
String getParent()	得到上一级目录名	
boolean delete()	删除文件或目录	
boolean createNewFile()	创建一个新的文件	抛出 IOException 异常
long length()	得到文件的字节数	
long lastModified()	得到文件最后一次被修改的时间	
String[] list()	以字符串数组形式得到文件或目录的名字	
File[] listFile()	得到某个目录下的 File 数组	如果不是目录返回 null
boolean mkdir()	创建指定的目录	
boolean mkdirs()	创建此抽象路径名指定的目录，包括所有必需但不存在的父目录。	

实例代码 Demo10_1 用来创建一个指定路径的文本文件，并输出该文件的相关属性信息，如果指定路径的文件存在则删除该文件。

```
import java.io.File;
import java.io.IOException;
import java.util.Date;
public class Demo10_1
{
    public static void main(String args[]) throws IOException
    {
        //创建 File 对象对应 E 盘根目录下的 hello.txt 文件
        File file = new File("E:" + File.separator + "hello.txt");
        if(file.exists())
        {
            System.out.println("文件存在,可以进行删除操作");
            file.delete();
        }
        else
        {
            System.out.println("文件不存在,可以进行创建操作");
            file.createNewFile();
            System.out.println("此文件名是:" + file.getName());
            System.out.println("此文件的上一级目录名是:" + file.getParent());
            System.out.println("此文件的路径字符串是:" + file.getPath());
            System.out.println("此文件的绝对路径是:" + file.getAbsolutePath());
            if(file.canRead())
                System.out.println("文件可读");
            if(file.canWrite())
                System.out.println("文件可写");
            if(file.isHidden())
                System.out.println("该文件为隐藏文件");
            if(file.canExecute())
                System.out.println("该文件为可执行文件");

            System.out.println("文件的字节数为:" + file.length());
            System.out.println("文件的最后一次修改时间为:" + new Date(file.
                                lastModified()));
        }
    }
}
```

实例代码 Demo10_2 用来遍历一个目录，将该目录中所有文件的路径信息输出，并统计其中子目录的个数和文件的个数。

```
import java.io.File;
import java.io.IOException;
class FileUtil
{
    //要操作的目录路径
    private static String sourcePath;
    //文件的个数
    private static int fileCounts;
    //目录的个数
    private static int directoryCounts;
    public static void setSourcePath(String path)
    {
        sourcePath = path;
    }
    public static void showFileInfo()
    {
        File file = new File(sourcePath);
        //判断当前路径表示的目录存在
        if(file.exists()&&file.isDirectory())
    {
        //返回目录里面的File数组
        File f[] = file.listFiles();
        for(int i = 0;i<f.length;i ++ )
        {
            //当前File对象为目录
            if(f[i].isDirectory())
            {
                directoryCounts ++ ;
                showFile(f[i]);
            }
            else
            {
                fileCounts ++ ;
                System.out.println("文件是:" + f[i].getAbsolutePath());
            }
        }
    }
    else
        throw new IllegalArgumentException("要查找的路径不存在或者不是一个
```

```
                                                目录");
    }
    private static void showFile(File file)
    {
        File subFile[] = file.listFiles();
        for(int j = 0;j<subFile.length;j ++ )
        {
            if(subFile[j].isDirectory())
            {
                directoryCounts ++ ;
                showFile(subFile[j]); //递归调用
            }
            else
            {
                fileCounts ++ ;
                System.out.println("文件是:" + subFile[j].getAbsolutePath());
            }
        }
    }

    public static int getFileCounts()
    {
        return fileCounts;
    }
    public static int getdirectoryCounts()
    {
        return directoryCounts;
    }
}
public class Demo10_2
{
    public static void main(String args[]) throws IOException
    {
        FileUtil.setSourcePath("E:" + File.separator + "课堂练习");
        FileUtil.showFileInfo();
        System.out.println("子目录个数是:" + FileUtil.getdirectoryCounts());
        System.out.println("文件个数是:" + FileUtil.getFileCounts());
    }
}
```

实例代码 Demo10_3 用来创建一个以当前日期命名的目录。假如一个网站每天需要上传很多的图片，如果都把图片放到一个文件夹中，随着时间的推移将会产生很多文件，不方便管理。可以将每天的图片文件放入到一个文件夹中，这个文件夹以当前的日期进行命名。

```
import java.io.File;
import java.io.IOException;
import java.util.Date;
import java.text.SimpleDateFormat;
public class Demo10_3
{
    //照片要存放的路径名称
    private static final String FOLDER_NAME = "E:" + File.separator + "Upload-
                                                         Pictures";
    public static void main(String args[]) throws IOException
    {
        File file = new File(FOLDER_NAME);
        //存放照片的根目录已经存在
        if(file.exists())
            //按年-月-日格式生成目录
            createFolder(FOLDER_NAME);
        else
            createFolders(FOLDER_NAME);
    }
    public static void createFolder(String pathName)
    {
        //创建日期格式化对象
        SimpleDateFormat sdf = new SimpleDateFormat("yyyy-MM-dd");
        //将"四位年-两位月-两位日"字符串作为当前文件夹名称
        String folderName = sdf.format(new Date());
        String folderPathName = pathName + File.separator + folderName;

        File f = new File(folderPathName);
        //创建文件夹
        f.mkdir();
    }
    public static void createFolders(String pathName)
    {
        //创建日期格式化对象
        SimpleDateFormat sdf = new SimpleDateFormat("yyyy-MM-dd");
        //将"四位年-两位月-两位日"字符串作为当前文件夹名称
```

```
            String folderName = sdf.format(new Date());
            String folderPathName = pathName + File.separator + folderName;
            File f = new File(folderPathName);
                //创建目录,包括该目录的父目录
                f.mkdirs();
        }
    }
```

10.2 流

10.2.1 数据源、数据宿和流的概念

在理解流的概念前,首先要理解两个基本概念:数据源和数据宿。数据源是指数据的源头,也就是数据从哪里来的。数据宿是指数据的目的地,也就是数据要保存到哪里。一般情况下,内存空间、磁盘文件、IO 设备、数据库和网络连接等资源都可能成为数据源和数据宿。

流就是计算机中数据的流动,它是一个动态、抽象的概念。流可以看作是数据源和数据宿之间的"桥梁",通过流在数据源和数据宿之间进行数据传输。假定这样一个场景:通过 Java 程序实现将某个文件中的数据保存到数据库表中,如图 10－1 所示,某文件就是数据源,数据库就是数据宿,箭头就表示流。

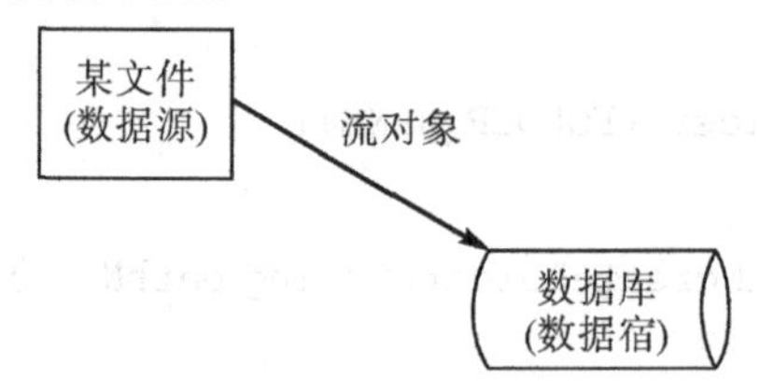

图 10－1　数据源、数据宿、流概念示意图

10.2.2 流的分类

Java IO 体系中提供了多种类型的流,在使用某个流之前,应该弄清楚这个流的基本特性。流的分类有 3 个标准,分别是:按流的方向分、按流是否直接关联数据源或数据宿分、按流处理数据的粒度分。

按照流的方向将所有流分为两类:输入流和输出流。以当前 Java 程序为参照物,要从某个数据源进行数据读操作就要使用输入流;要将数据保存到某个数据宿就要使用输出流,如图 10－2 所示。

使用输入流通常包含 4 个基本步骤。

(1)确定对应的数据源对象;

(2)创建指向数据源的输入流对象;

(3)通过输入流读取数据源的内容;

(4)关闭输入流对象。

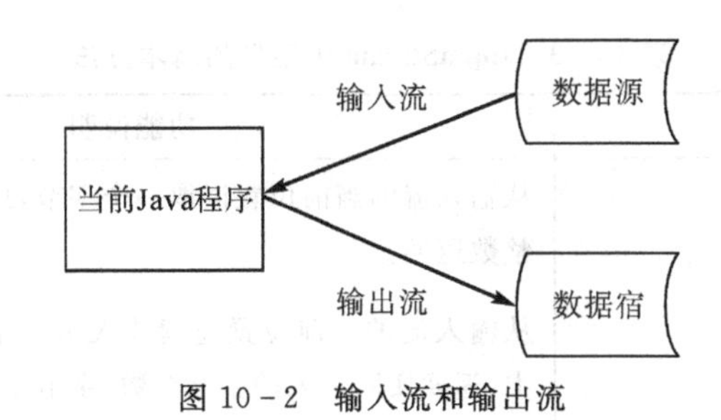

图 10－2 输入流和输出流

使用输出流通常也包含 4 个基本步骤。

(1)确定对应的数据宿对象;

(2)创建指向数据宿的输出流对象;

(3)通过输出流向数据宿写数据;

(4)关闭输出流对象。

注意:只能对输入流进行数据的读操作,不能进行写操作;只能对输出流进行写操作,不能进行读操作。

按照流是否直接关联数据源或数据宿将所有流分为:节点流和处理流。节点流能够直接关联到数据源或者数据宿,处理流不能直接关联到数据源或者数据宿,只能间接关联。如图 10－3 所示中,细箭头代表的是某个节点流对象,它直接关联到了数据源;粗箭头代表的是某个处理流,它不能直接关联数据源,而是关联到了节点流。通常情况下,处理流的数据读写能力要比节点流强。

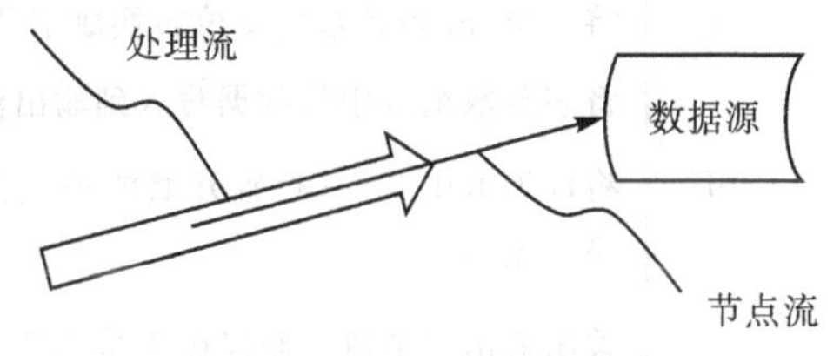

图 10－3 节点流与处理流

按照处理数据的粒度将所有流分为:字节流和字符流。字节流以字节为单位处理数据,每次读写若干个字节。字符流以字符为单位处理数据,每次读写若干个字符。从流的命名来看,凡是以 Stream 结尾的流都是字节流,以 Reader 或 Writer 结尾的流是字符流,带有 Input 和 Output 命名的流是输入流和输出流。

10.3 各种流的具体应用

10.3.1 InputStream 和 OutputStream

InputStream 是 IO 体系中一切输入字节流的父类,它是一个抽象类。该类提供了以字节为单位进行数据读操作的基本方法,这些方法在 InputStream 的各种具体子类中得到了实现。这些基本的读操作方法如表 10－3 所示。

表 10-3 InputStream 中定义的基本方法

方法	功能说明
int read()	从输入流的当前位置读取一个字节,形成一个 0～255 的整数返回。
int read(byte b[])	从输入流的当前位置连续读入多个字节,保存到数组 b 中,返回实际读入的字节个数(字节个数小于或等于数组 b 的长度)。
int read(byte b[], int off, int len)	从输入流的当前位置读取 len 个字节数据,保存到数组 b 中,下标从 off 位置开始,并返回实际读取到的字节数。(实际读到的字节数≤b 的长度－off)
void close()	关闭输入的字节流

注意:如果 read 方法返回的值为－1,表示流中的数据已经读完。

OutputStream 是 IO 体系中一切输出字节流的父类,它是一个抽象类。该类提供了以字节为单位进行数据写操作的基本方法,这些方法在 OutputStream 的各种具体子类中得到了实现。这些具体的写操作作方法如表 10-4 所示。

表 10-4 OutputStream 中定义的基本方法

方法	功能说明
void write(int b)	将一个 int 型整数的低位转换成字节写入到输出流中
void write(byte b[])	将字节数组 b 中的数据写入到输出流中
void write(byte b[], int off, int len)	将数组 b 中从 off 位置开始的长度为 len 的数据写入到输出流中。
void close()	关闭输出字节流。确保操作系统把流缓冲区中的内容写到它的目的地。

10.3.2 FileInputStream 和 FileOutputStream

FileInputStream 是文件输入字节流,用来从磁盘文件中读取数据,它是 InputStream 的子类,它实现了 InputStream 中定义的有关数据读操作的方法。FileOutputStream 是文件输出字节流,用来向磁盘文件中写入数据,它是 OutputStream 的子类并实现了 OutputStream 中定义的有关数据写操作的方法。FileInputStream 的构造方法如下所示:

```
FileInputStream(String name);
FileInputStream(File file);
```

第一个构造方法使用给定的文件名 name 创建 FileInputStream 流对象,第二个构造方法使用 File 对象创建 FileInputStream 流对象。name 和 file 指定的文件为输入的数据源。FileInputStream 打开一个到达文件的通道,如果 name 或 file 参数指定的文件输入源不存在或者路径错误,就会产生 FileNotFoundException 异常。如果通道成功建立后,在对文件进行读操作时发生错误,就会产生IOException。因此需要在程序中使用异常处理机制来处理上述异常。

FileOutputStream是文件输出字节流,它是OutputStream的子类。它实现了OutputStream中定义的有关数据写操作的方法,提供了以字节为单位向文件进行写操作的功能。FileOutputStream的构造方法如下所示:

```
FileOutputStream(String name);
FileOutputStream(File file);
```

第一个构造方法是用给定的文件名name创建FileOutputStream流,第二个构造方法是用File对象创建FileOutputStream流。参数name和file指定的文件称为输出流的目的地。

FileOutputStream输出流创建一个到达文件的通道,如果参数name或file指定的文件不存在,系统会自动创建该文件;如果文件已经存在,那么输出流对象会刷新该文件的原有内容,并将文件的长度设置为0。如果对文件进行写操作时,目标文件不允许修改或者出现错误,也会产生IOException异常,因此在程序中需用使用异常处理机制来处理上述异常。

如实例代码Demo10_4所示,该示例利用FileInputStream和FileOutputStream实现对某个文件的复制功能。

```
import java.io.InputStream;
import java.io.FileInputStream;
import java.io.OutputStream;
import java.io.FileOutputStream;
public class Demo10_4
{
    public static void main(String args[])
    {
        InputStream fi;
        OutputStream fo;
        try{
            fi = new FileInputStream("D:" + File.separator + "hello.txt");
            fo = new FileOutputStream("E:" + File.separator + "hello-copy.txt");
        int i = fi.read();//从输入流中一次读入一个字节的内容
        while(i! = -1)
        {
            fo.write(i);//将从输入流中读取的内容转换成字节写入到输出流
            i = fi.read();
        }
        System.out.println("文件复制操作完成");
        }
        catch(FileNotFoundException e)
```

```
            {
                System.out.println("找不到指定的文件");
            }
            catch(IOException e)
            {
                System.out.println("发生IO异常");
            }
            finally
            {
                fi.close();//关闭输入流
                fo.close();//关闭输出流
                System.out.println("程序运行结束");
            }
        }
    }
```

提示：请读者将Demo10_4中读取和写入的方法分别换成read(byte b[])和write(byte b[])、read(byte b[], int off, int len)和write(byte b[], int off, int len)，再运行程序观察程序运行的结果。需要特别注意的是，每次进行写操作时应该把这次读入的实际字节数写入。

可以使用选择是否具有刷新功能的构造方法来创建指向文件的FileOutputStream流对象。如下构造方法所示。

```
FileOutputStream(String name,boolean append);
FileOutputStream(File file,boolean append);
```

如果参数append为true并且数据宿文件存在的情况下，FileOutputStream在进行写操作时不会刷新文件的原有内容，新写入的内容会跟在文件原有内容的最后。如果参数append为false并且数据宿文件存在的情况下，FileOutputStream在进行写操作时会刷新文件的原有内容。

实例代码Demo10_5所示，首先使用带有刷新功能的构造方法创建FileOutputStream流对象，向数据宿文件写入字符串“咸阳师范学院”。然后再使用不带刷新功能的构造方法创建FileOutputStream流对象，向同一个数据宿文件写入字符串“2018年校庆40周年”。

```
import java.io.InputStream;
import java.io.FileInputStream;
import java.io.OutputStream;
import java.io.FileOutputStream;
public class Demo10_5
{
    public static void main(String args[])
    {
```

```
        String s1 = "咸阳师范学院";
        String s2 = "2018 年校庆 40 周年";
        File file = new File("des.txt");  //创建数据宿文件对象
        try{
            OutputStream out = new FileOutputStream(file);
            out.write(s1.getBytes());      //通过流对象向文件写数据
            out.close();                  //关闭流
            out = new FileOutputStream(file,true);  //创建不带有刷新功能的流对象
            out.write(s2.getBytes());
            out.close();
        }
        catch(IOException e)
        {
            System.out.println("发生 IO 异常,具体内容是:" + e);
        }
    }
}
```

注意:FileOutputStream 流顺序地写文件,只要不关闭流,每次调用 write 方法就顺序地向目的地写入内容,直到流关闭。

10.3.3 BufferedInputStream 和 BufferedOutputStream

BufferedInputStream 和 BufferedOutputStream 分别表示带有缓冲功能的字节输入流和字节输出流。它们的构造方法中分别接收 InputStream 和 OutputStream 类型的对象作为参数,在读写数据时提供缓冲功能。应用程序、缓冲字节流和底层字节流的关系如图 10-4 所示。

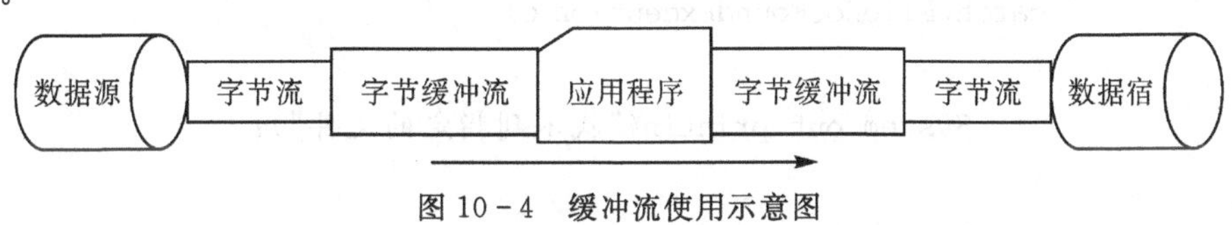

图 10-4 缓冲流使用示意图

从图 10-4 可以看出,应用程序将数据源中的数据向数据宿传输时,首先通过字节输入流将数据缓存到字节输入缓冲流,然后再写入字节输出缓冲流,字节缓冲输出流通过字节输出流写入到数据宿。

实例代码 Demo10_6 利用字节缓冲流实现了 Demo10_4 的功能。

```
import java.io.BufferedInputStream;
import java.io.BufferedOutputStream;
import java.io.FileInputStream;
import java.io.File;
import java.io.FileNotFoundException;
```

```
import java.io.FileOutputStream;
import java.io.IOException;
public class Demo10_6
{
    public static void main(String args[])
    {
        BufferedInputStream bis = null;
        BufferedOutputStream bos = null;
        try{
            //创建 BufferedInputStream 对象
             bis = new BufferedInputStream(new FileInputStream("D:" + File.
                separator  + "hello.txt"));
            //创建 BufferedOutputStream 对象
            bos = new BufferedOutputStream(new FileOutputStream("E:" + File.
                separator  + "hello - copy.txt"));
            int i = bis.read();//读数据到字节输入的缓冲流
            while(i! = -1)
            {
                bos.write(i);//将字节输出缓冲流中的数据写入到数据宿
                i = bis.read();
            }
            bis.close();
            bos.close();
            System.out.println("文件复制操作完成");
            }
            catch(FileNotFoundException e)
            {
                System.out.println("找不到指定的文件");
            }
            catch(IOException e)
            {
                System.out.println("发生 IO 异常");
            }
        }
    }
```

在 Demo10_6 中，创建了 BufferedInputStream 和 BufferedOutputStream 两个缓冲流对象，这两个流内部都定义了一个大小为 8192 的字节数组。当调用 read()和 write()方法读写数据时，首先将读写的数据存入到定义好的字节数组，然后将字节数组的数据一次性读写到文件中。

注意：如果采用字节流读写较大容量的文件时，建议采用缓冲字节流，这样可以提高效率。

10.3.4　Reader 和 Writer

Reader 是 IO 体系中一切输入字符流的父类，它是一个抽象类。该类提供了以字符为单位进行数据读操作的基本方法，这些方法在 Reader 的各种具体子类中得到了实现。这些具体的读操作方法如表 10-5 所示。

表 10-5　Reader 中定义的基本操作方法

方法	功能说明
int read()	从输入流的当前位置处读入一个字符，再将高 16 位补 0 转换为 int 型返回。
int read(char c[])	从输入流的当前位置读入多个字符，保存到字符数组中，返回实际读入的字符个数。（字符个数小于或等于数组 c 的长度）
int read(char c[], int off, int len)	从输入流的当前位置读取长度为 len 个字符数据，保存到数组 c 中，下标从 off 位置开始，并返回实际读取到的字符数。（实现读到的字符数<=b 的长度-off)
void close()	关闭输入的字符流

注意：如果 read 方法返回的值为-1，表示流中的数据已经读完。

Writer 是 IO 体系中一切输出字符流的父类，它是一个抽象类。该类提供了以字符为单位进行数据写操作的基本方法，这些方法在 Writer 类的具体子类中得到了实现。这些具体的写操作方法如表 10-6 所示。

表 10-6　Writer 中定义的基本操作方法

方法	功能说明
void write(int c)	将参数 c 低 16 位对应的字符写入到输出流中
void write(char c[])	将字符数组 c 中的数据写入到输出流中
void write(char c[], int off, int len)	将数组 c 中从 off 位置开始的长度为 len 的数据写入到输出流中
void write(String str)	将字符串 str 中的数据写入到输出流中
void write(String str, int off, int len)	将字符串 str 中 off 位置开始的长度为 len 的字符数据写入到输出流中
void close()	关闭输出字符流。确保操作系统把流缓冲区中的内容写到它的数据宿
void flush()	立刻将输出流缓冲区中的内容写到数据宿

10.3.5 FileReader 和 FileWriter

FileReader 是对文件进行读操作的字符流，它是 Reader 的子类，实现了 Reader 中定义的有关数据读操作的方法，每次进行数据读操作的单位是字符。FileWriter 是对文件进行输出操作的字符流，用来向磁盘文件中写入数据，它是 Writer 的子类，实现了 Writer 中定义的有关数据写操作的方法，每次进行数据写操作的单位是字符。它们的构造方法如下：

```
FileReader(String name);
FileReader(File file);
FileWriter(String name);
FileWriter(File file);
FileWriter(String name,boolean append);
FileWriter(File file,boolean append);
```

实例代码 Demo10_7 利用 FileReader 和 FileWriter 实现了对某个文本文件的复制功能。

```
import java.io.Reader;
import java.io.Writer;
import java.io.FileReader;
import java.io.FileWriter;
public class Demo10_7
{
    public static void main(String args[])
    {
        Reader reader = null;
        Writer writer = null;
        try{
            reader = new FileReader("D:" + File.separator + "hello.txt");
            writer = new FileWriter("E:" + File.separator + "hello - copy.txt");
            char chars[] = new char[10];
        int i = reader.read(chars);//从输入流中一次读入若干个字符的内容放入
                                    字符数组中
            //并返回本次读入的实际字符个数
        while(i! = -1)
        {
            writer.write(chars,0,i);//将字符数组中下标从 0 开始的若干个字符
                                      写入到输出流
            i = reader.read(chars);
        }
        System.out.println("文件复制操作完成");
```

```
        }
        catch(FileNotFoundException e)
        {
            System.out.println("找不到指定的文件");
        }
        catch(IOException e)
        {
            System.out.println("发生 IO 异常");
        }
        finally
        {
            try
            {
                reader.close();//关闭输入流
                writer.close();//关闭输出流
            }
            catch(IOException e)
            {
                System.out.println("发生 IO 异常:" + e);
            }
            System.out.println("程序运行结束");
        }
    }
}
```

10.3.6 BufferedReader 和 BufferedWriter

BufferedReader 和 BufferedWriter 是处理流,不能直接关联到数据源,必须关联到其他的流对象(例如 FileReader 和 FileWriter 等)才能进行操作。BufferedReader 和 BufferedWriter 提供了增强的数据读写功能,BufferedReader 通过它的 readLine()方法可以一次读入一行数据,BufferedWriter 可以一次写入一行数据。它们的构造方法如下所示。

```
BufferedReader(Reader reader);
BufferedWriter(Writer writer);
```

BufferedReader 的构造方法需要传入一个 Reader 的子类对象作为参数,通过 BufferedReader 进行读操作时,首先是它关联的 Reader 的子类对象从数据源进行读操作,然后 BufferedReader 再从 Reader 的子类对象的缓冲区进行二次读操作。BufferedWriter 的构造方法需要传入一个 Writer 的子类对象作为参数,通过 BufferedWriter 进行写操作时,首先是向它关联的 Reader 的子类对象进行写操作,然后再由关联的子类对象向数据宿进行写操作。

实例代码 Demo10_8 利用 BufferedReader 计算某个文本文件的行数，并把结果（行数）通过 BufferedWriter 写入到 result.txt 文件中。

```
import java.io.FileReader;
import java.io.FileWriter;
import java.io.BufferedReader;
import java.io.BufferedWriter;
public class Demo10_8
{
    public static void main(String args[])
    {
        BufferedReader reader = null;
        BufferedWriter writer = null;
        try{
            reader = new BufferedReader(new FileReader("D:" + File.separator
                    + "hello.txt"));
            writer = new BufferedWriter(new FileWriter("result.txt"));
            String content = null;
            int lines = 0;      //表示行数
            while((content = reader.readLine())! = null)
                                                //每次读入一行字符并判断内容是否
                lines ++ ;                      //为 null
            writer.write(String.valueOf(lines));//将行数写入到另外的文本文件
        }
        catch(FileNotFoundException e)
        {
            System.out.println("找不到指定的文件");
        }
        catch(IOException e)
        {
            System.out.println("发生 IO 异常");
        }
        finally
        {
            try
            {
                reader.close();     //关闭输入流
                writer.close();     //关闭输出流
            }
            catch(IOException e)
```

```
            {
                System.out.println("发生IO异常:" + e);
            }
            System.out.println("程序运行结束");
        }
    }
}
```

注意:调用 BufferedReader 和 BufferedWriter 的 close()方法关闭流,会自动调用它们所关联的其他流对象的 close()。所以示例 Demo10_7 中可以不用调用 FileReader 和 FileWriter 的 close()方法。

BufferedReader 和 BufferedWriter 也可以关联字节流对象,这种情况下需要转换流在它们之间起一个转换作用。下面两句代码展示了将 BufferedReader 和 BufferedWriter 流关联到 FileInputStream 和 FileOutputStream 流对象。

```
new BufferedReader(new InputStreamReader(new FileInputStream("D:" + File.sep-
                arator + "hello.txt")));
new BufferedWriter (new OutputStreamWriter (new FileOutputStream ( " result.
                txt")));
```

InputStreamReader 关联到一个字节流,将从字节流中读入的数据转换成字符流。OutputStreamWriter 关联到一个字节流,将向它写入的字符数据转换成字节。

实例代码 Demo10_9 利用 BufferedReader 和 BufferedWriter 关联到字节流实现Demo 10_8 的效果。

```
import java.io.InputStreamReader;
import java.io.OutputStreamWriter;
import java.io.BufferedReader;
import java.io.BufferedWriter;
public class Demo10_9
{
    public static void main(String args[])
    {
        BufferedReader reader = null;
        BufferedWriter writer = null;
        InputStreamReader isr = null;
        OutputStreamWriter osw = null;
        try{
            isr = new InputStreamReader(new FileInputStream("D:" + File.sepa-
                rator + "hello.txt"));
            reader = new BufferedReader(isr);
            osw = new OutputStreamWriter(new FileOutputStream("result.txt"));
```

```
            writer = new BufferedWriter(osw);
            String content = null;
            int lines = 0;
            while((content = reader.readLine())! = null)
                lines ++ ;
            writer.write(String.valueOf(lines));
        }
        catch(FileNotFoundException e)
        {
            System.out.println("找不到指定的文件");
        }
        catch(IOException e)
        {
            System.out.println("发生 IO 异常");
        }
        finally
        {
            try
        {
            reader.close();//关闭输入流
            writer.close();//关闭输出流
        }
        catch(IOException e)
        {
            System.out.println("发生 IO 异常:" + e);
        }
            System.out.println("程序运行结束");
        }
    }
}
```

10.3.7 RandomAccessFile

通过 RandomAccessFile 类创建的流对象称为随机流，该流既不是 InputStream 的子类，也不是 OutputStream 的子类。它所指向的目的地既可以作为数据源，也可以作为数据宿。也就是说该流对象既可以对文件进行读操作，也可以对文件进行写操作。对文件进行写操作时，不会对文件进行刷新。常用构造方法如下所示。

```
RandomAccessFile(String name,String mode);
RandomAccessFile(File file,String mode);
```

第一个构造方法中 name 表示要读写的文件路径和名称，第二个构造方法中通过 File 对象表示要读写的文件，参数 mode 表示流对象对文件的访问权限。mode 取值只能是 r 或 rw。其中 r 表示只读权限，rw 表示读写权限。

表 10-7 RandomAccessFile 的常用方法

方法	功能说明
long getFilePointer()	获取当前文件的读写位置
int read()	从文件中读取一个字节的内容
boolean readBoolean()	从文件中读取一个布尔值，0 表示 false，其他值表示 true
byte readByte()	从文件中读取一个字节
char readChar()	从文件中读取一个字符
double readDouble()	从文件中读取一个双精度浮点值
float readFloat()	从文件中读取一个单精度浮点值
Int readInt()	从文件中读取一个基本整形值
long readLong()	从文件中读取一个长整形值
short readShort()	从文件中读取一个短整形值
String readLine()	从文件中读取一整行
String readUTF()	从文件中读取一个 UTF 字符串
void write(byte b[])	向文件中写入 b 字节数组中的内容
void writeBoolean(boolean b)	把一个布尔值作为单字节值写入文件
void writeByte(int v)	向文件中写入一个字节
void writeBytes(String str)	向文件中写入一个字符串
void writeChar(char c)	向文件中写入一个字符
void writeChars(String str)	向文件中写入一个作为字符数据的字符串
void writeDouble(double d)	向文件中写入一个双精度浮点值
void writeFloat(float f)	向文件中写入一个单精度浮点值
void writeInt(int i)	向文件中写入一个基本整形值
void writeShort(short s)	向文件中写入一个短整形值
void writeLong(long l)	向文件中写入一个长整形值
void writeUTF(String str)	向文件中写入一个 UTF 字符串
void seek(long position)	设置到此文件开头测量到的文件指针偏移量，在该位置发生下一个读取或写入操作
int skipBytes(int n)	文件指针跳过给定的字节量

实例代码 Demo10_10 展示了 RandomAccessFile 流对象的基本使用。该示例的功能是将一个对象数组中的基本数据类型数据写入到某个文本文件中，然后再把该文件中的内容读入输出到控制台。

```
import java.io.IOException;
import java.io.RandomAccessFile;
public class Demo10_10
{
    public static void main(String args[])
    {
        RandomAccessFile raf = null;
        Object objs[] = new Object[]{12,34.5f,90.5,true};
        try
        {
            //创建随机流对象,能够对文件进行读写
            raf = new RandomAccessFile("result.txt","rw");
            for(int i = 0;i<objs.length;i ++ )
            {
                if(objs[i] instanceof Integer)
                {
                    Integer value = (Integer)objs[i];
                    raf.writeInt(value.intValue());
                }
                else if(objs[i] instanceof Float)
                {
                    Float value = (Float)objs[i];
                    raf.writeFloat(value.floatValue());
                }
                else if(objs[i] instanceof Double)
                {
                    Double value = (Double)objs[i];
                    raf.writeDouble(value.doubleValue());
                }
                else if(objs[i] instanceof Boolean)
                {
                    Boolean value = (Boolean)objs[i];
                    raf.writeBoolean(value.booleanValue());
                }
            }
            //定位到文件的开始位置
            raf.seek(0);
            //对文件进行相应的读操作
            System.out.println(raf.readInt());
```

```
                System.out.println(raf.readFloat());
                System.out.println(raf.readDouble());
                System.out.println(raf.readBoolean());
                raf.close();
            }
            catch(IOException e)
            {
                e.printStackTrace();
            }
        }
    }
```

10.3.8 ByteArrayInputStream 和 ByteArrayOutputStream

ByteArrayInputStream 是字节数组输入流,该流把内存中的字节数组作为输入操作的数据源。ByteArrayOutputStream 是字节数组输出流,该流把内存中的字节数组作为输出操作的数据宿,所以它们两个也称作内存输入字节流和内存输出字节流。ByteArrayInputStream 的构造方法如下:

```
ByteArrayInputStream(byte b[]);
ByteArrayInputStream(byte b[],int offset,int length);
```

第一个构造方法创建的字节数组输出流的数据源是参数 b 指定的字节数组的全部单元,第二个构造方法创建的字节数组输入流是 b 指定的数组从 offset 处顺序取的 length 个字节单元。

ByteArrayOutputStream 的构造方法如下:

```
ByteArrayOutputStream();
ByteArrayOutputStream(int size);
```

第一个构造方法创建的字节数组输出流的数据宿指向一个默认大小是 32 字节的缓冲区,如果输出流向缓冲区写入的字节个数大于缓冲区时,缓冲区的容量会自动增加。第二个构造方法创建的字节数组输出流的数据宿指向的缓冲区的初始大小由参数 size 指定,如果输出流向缓冲区写入的字节个数大于缓冲区时,缓冲区的容量会自动增加。

实例代码 Demo10_11 展示了 ByteArrayInputStream 和 ByteArrayOutputStream 的基本使用。该实例代码的功能是向字节数组输出流写入部分数据,再通过字节数组输入流读取字节数组输出流缓冲区中的内容并输出到控制台。

```
import java.io.ByteArrayInputStream;
import java.io.ByteArrayOutputStream;
import java.io.IOException;
public class Demo10_11
{
```

```
public static void main(String args[])
{
    ByteArrayOutputStream baos = null;
    ByteArrayInputStream bais = null;
    try{
    baos = new ByteArrayOutputStream();  //创建默认缓冲区是32字节的字节
                                           数组输出流
    String message = "热烈庆祝咸阳师范学院建校40周年";
    baos.write(message.getBytes());  //将字符串内容写入到字节数组输出
                                       流的缓冲区
    byte buffer[] = baos.toByteArray(); //得到缓冲区对应的数组
    bais = new ByteArrayInputStream(buffer); //创建字节数组输入流
    byte b[] = new byte[buffer.length];
    bais.read(b);  //从字节数组输入流读取数据放入数组b中
    System.out.println(new String(b));//将字节数组内容转换成字符串输出
    }
    catch(IOException e)
    {
        System.out.println("发生IO异常" + e);
    }
    finally
    {
        try{
        baos.close();//关闭流
        bais.close();
        }
        catch(IOException e)
        {
            System.out.println("发生IO异常:" + e);
        }
    }
}
}
```

10.3.9 DataInputStream 和 DataOutputStream

DataInputStream 是数据输入字节流，它是 InputStream 的子类。DataOutputStream 是数据输出的字节流，它是 OuputStream 的子类。这两个流对象允许按照与机器无关的风格读取 Java 原始数据，在进行数据读写操作时不再关心这个数值应该是多少个字节。它们的构造方法如下：

```
DataOutputStream(OutputStream out);
DataInputStream(InputStream in);
```

DataOutputStream 创建的数据输出流将数据写入到它所关联的字节输出流 out 中；DataInputStream 创建的数据输入流从它所关联的字节输入流 in 中读取数据。这两个流都不能直接关联数据源或数据宿，所以这两个流也属于处理流。

表 10－8 DataInputStream 和 DataOutputStream 的常用方法

方法	功能说明
boolean readBoolean()	读取一个布尔值
byte readByte()	读取一个字节
char readChar()	读取一个字符
double readDouble()	读取一个双精度浮点值
float readFloat()	读取一个单精度浮点值
int readInt()	读取一个基本整形值
long readLong()	读取一个长整形值
short readShort()	读取一个短整形值
String readUTF()	读取一个 UTF 字符串
int skipBytes(int n)	跳过给定的字节量
void writeBoolean(boolean b)	写入一个布尔值
void writeBytes(String str)	写入一个字符串
void writeChars(String str)	写入一个作为字符数据的字符串
void writeDouble(double d)	写入一个双精度浮点值
void writeFloat(float f)	写入一个单精度浮点值
void writeInt(int i)	写入一个基本整形值
void writeShort(short s)	写入一个短整形值
void writeLong(long l)	写入一个长整形值
void writeUTF(String str)	写入一个 UTF 字符串

实例代码 Demo10_12 展示了 DataOutputStream 和 DataInputStream 的基本使用。该实例代码的功能是通过 DataOutputStream 向文件中写入若干数据类型的数据，再通过 DataInputStream 从文件中读入这些数据并输出到控制台。

```
import java.io.DataInputStream;
import java.io.DataOutputStream;
import java.io.FileInputStream;
import java.io.FileOutputStream;
import java.io.IOException;
public class Demo10_12
```

```
{
    public static void main(String args[])
    {
        DataOutputStream dos = null;
        DataInputStream dis = null;
        try
        {
            //创建 DataOutputStream 对象关联到文本文件(间接关联)
            dos = new DataOutputStream(new FileOutputStream("result.txt"));
            //写入若干个不同基本数据类型的数据
            dos.writeInt(100);
            dos.writeShort(20);
            dos.writeFloat(35.6f);
            dos.writeDouble(88.5);
            dos.writeBoolean(false);
            dos.writeUTF("计算机学院");
            dos.close();
            //创建 DataInputStream 对象关联到文本文件(间接关联)
            dis = new DataInputStream(new FileInputStream("result.txt"));
            System.out.println(dis.readInt());
            System.out.println(dis.readShort());
            System.out.println(dis.readFloat());
            System.out.println(dis.readDouble());
            System.out.println(dis.readBoolean());
            System.out.println(dis.readUTF());
            dis.close();
        }
        catch(IOException e)
        {
            e.printStackTrace();
        }
    }
}
```

10.3.10　PrintStream 和 PrintWriter

PrintStream 是打印输出流，它是 OutputStream 的子类。PrintStream 用来装饰其他输出流，为其他输出流添加了功能，使它们能够方便地打印各种数据值表示形式。与其他输出流不同，PrintStream 不会抛出 IOException，它产生的 IOException 会被自身的函数所捕获并设置错误标记，用户可以通过 checkError()返回错误标记，从而查看 PrintStream 内部是否产生了IOException。另外,PrintStream提供了自动刷新和字符集设置功能。自动刷新就是往PrintStream写入的数据会立刻调用flush()方法。PrintStream的常用构造方法如下:

```
PrintStream(OutputStream out)
PrintStream(OutputStream out, boolean autoFlush);
PrintStream(OutputStream out, boolean autoFlush, String charsetName);
PrintStream(File file);
```

第一个构造方法表示将out作为PrintStream的输出流,不会自动刷新,并且采用默认字符集。第二个构造方法表示将out作为PrintStream的输出流,可设置自动刷新,并且采用默认字符集。第三个构造方法表示将out作为PrintStream的输出流,可设置自动刷新,并且采用charsetName字符集。第四个构造方法创建file对应的FileOutputStream,然后将该FileOutputStream作为PrintStream的输出流,不自动刷新,采用默认字符集。

表10-9 PrintStream的常用方法

方法	功能说明
PrintStream append(char c)	将指定字符添加到此输出流
boolean checkError()	刷新流并检查其错误状态
void flush()	刷新流对应的缓冲区
void print(…)	打印数据,参数可以是各种数据类型
void println(…)	打印数据,参数可以是各种数据类型,并添加终止行
void clearError()	清除此流的内部错误状态

实例代码Demo10_12利用PrintStream流将若干类型数据写入到文件中。

```
import java.io.File;
import java.io.IOException;
import java.io.PrintStream;
public class Demo10_13
{
    public static void main(String args[])
    {
        PrintStream ps = null;
        try
        {
            //创建PrintStream流对象并关联到文本文件
            ps = new PrintStream(new File("result.txt"));
            //向打印流写入相关数据类型的数据
            ps.print('a');
            ps.print(100);
```

```
                ps.print(90.0f);
                ps.print(88.8);
                ps.print(new java.util.Date());
                ps.println("新年快乐");
                ps.println("新的一行开始");
                System.out.println("是否发生异常:" + ps.checkError());
                ps.close();
            }
            catch(IOException e)
            {
                e.printStackTrace();
            }
        }
    }
```

PrintWriter 是字符类型的打印输出流，它继承于 Writer。PrintWriter 既可以关联到字节流，也可以关联到字符流。PrintWriter 拥有 PrintStream 的所有打印方法，也不会抛出 IOException。PrintWriter 的常用构造方法如下：

```
PrintWriter(OutputStream out)
PrintWriter(OutputStream out, boolean autoFlush)
PrintWriter(Writer writer)
PrintWriter(Writer writer, boolean autoFlush)
PrintWriter(File file)
PrintWriter(File file, String charsetName)
```

第一个构造方法表示将字节流 out 作为 PrintWriter 的输出流，不会自动刷新，并且采用默认字符集。第二个构造方法表示将字节流 out 作为 PrintWriter 的输出流，可设置是否自动刷新，并且采用默认字符集。第三个构造方法表示将字符流 writer 作为 PrintWriter 的输出流，不会自动刷新，并且采用默认字符集。第四个构造方法表示将字符流 writer 作为 PrintWriter 的输出流，可设置是否自动刷新，并且采用默认字符集。第五个构造方法创建 file 对应的 FileOutputStream，然后将该 FileOutputStream 作为 PrintWriter 的输出流，不自动刷新，采用默认字符集。第六个构造方法创建 file 对应的 FileOutputStream，然后将该 FileOutputStream 作为 PrintWriter 的输出流，不自动刷新，采用 charsetName 字符集。

实例代码 Demo10_14 通过创建 PrintWriter 流，向某一 word 类型文件中采用 UTF-8 编码格式进行数据的输入操作。

```
import java.io.File;
import java.io.IOException;
import java.io.PrintWriter;
public class Demo10_14
{
```

```
    public static void main(String args[])
    {
        PrintWriter ps = null;
        try
        {
            //创建 PrinteWriter 对象关联到 word 文件,字符集编码为 UTF-8
            ps = new PrintWriter(new File("result.doc"),"UTF-8");
            //向打印流写入相关数据类型的数据
            ps.print('a');
            ps.print(100);
            ps.print(90.0f);
            ps.print(88.8);
            ps.print(new java.util.Date());
            ps.println("新年快乐");
            ps.println("新的一行开始");
            System.out.println("是否发生异常:" + ps.checkError());
            ps.close();
        }
        catch(IOException e)
        {
            e.printStackTrace();
        }
    }
}
```

10.3.11 标准输出、输入和错误

System.out 是标准输出流,它是 System 类中的一个公有的静态常量,类型是 PrintStream。标准输出是指通过 out 将数据输出到控制台显示(通常是指显示器),控制台是数据宿。

System.in 是标准输入流,它也是 System 类中的一个公有的静态常量,类型是 InputStream。标准输入的数据源是键盘,接收从键盘读入的数据。

System.err 也是 System 类中的一个公有的静态常量,类型是 PrintStream,因此它和标准输出流(System.out)具有相同的打印功能。一般来讲 System.out 是将信息显示给用户看,是正常的信息显示;而通过 System.err 显示的信息一般是不希望用户看到的,常用作输出日志信息。在 Eclipse 环境中通过 System.err 显示的信息颜色默认是红色。

实例代码 Demo10_15 展示了 System.in 和 System.out 的简单使用。该实例代码的功能是通过 System.in 依次从键盘单个读入字符,以"\n"结束输入,并将读入的字符组成字符串通过 System.out 输出显示。

```
import java.io.IOException;
import java.io.InputStream;
public class Demo10_15
{
    public static void main(String args[]) throws IOException
    {
        InputStream input = System.in;
        System.out.println("请输入数据");
        int temp = 0;
        StringBuffer sb = new StringBuffer();
        while((temp = input.read())! = -1)
        {
            char c = (char)temp;
            if(c! = '\n')//判断读入的字符是否是换行符
                sb.append(c);  //将读入的字符添加到 StringBuffer 对象中
            else
                break;
        }
        System.out.println("输入的数据是:" + sb.toString());
    }
}
```

实例代码 Demo10_16 通过标准错误输出一般显示信息，并在异常处理中打印异常信息，运行结果如图 10－5 所示。

```
import java.io.IOException;
import java.io.PrintStream;
public class Demo10_16
{
    public static void main(String args[]) throws IOException
    {
        PrintStream out = System.err;
        out.write("咸阳师范学院\r\n".getBytes());  //通过标准错误打印显示信息
        out = System.out;
        out.write("计算机学院\r\n".getBytes());
        try
        {
            Object obj = new Object();
            System.out.println((String)obj);//产生 ClassCastException
        }
```

```
        catch(ClassCastException e)
        {
            System.err.println(e.getMessage());//通过标准错误打印异常信息
        }
    }
}
```

```
咸阳师范学院
计算机学院
java.lang.Object cannot be cast to java.lang.String
```

图 10-5　Demo10_16 运行结果

10.4　重定向

在 Java 中操作标准输入输出设备，可以像普通流那样进行数据的输入与输出。基于这样一个原理，就可以实现普通流与标准流之间的重定向。重定向有两种形式，一种是标准输出流（或者标准错误流）定向到 PrintStream 流中。也就是说将 System. out（或者 System. err）中的数据输出到 PrintStream 流中，而不再输出到控制台。重定向标准输出流、错误流和标准输入流方向的方法是由 System 类的如下 3 个方法完成的：

```
static void setOut(PrintStream ps) //改变标准输出流的方向
static void setErr(PrintStream ps)//改变标准错误流的方向
static void setIn(InputStream in)//改变标准输入流的方向
```

实例代码 Demo10_17 改变了 System. out 的输出方向，将它定向到 PrintStream 流所关联的文件，将 float 数组中的数据输出到文件中。

```
import java.io.File;
import java.io.IOException;
import java.io.PrintStream;
public class Demo10_17
{
    public static void main(String[] args) throws IOException
    {
        float datas[] = new float[]{3.5f,0.0f,99.5f};
        //创建 PrintStream 流对象关联到文本文件
        PrintStream ps = new PrintStream(new File("result.txt"));
        System.setOut(ps);//重定向标准输出流
        for(float data:datas)
        System.out.println(data);
```

```
        ps.close();//关闭流对象
    }
}
```

执行 Demo10_17 后，打开 result. txt 文件会发现 float 数组中的数据已经写入了。

注意：实例代码 Demo10_17 的效果也可以通过改变标准错误流的方式而实现，需要调用 System. setErr()方法，请读者自行完成。

重定向的另外一种形式是将输入流重定向到标准输入流，即 System. in 可以从输入流中读取数据，而不再从键盘中读取数据。

实例代码 Demo10_18 通过定向 System. in 到 FileInputStream 流所关联的文件，然后再将 BufferedReader 流关联到 System. in，实现从文件当中读取数据并输出到控制台。

```
import java.io.BufferedReader;
import java.io.File;
import java.io.FileInputStream;
import java.io.IOException;
import java.io.InputStream;
import java.io.InputStreamReader;
public class Demo10_18
{
    public static void main(String[] args) throws IOException
    {
        InputStream ins = new FileInputStream(new File("result.txt"));
        //定向标准输入流到文件输入流
        System.setIn(ins);
        //创建 BufferedReader 流对象关联到 System.in
        BufferedReader br = new BufferedReader(new InputStreamReader(System.in));
        String str = null;
        //以行为单位读取数据并输出到控制台显示
        while((str = br.readLine())! = null)
        System.out.println(str);
        br.close();
    }
}
```

练习题

一、选择题

1. 用来进行输入/输出操作的类都定义在________包中。

A. java. lang　　B. java. awt　　C. java. io　　D. java. sql

2. 一切输入字节流的父类是________。

1. InputStream　　B. OutputStream　　C. Reader　　D. Writer

3. 一切输出字符流的父类是________。

A. InputStream　　B. OutputStream　　C. Reader　　D. Writer

4. 既能对文件进行读操作，也能对文件进行写操作的流对象是________。

A. FileInputStream　　B. FileOutputStream

C. FileReader　　D. RandomAccessFile

5. System 类中的方法________能够重定向标准输出流。

A. setOut()　　B. setIn()　　C. setErr()　　D. 以上都不对

二、简答题

1. 请简要叙述流的概念以及流的分类。
2. 请简要叙述字节流与字符流的区别。
3. 请简要叙述 File 类中方法 mkdir()与 mkdirs()的区别。
4. 请简要叙述 RandomAccessFile 类与 inputStream 和 outputStream 有哪些不同。

三、程序设计题

1. 已知当前计算机 D 盘根目录下有名为 photo. jpg 的文件，请采用流方式对该文件进行复制操作，复制后的文件存放到 E:\mycopy 文件夹中，名称为 photo - copy. jpg。

(1)采用 FileInputStream 和 FileOutStream 这两个字节流进行复制，分别采用以下三组方法进行复制。

```
read()和 write()
read(byte b[])和 write(b);
read(byte b[],int off,int len)和 write(byte b[],int off,int len)
```

(2)采用 FileReader 和 FileWriter 这两个字符流进行复制。

(3)采用带有缓冲功能的流完成复制操作。

请问采用(1)和(2)两种方式进行复制，哪种方式复制出来的文件能打开，为什么？

2. 假定当前某一文本文件的内容如图 10 - 6 所示，它的路径是“D:\资料\新闻稿. txt”，请采

> 8月14日，为了提高计算机学院一流课程建设水平及“金课”申报命中率，计算机学院组织教师参加浙江大学继续教育学院名师系列公益讲座——“如何打造‘金课’提升教学质量”线上学习。本次主讲人翁恺系浙江大学计算机学院博士、教授，曾获国家教学成果二等奖1项、省级教学成果一等奖4项，2018年入选中国高校计算机专业优秀教师奖励计划。
>
> 为了保证学习效果，本次学习要求计算机学院院长、副院长、各系主任、省级一流课程负责人、校级金课负责人、校级一流课程负责人等教师参加集中学习。
>
> 翁恺教授从教学设计、教学路径、教学过程及教学评价等方面以实际案例讲述了提高教学质量的方法，最后指出教学设计的三大法宝即：设计、度量及迭代。
>
> 与会教师一致认为翁教授的讲座深入浅出，他所讲述的“番茄课堂法”、“三步作业法”等模型给大家耳目一新，为我们教学及教学改革提供了参考。
>
> 讲座结束后，计算机学院副院长张伟首先感谢浙江大学为我们提供本次学习的机会，其次对计算机学院开展本次活动的目的与意义进行了说明：2018年开始，教育部连续三年实施一流本科课程建设双万计划，用课程改革促进高校学习革命，课程建设是人才培养的核心要素。计算机学院在一流课程建设方面取得了一点成绩，但离建设的目标还相差甚远，我们一定要有危机感、紧迫感和使命感，要珍惜学习的机会。当前正处炎炎暑期，新冠疫情还没有等到有效遏制，在线学习将成为各位教师主要的一种学习方式，希望在调休的同时认真安排好自己的教学、科研及学习时间，完满完成年度工作目标。我们将不断开拓学习资源，为大家提供更多的学习机会。

图 10 - 6　文本文件的内容

用 BufferedReader 处理流对该文本文件进行读操作，统计文本文件中“计算机学院”这个词汇出现的次数，将统计结果输出。

（提示：通过 BufferedReader 处理流对该文本文件进行读操作，通过 readLine()方法一次读入一行字符串，然后在该行中查找“计算机学院”词汇出现的次数。由于每行中该词汇可能出现多次，因此可使用如下的递归查找方法）

```
public int strCount(String sourceStr,String objStr,int off)
{
    off = sourceStr.indexOf(objStr,off);
    if(off> = 0&&off< = sourceStr.length - 1)
        return strCount(sourceStr,objStr,off) + 1;
    else
        return 0;
}
```

第 11 章　JDBC 数据库编程

本章学习目标：

1. 理解 JDBC 的基本概念与体系结构。
2. 理解 JDBC 数据库编程的基本步骤。
3. 掌握 Connection、Statement、PreparedStatement 和 ResultSet 接口的常用方法。
4. 理解事务的基本概念，掌握手动处理事务的方法。
5. 理解元数据的基本概念，掌握 ResultSetMetaData 接口的基本使用。
6. 掌握 CallableStatement 接口的使用，能够调用数据库的存储过程。

11.1　JDBC 概述

JDBC（Java Data Base Connectivity，Java 数据库连接）是一种用于执行 SQL 语句的 Java API，它为 Java 语言访问关系数据库提供了统一的方式。JDBC 由一组用 Java 语言编写的类和接口组成，位于 java.sql 包中。JDBC 提供了一套标准，据此可以构建更高级的工具和接口，使开发人员能够编写与平台无关的数据库应用程序，包括 Client/Server 架构（C/S 架构）和 Browse/Server 架构（B/S 架构）的 Java 应用程序。

注意：

（1）读者在学习本章知识前，需要具备一定的数据库原理方面的基础知识。

（2）本章中所有示例均以 MySQL 数据库为例，版本 5.0。

11.1.1　JDBC 体系结构

JDBC 的体系结构如图 11－1 所示。最上层是开发人员编写的数据库应用程序。中间层包括 JDBC API、驱动管理者和数据库驱动。JDBC API 是上层应用程序访问数据库的接口；驱动管理者能够动态地管理和维护数据库操作需要的所有驱动程序对象，实现 Java 程序与特定驱动程序的连接，从而体现 JDBC“与数据库平台无关性”的特点。驱动管理者的主要功能有：选择具体的驱动程序、处理 JDBC 初始化调用、为每个驱动程序提供 JDBC 功能的入口、为 JDBC 调用执行参数等。JDBC 数据库驱动由数据库厂商或第三方软件商提供，负责将 JDBC 的处理方法转换成数据库引擎所支持的数据库语法，向数据库发送 SQL 请求，并获取执行的结果。最下层是各种类型的关系型数据库，例如 MySQL、Oracle、DB2、SQL Server 等。

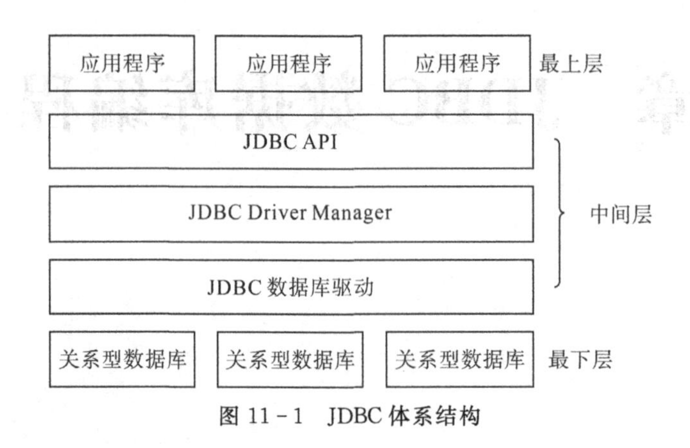

图 11-1 JDBC 体系结构

11.1.2 JDBC 驱动程序的类型

目前比较常见的 JDBC 驱动程序类型可分为以下 4 种。

1. JDBC-ODBC 桥加 ODBC 驱动程序

该类型驱动需要将 JDBC API 转换成 ODBC API，必须将 ODBC 二进制代码（许多情况下还包括数据库客户机代码）加载到使用该驱动程序的每个客户机上。此类型驱动执行效率低，适合于单用户、规模小的应用。

2. 本地 API

该类型的驱动程序把客户机 API 上的 JDBC 调用转换为 Oracle、Sybase、Informix、DB2 或其他关系型数据库管理系统的调用。和 JDBC-ODBC 桥驱动程序一样，这种类型的驱动程序要求将某些二进制代码加载到每台客户机上。

3. JDBC 网络纯 Java 驱动程序

该类型驱动程序将 JDBC 转换为与 DBMS 无关的网络协议，之后这种协议又被某个服务器转换为一种 DBMS 协议。这种网络服务器中间件能够将它的纯 Java 客户机连接到多种不同的数据库上。所用的具体协议取决于提供者。通常，这是最为灵活的 JDBC 驱动程序。有可能所有这种解决方案的提供者都提供适合于企业内部网用的产品。为了使这些产品也支持 Internet 访问，它们必须处理 Web 所提出的安全性、通过防火墙的访问等方面的额外要求。几家提供者正将 JDBC 驱动程序加到他们现有的数据库中间件产品中。

4. 本地协议纯 Java 驱动程序

这种类型的驱动程序将 JDBC 调用直接转换为 DBMS 所使用的网络协议。这将允许从客户机上直接调用 DBMS 服务器，该类型驱动程序是企业内部网访问的一个很实用的解决方法。客户端和服务器端都无需安装额外附加的软件。

以上四种类型的驱动程序，其中 1、2 和 4 这三种类型的驱动适合于两层架构（客户端和数据库）的应用程序，访问速度由快到慢是 4>2>1，而且 1 和 2 这两种驱动目前在应用中已经不使用了，仅用于测试和实验目的。类型 3 驱动适合于三层架构（客户端、代理服务器和数据库）的应用程序，可以借助代理服务器（例如 Weblogic、WebSphere 等）的性能优化方案提高运算速度，但代理服务器的费用较高会增加系统成本。由于 JDK 版本的不断提高和

JVM 性能的不断优化，而且在考虑成本的情况下，类型 4 驱动是最好的选择，因为它可以直接访问数据库，易于控制、部署和移植，不需要特定的本地库。

11.2 JDBC 基本操作

本节首先介绍 JDBC 数据库操作的一般步骤，再详细介绍各步骤所使用接口的详细用法，最后通过几个具体的案例详细分析操作过程。

11.2.1 JDBC 数据库操作的一般步骤

JDBC 数据库操作一般包括 5 个步骤：加载数据库驱动程序；通过驱动管理器获取数据库连接对象（Connection）；由数据库连接对象创建相关的 Statement 对象；由 Statement 对象执行 SQL 语句，如果是查询语句需要使用 ResultSet 对象，关闭资源（包括 ResultSet 对象、Statement 对象和 Connection 对象）。

通过 JDBC 操作数据库，需要导入 java.sql 包，其中包含了 JDBC 所需要的类和接口。具体每个步骤的操作描述如下。

1. 加载驱动程序

使用 Class.forName()方法加载相应数据库的 JDBC 驱动程序，以 MySQL 数据库为例（版本 5.0），采用本地协议的纯 Java 驱动程序，驱动的版本是 5.1.7。对应的代码如下：

```
Class.forName("com.mysql.jdbc.Driver");
```

方法的参数为驱动的完整类名，如果采用 JDBC-ODBC 桥接模式的驱动（也就是类型 1 的驱动程序），对应的代码如下：

```
Class.forName("sun.jdbc.odbc.JdbcOdbcDriver");
```

注意：如果使用 MySQL 数据库 5.7 以上版本，并且使用了高版本的 JDBC 驱动，那么加载驱动的代码如下：

```
Class.forName("com.mysql.cj.jdbc.Driver");
```

获取 MySQL 数据库的纯 Java 驱动程序可在 MySQL 的官网下载（https://www.mysql.com/）。例如，下载到适合 MySQL5.0 版本的 JDBC 驱动，对应的 jar 包是：mysql-connector-java-5.1.7-bin.jar。将该 jar 包添加到当前应用的 classpath 中。以 Eclipse 开发工具为例，按以下步骤将 JDBC 驱动添加到 classpath 路径中。

（1）首先选中当前工程，鼠标右击 Build Path，在弹出菜单中选择“Add External Archives”，如图 11-2 所示。

图 11-2 Eclipse 中添加 JDBC 驱动

（2）在弹出的“JAR Selection”对话框中，根据存放路径选择要添加的 JDBC 驱动，单击“打开”按钮，即可将完成 JDBC 驱动的添加。添加成功后，会在当前工程出现“Referenced Libraries”文件夹。

2. 获取数据库连接对象

数据库连接对象由 Connection 对象表示，通过驱动管理类 DriverManager 来获得 Connection 对象。如下语句所示：

```
Connection 连接变量 = DriverManager.getConnection(数据库 URL,数据库用户账号,
                      密码);
```

假定当前有个名为"MyDB"的数据库，MySQL 的用户名和密码都是"root"，端口号为"3306"，那么对应的语句如下：

```
Connection con = DriverManager.getConnection("jdbc:mysql://localhost:3306/
                 MyDB", "root", "root");
```

如果连接成功，则返回一个 Connection 对象，以后对数据库的所有操作都可以通过这个 Connection 对象来进行。

注意：如果使用 MySQL 数据库 5.7 以上版本，并且使用了高版本的 JDBC 驱动，那么创建 Connection 对象的代码如下：

```
Connection con = DriverManager.getConnection("jdbc:mysql://localhost:3306/
                 MyDB?characterEncoding = utf8&useSSL = false&serverTimezone
                 = UTC");
```

3. 创建 Statement 对象

Statemnet 对象用来执行 SQL 语句，它由 Connection 对象来创建。假定已经创建了连接对象 con，可以用下面的语句创建 Statement 对象：

```
Statement  statement = con.createStatement();
```

4. 执行 SQL 语句

创建了 Statement 对象后，便可以执行 SQL 语句。如果执行的是数据库查询语句（Select），可以通过 Statement 对象的 execuceQuery()方法来实现；如果执行的是插入（Insert）、更改（Update）或删除（Delete）记录的语句，可以通过 Statement 对象的 executeUpdate()方法来实现。执行 executeQuery()方法，查询所得到的结果将存放在 ResultSet 对象中。

ResultSet 对象以类似表中记录的组织方式来组织查询到的结果。表中包含了由 SQL 返回的列名和相应的值，表中还维持了一个指向当前行（记录）的指针。在 ResultSet 对象中，通过 getXXX()方法，如 getInt()、getString()、getObject()等可以得到当前行（记录）的各个列的值。

假定要执行的 SQL 查询语句如下：

```
SELECT * FROM student WHERE Sex = '男';
```

Statement 对象执行查询操作时的语句如下：

```
ResultSet rs = statement.executeQuery("SELECT * FORM student WHERE Sex = '男'");
```

查询到的记录保存在 rs 变量中。ResultSet 类中有一个 next()方法，其作用是将结果

集对象当前记录指针移动到下一条记录。执行完 executeQuery()后，记录指针位于首条记录之前。如要对 rs 中所保存的查询结果逐条处理，可以使用下列的循环语句：

```
while(rs.next())
{
    //对记录进行处理;
}
```

5. 关闭资源

对数据库操作完成后，应该关闭 ResultSet 对象（如果执行的是查询语句）、Statement 对象和数据库连接对象。关闭语句是执行相应对象的 close()方法。例如：

```
ResultSet 对象.close();
Statement 对象.close();
Connection 对象.close();
```

11.2.2 Connection 接口

Connection 对象代表了应用程序与数据库服务器之间的一条“通道”。它的底层是基于 TCP 协议的 Socket 连接。Connection 对象由 DriverManager 驱动管理器创建，如果创建成功，表明客户端程序已经与数据库服务器之间建立了一条“通道”。Connection 的常用方法如表 11-1 所示。

表 11-1 Connection 对象常用的方法

方法	功能说明
Statement createStatement()	创建一个 Statement 对象用来执行相应的 SQL 语句
DatabaseMetaData getMetaData()	创建一个 DatabaseMetaData 对象，该对象包含关于此 Connection 对象所连接的数据库的元数据
PreparedStatement prepareStatement(String sql)	创建一个 PreparedStatement 对象用来执行参数化的 SQL 语句
CallableStatement prepareCall(String sql)	创建一个 CallableStatement 对象来调用数据库存储过程
void close()	关闭 Connection 对象，释放客户端与数据库的连接资源

11.2.3 Statement 接口

Statement 对象用于执行 SQL 语句，该对象由 Connection 对象创建。Statement 有两个子接口，一个是 PreparedStatement，另一个是 CallableStatement。前者用于处理带有预

编译处理的 SQL 语句,后者用于调用存储过程。Statement 接口的常用方法如表 11-2 所示。

表 11-2 Statement 对象常用的方法

方法	功能说明
ResultSet executeQuery(String sql)	执行给定的 SQL 语句,该语句通常是查询语句,并将数据库的查询结果返回给 ResultSet 对象
int executeUpdate(String sql)	执行给定的 SQL 语句,该语句可以是 Insert、Update 或 Delelte 语句,返回值表示数据表中受该 SQL 语句影响的记录个数
boolean execute(String sql)	用于执行各种 SQL 语句,返回一个 boolean 类型的值,如果为 true,表示所执行的 SQL 语句有查询结果,可通过 Statement 的 getResultSet()方法获得查询结果
void addBatch(String sql)	将给定的 SQL 命令添加到此 Statement 对象的当前命令列表中
int[] executeBatch()	将一批命令提交给数据库来执行,如果全部命令执行成功,则返回更新计数组成的数组
void close()	关闭 Statement 对象

11.2.4 ResultSet 接口

ResultSet 对象用来存放查询语句得到的结果,它是一个 Set 集合,并提供了一组获取结果数据的方法,如表 11-3 所示。默认的 ResultSet 对象不能对数据库进行更新操作,仅有一个向前移动的光标。因此,它只能迭代一次,并且只能按从第一行到最后一行的顺序进行。可以通过 Connection 对象的 createStatement()方法生成可滚动和/或可更新的 ResultSet 对象。Java 数据类型、ResultSet 的相关 get 方法与标准 SQL 类型的对应关系如表 11-4 所示。

表 11-3 ResultSet 对象常用的方法

方法	功能说明
boolean absolute(int row)	将光标移到特定的行
void beforeFirst()	光标移到 ResultSet 对象的第一行之前
void afterLast()	光标移到 ResultSet 对象的最后一行之后
boolean first()	光标移到 ResultSet 对象的第一行
boolean last()	光标移到 ResultSet 对象的最后一行
boolean next()	光标移到 ResultSet 对象的当前行的下一行
boolean previous()	光标移到 ResultSet 对象的当前行的前一行
xxx getXXX()	以 XXX 数据类型返回 ResultSet 对象当前行某列的数据

表 11 - 4 Java 数据类型、ResultSet 的相关 get 方法与标准 SQL 类型的对应关系

Java 数据类型	ResultSet 中的 getXXX 方法	标准 SQL 类型(不同数据库可能会有差异)
byte,java. lang. Byte	getByte()	TINYINT
short,java. lang. Short	getShort()	SMALLINT
int,java. lang. Integer	getInt()	INTEGER
long,java. lang. Long	getLong()	BIGINT
float,java. lang. Float	getFloat()	FLOAT
double,java. lang. Double	getDouble()	DOUBLE
java. lang. String	getString()	VARCHAR 或 CLOB
java. math. BigDecimal	getBigDecimal()	NUMERIC
char,java. lang. Character	getString()	CHAR(1)
boolean,java. lang. Boolean	getBoolean()	CHAR(1)('Y'或'N')
java. util. Date,java. sql. Date	getDate()	DATE
java. util. Date,java. sql. Time	getTime()	TIME
java. sql. Clob	getClob()	CLOB
java. sql. Blob	getBlob()	BLOB

11.2.5 示例应用

假定当前 MySQL 数据库服务器中有个名为"MyDB"的数据库,其中有个名为"t_student"的数据表,该表中有 4 个字段:id 表示学号,varchar 类型,表示主键;name 表示姓名,varchar 类型;sex 表示性别,varchar 类型;age 表示年龄,int 类型。数据库的用户名和密码都是"root"。假定 t_student 表中已经存在了若干条记录,通过 SQLyog 图形界面打开 t_student 表,结果如图 11 - 3 所示。

	id	name	sex	age
□	14100001	屈盼洁	女	20
□	14100002	李华	女	19
□	14100003	王涛	男	20
*	(NULL)	(NULL)	(NULL)	(NULL)

11 - 3 t_student 表中的已有数据

采用纯 JDBC 驱动的方式访问数据库,现在需要插入一条学生信息,id 为"14101004",姓名为"张三",性别是"男",年龄"20"。那么对应的 JDBC 代码如实例 Demo11_1 所示。

```
import java.sql.Connection; //导入 java.sql 包中需要的字节码文件
import java.sql.DriverManager;
import java.sql.SQLException;
import java.sql.Statement;
public class Demo11_1
```

```
{
    public static void main(String args[])
    {
        //第一步:加载数据库驱动程序
        try
        {
            Class.forName("com.mysql.jdbc.Driver");//加载纯 JDBC 方式的驱动
        }
        catch(ClassNotFoundException e)
        {
            System.out.println("驱动程序不存在,加载失败");
        }
        //第二步:创建数据库连接 Connection
        try
        {
            Connection con = DriverManager.getConnection("jdbc:mysql://
                            localhost:3306/MyDB", "root", "root");
        //第三步:创建 Statement
            Statement stmt = con.createStatement();
        //第四步:定义 SQL 语句,并执行
            String sql = "INSERT INTO t_student VALUES('14101004','张三','男',20)";
            //此方法是有返回值的,类型为 int,值为执行 sql 语句后对原数据库表
              中记录改变的行数
            int i = stmt.executeUpdate(sql);
        if(i = = 1)
            System.out.println("学生信息插入成功");
        //第五步:释放资源
            stmt.close(); //关闭 Statement 对象
            con.close(); //关闭 Connection 对象
        }
        catch(SQLException e) //处理 SQLException 异常
        {
            e.printStackTrace();
        }
    }
}
```

实例代码 Demo11_1 执行成功后,数据表 t_student 中就会多出一条记录,结果如图 11-4所示。

	id	name	sex	age
□	14100001	屈盼洁	女	20
□	14100002	李华	女	19
□	14100003	王涛	男	20
□	14101004	张三	男	20
*	(NULL)	(NULL)	(NULL)	(NULL)

图 11-4 Demo11_1 执行成功后 t_student 表中的数据

注意:JDBC 操作数据库,从第二步到第五步都需要处理 SQLException 异常。

执行更新操作,将学号为“14100001”的学生姓名改为“张晓”,对应的实例代码如 Demo11_2 所示。

```
import java.sql.Connection;
import java.sql.DriverManager;
import java.sql.SQLException;
import java.sql.Statement;
public class Demo11_2
{
    public static void main(String args[])
    {
        //第一步:加载数据库驱动程序
        try
        {
            Class.forName("com.mysql.jdbc.Driver");
        }
        catch(ClassNotFoundException e)
        {
            System.out.println("驱动程序不存在,加载失败");
        }
        //第二步:创建数据库连接 Connection
        try
        {
            Connection con = DriverManager.getConnection("jdbc:mysql://
                                localhost/MyDB", "root", "root");

            //第三步:创建 Statement
            Statement stmt = con.createStatement();
            //第四步:定义 SQL 语句,并执行
            String sql = "UPDATE t_student SET name = '张晓' WHERE id = '14100001'";
            //此方法是有返回值的,类型为 int,值为执行 sql 语句后对原数据库表
              中记录改变的行数
            int i = stmt.executeUpdate(sql);
```

```
                if(i==1)
                    System.out.println("学生信息更新成功");
                //第五步:释放资源
                stmt.close();
                con.close();
            }
            catch(SQLException e)
            {
                e.printStackTrace();
            }
        }
    }
```

Demo11_2 执行成功后,t_student 表中的数据如图 11-5 所示。

id	name	sex	age
14100001	张晓	女	20
14100002	李华	女	19
14100003	王涛	男	20
14101004	张三	男	20
(NULL)	(NULL)	(NULL)	(NULL)

图 11-5 Demo11_2 执行成功后 t_student 表中的数据

执行删除操作,将所有性别为"男"的学生信息删除,对应的实例代码如 Demo11_3 所示。

```
import java.sql.Connection;
import java.sql.DriverManager;
import java.sql.SQLException;
import java.sql.Statement;
public class Demo11_3
{
    public static void main(String args[])
    {
        //第一步:加载数据库驱动程序
        try
        {
            Class.forName("com.mysql.jdbc.Driver");
        }
            catch(ClassNotFoundException e)
        {
            System.out.println("驱动程序不存在,加载失败");
        }
        //第二步:创建数据库连接 Connection
```

```
        try
        {
            Connection con = DriverManager.getConnection("jdbc:mysql://
                            localhost/MyDB", "root", "root");
            //第三步:创建 Statement
            Statement stmt = con.createStatement();
            //第四步:定义 SQL 语句,并执行
            String sql = "DELETE FROM t_student WHERE sex ='男'";
            //此方法是有返回值的,类型为 int,值为执行 sql 语句后对原数据库表
              中记录改变的行数
            int i = stmt.executeUpdate(sql);
            if(i>0)
                System.out.println("学生信息删除成功");
            //第五步:释放资源
            stmt.close();
            con.close();
        }
        catch(SQLException e)
        {
            e.printStackTrace();
        }
    }
}
```

Demo11_3 执行成功后,检查数据库表 t_student,发现所有的男生记录已经被删除了。

执行查询操作,检索所有的学生信息并输出,对应的实例代码如 Demo11_4 所示。对于查询操作,需要使用 ResultSet 对象。

```
import java.sql.Connection;
import java.sql.DriverManager;
import java.sql.SQLException;
import java.sql.Statement;
import java.sql.ResultSet; //引入 ResultSet 对象
public class Demo11_4
{
    public static void main(String args[])
    {
        //第一步:加载数据库驱动程序
        try
        {
```

```
            Class.forName("com.mysql.jdbc.Driver");
        }
        catch(ClassNotFoundException e)
        {
            System.out.println("驱动程序不存在,加载失败");
        }
        //第二步:创建数据库连接 Connection
        try
        {
            Connection con = DriverManager.getConnection("jdbc:mysql://
                            localhost/MyDB", "root", "root");
            //第三步:创建 Statement
            Statement stmt = con.createStatement();
            //第四步:定义 SQL 语句,并执行
            String sql = "SELECT * FROM t_student";
            //查询语句返回的对象是 ResultSet
            ResultSet rs = stmt.executeQuery(sql);
            if(rs! = null)
            {
                //定位到下一行数据
                while(rs.next())
                {
                    System.out.print("学号: " + rs.getString("id"));
                    System.out.print("姓名: " + rs.getString("name"));
                    System.out.print("性别: " + rs.getString("sex"));
                    System.out.println("年龄: " + rs.getInt("age"));
                }
            }
            //第五步:释放资源
            rs.close(); //关闭 ResultSet 对象
            stmt.close();
            con.close();
        }
        catch(SQLException e)
        {
            e.printStackTrace();
        }
    }
}
```

运行结果如下：

```
学号：14100001 姓名：张晓 性别：女 年龄：20
学号：14100002 姓名：李华 性别：女 年龄：19
```

假如要查询所有的学生信息，以逆序形式输出(按照在数据表中存储的顺序从后向前输出)，一种解决思路是：查询到所有学生信息后，将游标移动到结果集中的最后一条信息之后，通过调用 ResultSet 的 previous()方法，从后向前遍历获取每一条信息。对应的实例代码如 Demo11_5 所示。

```
import java.sql.Connection;
import java.sql.DriverManager;
import java.sql.SQLException;
import java.sql.Statement;
import java.sql.ResultSet;
public class Demo11_5
{
    public static void main(String args[])
    {
        //第一步：加载数据库驱动程序
        try
        {
            Class.forName("com.mysql.jdbc.Driver");
        }
        catch(ClassNotFoundException e)
        {
            System.out.println("驱动程序不存在，加载失败");
        }
        //第二步：创建数据库连接 - Connection
        try
        {
            Connection con = DriverManager.getConnection("jdbc:mysql://
                                localhost/MyDB", "root", "root");
            //第三步：创建 Statement
            Statement stmt = con.createStatement();
            //第四步：定义 SQL 语句，并执行
            String sql = "SELECT * FROM t_student";
            //查询语句返回的对象是 ResultSet
            ResultSet rs = stmt.executeQuery(sql);
            if(rs! = null)
            {
```

```
                //将游标定位到最后一条记录之后
                rs.afterLast();
                //判断当前数据之前是否还有数据
                while(rs.previous())
                {
                    System.out.print("学号: "+rs.getString("id"));
                    System.out.print("姓名: "+rs.getString("name"));
                    System.out.print("性别: "+rs.getString("sex"));
                    System.out.println("年龄: "+rs.getInt("age"));
                }
            }
            //第五步:释放资源
            rs.close();
            stmt.close();
            con.close();
        }
        catch(SQLException e)
        {
            e.printStackTrace();
        }
    }
}
```

运行结果如下:

```
学号: 14100002 姓名: 李华 性别: 女 年龄: 19
学号: 14100001 姓名: 张晓 性别: 女 年龄: 20
```

11.2.6 定义 JDBC 工具类

通过上述实例代码可以看出,每执行一个数据库操作都要执行 JDBC 的相关 5 个步骤,其中步骤 1、2 和 5 对于任何一种数据库操作代码都是相同的,为了更好地提高代码的复用性,可以定义一个工具类来封装其中不变的步骤,如下 JDBCUtil 类代码所示。以后对于数据库的操作可通过这个 JDBCUtil 工具类来完成加载驱动、获取数据库连接和释放资源等步骤。

```
import java.sql.Connection;
import java.sql.DriverManager;
import java.sql.ResultSet;
import java.sql.SQLException;
import java.sql.Statement;
```

```
public class JDBCUtil
{
    //通过静态代码段加载驱动程序，静态代码段只执行一次，所以只加载一次驱动
    static
    {
        try
        {
            Class.forName("com.mysql.jdbc.Driver");
        }
        catch(ClassNotFoundException e)
        {
            System.out.println("驱动程序不存在，加载失败");
        }
}
    //获取数据库连接对象
    public static Connection getConnection()
    {
        Connection con = null;
        try
        {
            con = DriverManager.getConnection("jdbc:mysql://localhost/MyDB",
            "root", "root");
        }
            catch(SQLException e)
        {
        e.printStackTrace();
        }
        return con;
    }
    //释放资源
    public static void close(Statement stmt,Connection con) throws SQLException
        {
            if(stmt! = null&&! stmt.isClosed())
            {
                try{
                    stmt.close();
                }
                catch(SQLException e)
                {
```

```
                e.printStackTrace();
            }
        }
        if(con! = null&&! con.isClosed())
        {
            try{
                con.close();
            }
            catch(SQLException e)
            {
                e.printStackTrace();
            }
        }
    }
    //释放资源
    public static void close (ResultSet rs, Statement stmt, Connection con)
throws SQLException
    {
        if(rs! = null&&! rs.isClosed())
        {
            ry{
                rs.close();
            }
            catch(SQLException e)
            {
                e.printStackTrace();
            }
        }
        close(stmt,con);
    }
}
```

将 Demo11_5 改为使用 JDBCUtil 工具类，实例代码如下所示，运行结果不变。

```
public class Demo11_5
{
    public static void main(String args[])
    {
        try
        {
```

```
            Connection con = JDBCUtil.getConnection();//创建数据库连接对象
            Statement stmt = con.createStatement();
            String sql = "SELECT * FROM t_student";
            ResultSet rs = stmt.executeQuery(sql);
            if(rs! = null)
            {
                rs.afterLast();
                while(rs.previous())
                    {
                        System.out.print("学号：" + rs.getString("id"));
                        System.out.print("姓名：" + rs.getString("name"));
                        System.out.print("性别：" + rs.getString("sex"));
                        System.out.println("年龄：" + rs.getInt("age"));
                    }
                }
                    JDBCUtil.close(rs, stmt, con);//释放资源
                }
                catch(SQLException e)
                {
                    e.printStackTrace();
                }
        }
    }
```

11.3 JDBC 高级应用

11.3.1 PreparedStatement 接口

PreparedStatement 接口继承 java.sql.Statement，PreparedStatement 实例包含已编译的 SQL 语句。包含于 PreparedStatement 对象中的 SQL 语句可具有一个或多个 IN 参数。IN 参数的值在 SQL 语句创建时未被指定。该语句为每个 IN 参数保留一个问号"?"作为占位符。每个问号的值必须在该语句执行之前，通过适当的 setXXX()方法来设置。由于 PreparedStatement 对象已经预编译过，所以其执行速度要快于 Statement 对象。因此，需要多次执行的 SQL 语句通常使用 PreparedStatement 对象，以提高数据库操作效率。作为 Statement 的子类，PreparedStatement 继承了 Statement 的所有功能。另外它还增加了一整套方法，用于设置发送给数据库以取代 IN 参数占位符的值。PreparedStatement 接口的常用方法如表 11 - 5 所示。

表 11-5 PreparedStatement 接口的常用方法

方法	功能说明
int executeUpdate()	执行 SQL 语句，该语句必须是一个 DML 语句或者无返回内容的 DDL 语句
ResultSet executeQuery()	执行 SQL 查询，返回值是 ResultSet 对象
void setInt(int paramIndex,int x)	将指定参数设置为给定的 int 值
void setFloat(int paramIndex,float x)	将指定参数设置为给定的 float 值
void setString(int paramIndex,String x)	将指定参数设置为给定的 String 值
void addBatch()	将一组参数添加到此 PreparedStatement 对象的批处理命令中

以下的代码语句（其中 con 是 Connection 对象）创建了包含带两个 IN 参数占位符的 PreparedStatement 对象：

```
PreparedStatement pstmt = con.prepareStatement("UPDATE mytable SET x = ?
                    WHERE y = ?");
```

pstmt 对象包含的 SQL 语句是"UPDATE mytable SET x = ? WHERE y= ?"，该 SQL 语句已发送给数据库，并为执行作好了准备。

通过 PreparedStatement 对象执行 SQL 语句之前，必须设置每个参数的值。可通过调用 setXXX()方法来完成，其中 XXX 是与该参数相应的类型。例如，如果参数具有 Java 类型 int，则使用的方法就是 setInt()。setXXX()方法的第一个参数是要设置参数的位序（从 1 开始计数），第二个参数是设置给第一个参数的值。

以下代码语句将第一个参数设为 1234，第二个参数设为 9999：

```
pstmt.setInt(1, 1234);
pstmt.setInt(2, 9999);
```

设置完成后上述对应的 SQL 语句就是：

```
UPDATE mytable SET x = 1234 WHERE y = 9999;
```

一旦设置了给定语句的参数值，就可用它多次执行该语句，直到调用 clearParameters() 方法清除它为止。

在 11.2.5 节示例 1 所描述的数据库背景下，采用 PreparedStatement 对象执行一条插入操作和一条更新操作，使用 11.2.6 节创建的 JDBCUtil 工具类来获取连接对象和释放资源。如代码 Demo11_6 所示。

```
import java.sql.Connection;
import java.sql.PreparedStatement;
import java.sql.SQLException;
public class Demo11_6
{
```

```
public static void main(String args[])
{
    try
    {
        insert();//插入数据的方法
        update();//更新数据的方法
    }
    catch(SQLException e)
    {
        e.printStackTrace();
    }
}
private static void insert() throws SQLException
{
    Connection con = JDBCUtil.getConnection();//通过工具类获取连接对象
    //创建带有 IN 参数的 SQL 语句
    String sql = "INSERT INTO t_student VALUES(?,?,?,?)";
    //通过 Connection 对象创建 PreparedStatement 对象
    PreparedStatement pstmt = con.prepareStatement(sql);
    //通过实参代替?
    pstmt.setString(1, "10104019");
    pstmt.setString(2, "李娟");
    pstmt.setInt(3,21);
    pstmt.setString(4, "女");
    //调用 executeUpdate()方法,不能传入 SQL 语句,因为在创建 pstmt 对象时,
     已经传入过 SQL 语句了
    pstmt.executeUpdate();
    JDBCUtil.close(pstmt,con);
}
private static void update() throws SQLException
{
    Connection con = JDBCUtil.getConnection();//通过工具类获取连接对象
    //创建带有 IN 参数的 SQL 语句
    String sql = "UPDATE t_student SET  age = ? wehre id = ?";
    //通过 Connection 对象创建 PreparedStatement 对象
    PreparedStatement pstmt = con.prepareStatement(sql);
    //通过实参代替?
    pstmt.setInt(1,20);
    pstmt.setString(2, "10104019");
```

```
            //调用 executeUpdate()方法,不能传入 SQL 语句,因为在创建 pstmt 对象时,
              已经传入过 SQL 语句了
            pstmt.executeUpdate();
            JDBCUtil.close(pstmt,con);
        }
    }
```

使用 PreparedStatement 对象执行 SQL 语句具有以下几个优点。

1. 提高了代码的可读性和可维护性

虽然用 PreparedStatement 来代替 Statement 会使代码多出几行,但这样的代码具有很好的可读性和可维护性。

使用 Statement 的情况:

```
stmt.executeUpdate("INSERT INTO tb_name(col1,col2,col2,col4)VALUES('" + var1
+ "','" + var2 + "'," + var3 + ",'" + var4 + "')");
```

使用 PreparedStatement 的情况:

```
perstmt = con.prepareStatement("INSERT INTO tb_name(col1,col2,col2,col4)VAL-
        UES(?,?,?,?)");
perstmt.setString(1,var1);
perstmt.setString(2,var2);
perstmt.setString(3,var3);
perstmt.setString(4,var4);
perstmt.executeUpdate();
```

2. 减少 SQL 语句编译次数,提高性能

每一种数据库都会尽最大努力对预编译语句提供最大的性能优化。因为预编译语句有可能被重复调用,所以语句在被数据库的编译器编译后的执行代码被缓存下来,那么下次调用时只要是相同的预编译语句就不需要编译,只要将参数直接传入编译过的语句执行代码中就会得到执行。这并不是说只有一个 Connection 中多次执行的预编译语句被缓存,而是对于整个数据库中,只要预编译的语句语法和缓存中的匹配,那么在任何时候都可以不需要再次编译而直接执行。而 statement 的语句中,即使是同一操作,由于每次操作的数据不同从而使整个语句相匹配的机会极小,几乎不可能匹配。例如下面的语句:

```
INSERT INTO tb_name(col1,col2) VALUES('11','22');
INSERT INTO tb_name(col1,col2) VALUES('11','23');
```

即使是相同操作但因为数据内容不一样,所以整个语句本身不能匹配,没有缓存语句的意义。事实上没有数据库会对普通语句编译后的执行代码缓存。当然并不是所有预编译语句都一定会被缓存,数据库本身会用一种策略,比如使用频度等因素来决定什么时候不再缓存已有的预编译结果,以保证有更多的空间存储新的预编译语句。

3. 提高了安全性

恶意 SQL 语句会入侵数据库,甚至对数据库产生破坏。

```
String sql = "SELECT * FROM tb_name WHERE name = '" + varname + "' AND passwd = '" +
        varpasswd + "'"。
```

如果把['OR'1' = '1]作为 varpasswd 传入进来,用户名随意,都可以查询到相关信息。

```
SELECT * FROM tb_name = '随意' AND passwd = ''OR'1' = '1';
```

因为'1' = '1'肯定成立,所以可以通过任何验证。更有甚者把[';drop table tb_name;]作为 varpasswd 传入进来,则

```
select * FROM tb_name = '随意' and passwd = ''drop table tb_name;
```

有些数据库是不会让这种语句执行成功的,但也有很多数据库可以让这些语句得到执行。而如果使用预编译语句,传入的任何内容就不会和原来的语句发生任何匹配关系。只要全使用预编译语句,就不需要对传入的数据做任何过滤。

11.3.2 事务操作

事务(Transaction)是并发控制的单元,是用户定义的一个操作序列。这些操作要么全部执行,要么全部不执行,是一个不可分割的工作单位。通过事务,数据库能将逻辑相关的一组操作绑定在一起,以便服务器保持数据的完整性。事务通常是以 begin transaction 开始,以 commit 或 rollback 结束。commint 表示提交,就是将事务中所有对数据的更新写回到磁盘上的物理数据库中去,事务正常结束。rollback 表示回滚,即在事务运行的过程中发生了某种故障或异常,事务不能继续进行,系统将事务中对数据库的所有已完成的操作全部撤销,回滚到事务开始的状态。

1. 事务的特性

(1)原子性(atomicity):事务是数据库的逻辑工作单位,而且必须是原子工作单位,对于其数据修改,要么全部执行,要么全部不执行。

(2)一致性(consistency):事务在完成时,必须是所有的数据都保持一致状态。在相关数据库中,所有规则都必须应用于事务的修改,以保持所有数据的完整性。

(3)隔离性(isolation):一个事务的执行不能被其他事务所影响。

(4)持久性(durability):一个事务一旦提交,事务的操作便永久性地保存在数据库中。即使此时再执行回滚操作也不能撤销所做的更改。

Connection 接口提供了一个 auto - commit 的属性来指定事务何时结束。当 auto - commit 为 true 时,当每个独立 SQL 操作执行完毕,事务立即自动提交,也就是说每个 SQL 操作都是一个事务。一个独立 SQL 操作什么时候算执行完毕,JDBC 规范是这样规定的:对数据操作语言(DML,如 insert,update,delete)和数据定义语言(DDL,如 create,drop 等),语句一执行完即视为执行完毕。对 select 语句,当与它关联的 ResultSet 对象关闭时,即视为执行完毕。对存储过程或其他返回多个结果的语句,当与它关联的所有 ResultSet 对象全部关闭,所有 update count(update、delete 等语句操作影响的行数)和 output parameter(存储过程的输出参数)都已经获取之后,即视为执行完毕。

当 auto - commit 为 false 时,每个事务都必须显示调用 commit 方法进行提交,或者显示调用 rollback 方法进行回滚。auto - commit 属性默认值为 true,也就是事务自动提交。

2. 事务隔离级别(Transaction Isolation Levels)

JDBC 定义了五种事务隔离级别,如表 11 - 6 所示。

表 11 - 6 事务隔离级别

隔离级别	功能说明
TRANSACTION_NONE JDBC	驱动不支持事务
TRANSACTION_READ_UNCOMMITTED	允许脏读、不可重复读和幻读
TRANSACTION_READ_COMMITTED	禁止脏读,但允许不可重复读和幻读
TRANSACTION_REPEATABLE_READ	禁止脏读和不可重复读,但允许幻读
TRANSACTION_SERIALIZABLE	禁止脏读、不可重复读和幻读

3. 保存点(SavePoint)

JDBC 定义了 SavePoint 接口,提供在一个更细粒度的事务控制机制。当设置了一个保存点后,可以 rollback 到该保存点处的状态,而不是 rollback 整个事务。Connection 接口的 setSavepoint()和 releaseSavepoint()方法可以设置和释放保存点。

JDBC 规范虽然定义了事务的以上支持行为,但是不同 JDBC 驱动,数据库厂商对事务的支持程度可能各不相同。如果在程序中任意设置,可能得不到想要的效果。为此,JDBC 提供了 DatabaseMetaData 接口,该结构提供了一系列 JDBC 特性支持情况的获取方法。比如,通过 DatabaseMetaData. supportsTransactionIsolationLevel()方法可以判断对事务隔离级别的支持情况,通过 DatabaseMetaData. supportsSavepoints()方法可以判断对保存点的支持情况。

假定 MySQL 中有个名为"MyDB"的数据库,其中有个名为"t_account"的数据表,如图 11 - 6 所示。该表中有 2 个字段:name 表示账户名,varchar 类型;balance 表示余额,float 类型。数据库的用户名和密码都是 root。采用纯 JDBC 驱动的方式访问数据库,已知该表中已有两条记录,如图 11 - 6 所示。通过 JDBC 操作实现由"张三"账户向"李四"账户转账 1000 元。对应的代码如 Demo11_7 所示。

	name	balance
□	张三	2000.5
□	李四	20.5
*	(NULL)	(NULL)

图 11 - 6 t_account 表中的数据

```
import java.sql.Connection;
import java.sql.PreparedStatement;
import java.sql.SQLException;
public class Demo11_7
{
```

```
    public static void main(String args[])
    {
        try
        {
            transfer();//调用转账方法
        }
        catch(SQLException e)
        {
            e.printStackTrace();
        }
    }
    //转账的方法
    private static void transfer() throws SQLException
    {
        //通过 JDBCUtil 工具类获取 Connection 对象
        Connection con = JDBCUtil.getConnection();
        //关闭事务的自动提交
        con.setAutoCommit(false);
        String sql = "UPDATE t_account SET balance = balance - 1000 WHERE name = ?";
        //通过 Connection 对象创建 PreparedStatement 对象
        PreparedStatement pstmt = con.prepareStatement(sql);
        //通过实参代替?
        pstmt.setString(1, "张三");
        pstmt.executeUpdate(); //执行更新操作
        sql = "UPDATE t_account SET  balance = balance + 1000 WHERE name = ?";
        //通过 Connection 对象创建 PreparedStatement 对象
        pstmt = con.prepareStatement(sql);
        pstmt.setString(1, "李四");
        pstmt.executeUpdate();//执行更新操作
        //提交事务,事务正常结束
        con.commit();
        JDBCUtil.close(pstmt,con);//释放资源
    }
}
```

实例代码 Demo11_7 的 transfer()方法中:将“张三”账户减少 1000 元和“李四”账户增加 1000 元看作一个事务,“张三”账户的减少和“李四”账户的增加操作要么全部执行,要么全都不执行。也就是不可能出现“张三账户减少 1000 元,李四账户没有增加 1000 元”和“张三账户没有减少 1000 元,李四账户增加了 1000 元”的这种情况。事务正常提交结束后的执行结果如图 11-7 所示。

	name	balance
□	张三	1000.5
□	李四	1020.5
*	(NULL)	(NULL)

图 11-7 转账成功后 t_account 表中的数据

考虑这样一种情况："张三"账户已经减少了 1000 元，在"李四"账户还没有增加 1000 元之前，出现了异常情况，事务无法正常提交结束，此时对于"张三"账户就要回到减少 1000 元之前的状态，事务要进行回滚操作。这种情况如实例代码 Demo11_8 所示。

```
import java.sql.Connection;
import java.sql.PreparedStatement;
import java.sql.SQLException;
public class Demo11_8
{
    public static void main(String args[]) throws SQLException
    {
        transfer();
    }
    //转账的方法
    private static void transfer() throws SQLException
    {
        //通过 JDBCUtil 工具类获取 Connection 对象
        Connection con = JDBCUtil.getConnection();
        try
        {
            //关闭事务的自动提交
        con.setAutoCommit(false);
            String sql = "UPDATE t_account SET  balance = balance - 1000 WHERE
                  name = ?";
            //通过 Connection 对象创建 PreparedStatement 对象
            PreparedStatement pstmt = con.prepareStatement(sql);
            //通过实参代替?
            pstmt.setString(1, "张三");
            pstmt.executeUpdate();
            //产生 SQLException 对象
            if(30>20)
                throw new SQLException();
            sql = "UPDATE t_account SET  balance = balance + 1000 WHERE name = ?";
            //通过 Connection 对象创建 PreparedStatement 对象
            pstmt = con.prepareStatement(sql);
```

```
            pstmt.setString(1, "李四");
            pstmt.executeUpdate();
            //提交事务,事务正常结束
            con.commit();
            JDBCUtil.close(pstmt,con);
        }catch(SQLException e)
        {
            //事务回滚
            con.rollback();
        }
    }
}
```

实例代码 Demo11_8 的 transfer()方法中:通过 if(30>20)条件使程序产生 SQLException 异常,从而进入 catch 代码段中执行,使得事务回滚到初始状态,也就是对"张三"账户执行减 1000 元的操作撤销。张三账户没有减少 1000 元,李四账户也没有增加 1000 元。

事务当中保存点的应用举例。假定有如下情况:如果"王五"账户余额大于 300 元的话,"李四"账户就不给"王五"账户转账,否则"李四"账户给"王五"账户转账 300 元。无论"李四"是否给"王五"转账,"张三"账户都增加 1000 元。如果将上述情况看作一个事务,对应的操作如实例代码 Demo11_9 所示。执行之前数据表(t_account)中的记录如图 11-8 所示。

	name	balance
	张三	1000.5
	李四	1020.5
	王五	260.5
*	(NULL)	(NULL)

图 11-8　t_account 表中记录情况

```
import java.sql.Connection;
import java.sql.PreparedStatement;
import java.sql.SQLException;
public class Demo11_9
{
    public static void main(String args[]) throws SQLException
    {
        transfer();
    }
    //转账的方法
    private static void transfer() throws SQLException
    {
        //通过 JDBCUtil 工具类获取 Connection 对象
        Connection con = JDBCUtil.getConnection();
```

```
//定义保存点对象
SavePoint sp = null;
PreparedStatement pstmt = null;
try
{
    //关闭事务的自动提交
    con.setAutoCommit(false);
    String sql = "UPDATE t_account SET  balance = balance + 1000 WHERE
              name = ?";
    //通过 Connection 对象创建 PreparedStatement 对象
    pstmt = con.prepareStatement(sql);
    //通过实参代替?
    pstmt.setString(1, "张三");
    pstmt.executeUpdate();
    //创建一个保存点对象
    sp = con.setSavepoint();

    sql = "UPDATE t_account SET balance = balance - 300 WHERE name = ?";
    pstmt.setString(1, "李四");
    pstmt.executeUpdate();
    //查询"王五"账户余额
    sql = "SELECT balance FROM t_account WHERE name = ?";
    pstmt.setString(1, "王五");
    ResultSet rs = pstmt.executeQuery();
    if(rs.next())
    {
        float mon = rs.getFloat("money");
        if(mon>300)
            throw new RuntimeException("余额充足,不用转账");
        sql = "UPDATE t_account SET balance = balance + 300 WHERE name = ?";
        pstmt.setString(1, "王五");
        pstmt.executeUpdate();
        //事务正常提交
        con.commit();
    }
    JDBCUtil.close(rs,pstmt,con);
}
catch(RuntimeException e1)
{
```

```
            //事务回滚到保存点位置
            con.rollback(sp);
            //将保存点之前执行的操作正确提交
            con.commit();
        }
        catch(SQLException e)
        {
            //事务回滚
        con.rollback();
        }
    }
}
```

程序运行成功后，t_account 中的记录如图 11-9 所示。

name	balance
张三	2000.5
李四	720.5
王五	560.5
(NULL)	(NULL)

图 11-9　Demo11_9 执行成功后 t_account 中的记录值

实例代码 Demo11_8 的 transfer()方法中："张三"账户增加 1000 元操作后就创建一个保存点对象，如果"王五"账户不满足转账条件，在 RuntimeException 异常的处理代码中，事务回滚到保存点并正确提交事务。如果在操作过程中出现 SQLException 异常，事务就回滚到初始状态，不执行任何操作。在上述整个事务中，通过保存点划分为两个细粒度的事务，第一个是"张三"账户增加 1000 元。第二个是"李四"和"王五"账户之间的转账，第二个事务不会影响到第一个事务的执行，从而达到对事务进行细粒度控制的目的。

11.3.3 DAO 设计模式

在 Java 数据库访问过程中，普遍采用 DAO 设计模式对 JDBC 代码进行封装，这样做的目的是向调用方屏蔽数据库操作的细节，将业务逻辑与数据访问逻辑解耦合，提高代码的复用性。DAO 设计模式一般包括以下几个类。

(1)POJO(Plain Ordinary Java Object)：一般对应数据库中的实体(Entity)，一个实体就对应一个 POJO 类。POJO 类中定义的属性与实体的字段要一一对应。

(2)DBUtil：负责加载数据库驱动、获取数据库连接、释放资源等。

(3)DAO 接口：负责定义 POJO 对象针对数据库操作的方法(根据业务逻辑而定)。

(4)DAO 接口的实现类：必须实现 DAO 接口，其中真正包含访问数据库的代码，但是不包括数据库连接的建立和释放资源。

以 11.2.5 节为应用背景，数据表 t_student 对应学生实体，所以应该定义学生类来表示对应的 POJO，如下 Student 类所示。

```
public class Student
```

```
{
    private String id;
    private String name;
    private int age;
    private String sex;
    public String getId() {
    return id;
}
public void setId(String id) {
    this.id = id;
}
public String getName() {
    return name;
}
public void setName(String name) {
    this.name = name;
}
public int getAge() {
    return age;
}
public void setAge(int age) {
    this.age = age;
}
public String getSex() {
    return sex;
}
public void setSex(String sex) {
    this.sex = sex;
}
}
```

11.2.6 节定义的 JDBC 工具类就当作 DAO 模式中的 DBUtil。针对 POJO 对象定义对应的 DAO 接口。假定学生对象对应的 DAO 接口中只包含两个业务方法：添加一个学生对象；根据学号查询一个学生对象。对应的 DAO 接口如下所示。

```
public interface StudentDAO
{
    boolean add(Student student); //添加学生对象
    Student findById(String id); //根据学号查询对应的学生对象
}
```

注意:实际应用开发过程中,某个 POJO 对应的 DAO 接口中的方法可能会有很多,需要根据需求分析来确定。

StudentDAO 对应的实现类的代码如下。

```
import java.sql.Connection;
import java.sql.PreparedStatement;
import java.sql.ResultSet;
import java.sql.SQLException;
public class StudentDAOImp implements StudentDAO //实现 StudentDAO 接口
{
    public boolean add(Student student) //添加学生对象
    {
        boolean tag = false;
        Connection con = null;
        PreparedStatement ps = null;
        try
        {
        con = JDBCUtil.getConnection(); //通过 JDBCUtil 获取连接对象
        String sql = "INSERT INTO t_student VALUES(?,?,?,?)";
                                            //创建执行插入操作的 SQL 语句
        ps = con.prepareStatement(sql);
        ps.setString(1, student.getId());
        ps.setString(2, student.getName());
        ps.setInt(3, student.getAge());
        ps.setString(4, String.valueOf(student.getSex()));
        int count = ps.executeUpdate();
        if(count>0)
            tag = true;
        JDBCUtil.close(ps,con); //关闭资源
        }
        catch(SQLException e)
        {
            e.printStackTrace();
        }
        return tag;
    }
    public Student findById(String id) //根据学号查找对应的学生
    {
        Student stu = null;
        Connection con = null;
```

```
            PreparedStatement ps = null;
            ResultSet rs = null;
            try
            {
                con = JDBCUtil.getConnection();
                String sql = "SELECT * FROM t_student WHERE id = ?";
                ps = con.prepareStatement(sql);
                ps.setString(1, id);
                rs = ps.executeQuery();
                if(rs! = null&&rs.next()) //判断是否找到查询的记录
                {
                    stu = new Student();
                    stu.setId(rs.getString(1)); //按照查询到记录的列顺序给学生
                                                  对象属性赋值
                    stu.setName(rs.getString(2));
                    stu.setSex(rs.getString(3));
                    stu.setAge(rs.getInt(4));
                }
                JDBCUtil.close(rs,ps,con);
            }
            catch(SQLException e)
            {
                e.printStackTrace();
            }
            return stu;
        }
    }
```

上述 DAO 模式中各个对象定义完成后，就可以在调用端来使用 DAO 模式。将 main 方法看作调用端，分别创建 DAO 对象、Student 对象，完成插入一条学生记录的操作，如实例代码 Demo11_10 所示。

```
    import java.sql.Connection;
    import java.sql.PreparedStatement;
    import java.sql.ResultSet;
    import java.sql.SQLException;
    public class Demo11_10
    {
        public static void main(String args[])
        {
```

```
        Student stu = new Student(); //创建学生对象并调用 set 方法赋值
        stu.setId("1001");
        stu.setName("张三");
        stu.setSex("男");
        stu.setAge(20);
        //创建学生对象的 DAO 对象
        StudentDAO stuDAO = new StudentDAOImp();
        if(stuDAO.add(stu))  //执行插入操作
            System.out.println("成功插入一条学生记录");
        else
            System.out.println("插入学生记录执行失败");
    }
}
```

以上是 DAO 设计模式的一个简单应用示例，随着知识学习的深入将来可以通过工厂设计模式来创建 DAO 对象。在实际软件开发中对 DAO 对象的调用会从业务逻辑层开始执行。

11.3.4 数据库连接池

JDBC 在访问数据库的过程中要创建 Connection 对象，执行完 SQL 语句后要释放 Connection 对象。Connection 对象代表客户端与数据库之间的一条连接，在系统底层维护了一个 TCP 链接，所以它的创建和销毁是一项非常耗时且 IO 开销很大的操作。频繁创建、释放 Connection 对象的做法在并发量较大的软件系统中是不可取的，这样会导致数据库响应速度变慢。

使用完 Connection 对象后不是立刻去释放，而是缓存起来方便下一次的使用，达到复用的目的，这样做可以提高 JDBC 访问数据库的效率。目前普遍采用连接池的方式来实现 Connection 的复用。连接池的核心思想是：服务器启动时创建连接池对象，根据相关参数创建一定数量的 Connection 对象(空闲连接)并缓存起来；当客户端请求到来时，连接池对象取一个空闲连接分配给该客户端，并将该连接标记为忙碌；如果没有空闲连接且忙碌连接数没有达到最大值，就创建一个新的 Connection 对象给客户端，否则客户端就处于等待状态，在最大等待时间内还没有得到连接，就会得到一个异常，标志这次获取操作失败；连接使用完后，由客户端交还给连接池并标记为空闲，以供其他客户端使用，从而达到复用的目的。数据库连接池的使用过程如图 11 - 10 所示。

要自行创建一个数据库连接池，需要考虑最小连接数、最大连接数、调用者异常的处理及恢复、服务端异常的处理及恢复、设备的性能极限、网络吞吐量等各种复杂因素，所以实现起来较为困难。目前已有一些优秀的、开源的第三方数据库连接池，例如 C3P0、Proxoo、DBCP 等，它们在稳定性、效率等方面的性能已在实际项目中得到了验证，所以使用上述开源的连接池来管理 Connection 是提高性能的一个重要手段。以 C3P0 数据库连接池的使用为例，按以下步骤操作执行。

(1)通过网络下载 C3P0 的相关 jar 包(包括 c3p0 - 0.11.5.2.jar 和 mchange-common-

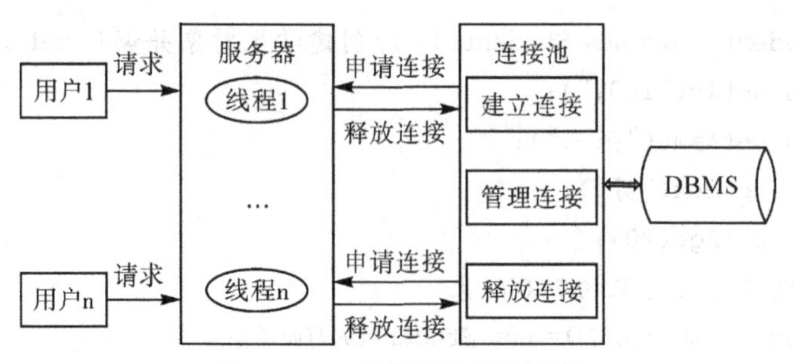

图 11-10 数据库连接池原理

java-0.2.11.jar)，并添加到当前应用的环境变量中。读者可通过此网址下载：https://sourceforge.net/projects/c3p0/

(2)定义 C3P0 数据库连接池配置文件(XML 文件形式)，代码如下所示。

```
<?xml version = "1.0" encoding = "UTF-8"?>
<c3p0-config>
    <named-config name = "mysql">
        <property name = "driverClass">com.mysql.jdbc.Driver</property>
        <property name = "jdbcUrl">jdbc:mysql://localhost:3306/MyDB</property>
        <property name = "user">root</property>
        <property name = "password">root</property>
        <!-- 初始化连接池的大小 -->
          <property name = "initialPoolSize">10</property>
        <!-- 最大空闲时间 -->
          <property name = "maxIdleTime">30</property>
        <!-- 最多有多少个连接 -->
          <property name = "maxPoolSize">100</property>
        <!-- 最少有几个连接 -->
          <property name = "minPoolSize">10</property>
        <!-- 每次最多可以执行多少个批处理语句 -->
          <property name = "maxStatements">200</property>
    </named-config>
</c3p0-config>
```

(3)定义 C3P0 数据库连接池操作的工具类，如实例代码 C3P0Util 所示。

```
import java.sql.Connection;
import java.sql.PreparedStatement;
import java.sql.ResultSet;
import java.sql.SQLException;
import java.sql.Statement;
import com.mchange.v2.c3p0.ComboPooledDataSource;
```

```
public class C3P0Util {
    private static ComboPooledDataSource cpds = null;
    static {
    //mysql 为第二步配置文件中的 named - config 标签的值
        cpds = new ComboPooledDataSource("mysql");
    }
    //从连接池获得数据库连接对象
    public static Connection getConnection() {
        try {
            return cpds.getConnection();
        } catch (SQLException e) {
            e.printStackTrace();
            return null;
        }
    }
    //释放 JDBC 相关资源,Connection 对象的 close()方法是将连接对象放回到连接
      池中而不是真正的销毁
        public static void close(Connection conn, Statement pst, ResultSet rs)
        {
            if (rs != null) {
                try {
                    rs.close();
                    } catch (SQLException e) {
                        e.printStackTrace();
                    }
            }
        if (pst != null) {
            try {
                pst.close();
                } catch (SQLException e) {
                    e.printStackTrace();
                    }
            }
        if (conn != null) {
            try {
                conn.close();
                } catch (SQLException e) {
                    e.printStackTrace();
                    }
```

```
            }
        }
        //释放 JDBC 相关资源,Connection 对象的 close()方法是将连接对象放回到连接
          池中而不是真正的销毁
        public static void close(Connection conn, Statement pst)
        {
            if (pst ! = null) {
                try {
                    pst.close();
                    } catch (SQLException e) {
                        e.printStackTrace();
                    }
                }
            if (conn ! = null) {
                try {
                    conn.close();
                    } catch (SQLException e) {
                        e.printStackTrace();
                    }
                }
        }
    }
```

定义好 C3P0 工具类后,以后就可以通过这个工具类获取 Connection 对象了。使用数据库连接池在 Java Web 项目中非常普遍,尤其是在较多用户同时需要访问数据库的场景中,使用数据库连接池能够提高系统的性能,并对数据库起到缓冲保护作用。

11.3.5 元数据

Java 通过 JDBC 与数据库建立连接后会得到一个 Connection 对象,可以从这个对象获得有关数据库管理系统的各种信息,包括数据库中的各个表、表中的各个列、数据类型、触发器、存储过程等各方面的信息。根据这些信息,JDBC 可以访问一个事先并不了解的数据库。获取这些信息的方法都是在 DatabaseMetaData 类的对象上实现的,而 DataBaseMetaData 对象是在 Connection 对象上获得的。

DatabaseMetaData 类中提供了许多方法用于获得数据源的各种信息,通过这些方法可以非常详细地了解数据库的信息,如表 11 - 7 所示。实例代码 Demo11_11 展示了 DatabaseMetaData 的简单使用。

表 11－7 DatabaseMetaData 类的主要方法

方法	功能说明
String getURL()	返回一个 String 类对象,代表数据库的 URL
String getUserName()	返回连接当前数据库管理系统的用户名
boolean isReadOnly()	返回一个 boolean 值,指示数据库是否只允许读操作
String getDatabaseProductName()	返回数据库的产品名称
String getDatabaseProductVersion()	返回数据库的版本号
String getDriverName()	返回驱动程序的名称
String getDriverVersion()	返回驱动程序的版本号

```
import java.sql.Connection;
import java.sql.DatabaseMetaData;
public class Demo11_11
{
    static Connection con = null;
    public static void main(String[] args) {
    try {
        // C3P0Util 是上一节定义的数据库连接池工具类,通过它从数据库连接池中
          获取 Connection 对象
        con = C3P0Util.getConnection();
        DatabaseMetaData dmeta = con.getMetaData();
        String dbName = dmeta.getDatabaseProductName();
        String dbVersion = dmeta.getDatabaseProductVersion();
        String driverName = dmeta.getDriverName();
        String driverVersion = dmeta.getDriverVersion();
        String url = dmeta.getURL();
        String username = dmeta.getUserName();
        System.out.println(dbName);
        System.out.println(dbVersion);
        System.out.println(driverName);
        System.out.println(driverVersion);
        System.out.println(url);
        System.out.println(username);
        System.out.println(dmeta.isReadOnly());
    } catch (Exception e) {
        e.printStackTrace();
    }}
}
```

程序运行结果如下：

```
MySQL
5.0.88 - community - nt
MySQL - AB JDBC Driver
mysql - connector - java - 5.1.5 ( Revision: ${svn.Revision} )
jdbc:mysql://localhost:3306/mydb
root@localhost
false
```

ResultSetMetaData 元数据保存了一些关于数据查询结果的相关信息，该元数据对象通过 ResultSet 对象的 getMetaData()方法获得，其中的主要方法如表 11 - 8 所示。

表 11 - 8 ResultSetMetaData 类的主要方法

方法	功能说明
int getColumnCount()	返回 resultset 对象的列数
String getColumnName(int column)	获得指定列的名称
String getColumnTypeName(int column)	获得指定列的数据类型
String getColumnClassName(int column)	获得指定列所对应的 Java 数据类型

实例代码 Demo11_12 的功能是：获取某个查询语句所得到的结果集的列名、对应的 Java 数据类型和数据库数据类型。

```
import java.sql.Connection;
import java.sql.PreparedStatement;
import java.sql.ResultSet;
import java.sql.ResultSetMetaData;
import com.mchange.v2.c3p0.ComboPooledDataSource;
public class Demo11_12 {
    static Connection con = null;
    static PreparedStatement ps = null;
    public static void main(String[] args) {
    try {
        // C3P0Util 是上一节定义的数据库连接池工具类，通过它从数据库连接池中
           获取数据库连接对象
        con = C3P0Util.getConnection();
        con = util.getConnection();
        String sql = "SELECT * FROM student WHERE name = ? and age = ?";
        ps = con.prepareStatement(sql);
        ps.setString(1, "zhangsan");
        ps.setInt(2, 20);
```

```
        ResultSet rs = ps.executeQuery();
        ResultSetMetaData rsmd = rs.getMetaData();
        //获取查询结果的列数
        int columnCount = rsmd.getColumnCount();
        for(int i = 1;i<columnCount;i ++ )
        {
            System.out.println(rsmd.getColumnName(i));
            System.out.println(rsmd.getColumnClassName(i));
            System.out.println(rsmd.getColumnTypeName(i));
        }}
        catch(Exception e)
        {
            e.printStackTrace();
        }
    }}
```

程序运行结果如下：

```
id
java.lang.String
VARCHAR
name
java.lang.String
VARCHAR
sex
java.lang.String
CHAR
```

11.3.6　调用存储过程

存储过程是一个 SQL 语句和可选控制流语句的预编译集合。编译完成后存放在数据库中，这样就省去了执行 SQL 语句时对 SQL 语句进行编译所花费的时间。在执行存储过程时只需要将参数传递到数据库中，而不需要将整条 SQL 语句都提交给数据库，从而减少了网络传输的流量，从另一方面提高了程序的运行速度。

在 MyDB 数据库中创建一个简单的存储过程，代码如 Demo11_13 所示。该存储过程的作用是检索 t_student 表中年龄大于 age1 的学生信息。

实例代码 Demo11_13

```
DELIMITER $ $
CREATE
    PROCEDURE `MyDB`.`procedure1`(age1 INT)
```

```
        BEGIN
            SELECT * FROM t_student WHERE age>age1;
        END $ $
DELIMITER ;
```

存储过程创建完成后可以通过 JDBC 在客户端进行调用。在 JDBC API 中通过 CallableStatement 对象调用存储过程并对其进行操作。CallableStatement 接口在 java. sql 包中,它继承于 Statement 接口,其调用方法如下:

```
{call <procedure-name>[(<arg1>,<arg2>,...)]}
```

其中,arg1、arg2 为存储过程中的参数,如果存储过程中需要传递参数,可以对其进行赋值操作。通过 CallableStatement 调用上述定义的存储过程,如实例代码 Demo11_14 所示。

```
import java.sql.Connection;
import java.sql.PreparedStatement;
import java.sql.ResultSet;
import java.sql.CallableStatement;
public class Demo11_14
{
    static Connection con = null;
    static PreparedStatement ps = null;
    public static void main(String[] args)
    {
        try
        {
            //JDBCUtil 为 11.2.6 节定义的工具类
            JDBCUtil util = JDBCUtil.getInstance();
            con = util.getConnection();
            //通过 Connection 创建 CallableStatement 对象,用于调用存储过程
            CallableStatement ct = con.prepareCall("{call procedure1(21)}");
            ResultSet rs = ct.executeQuery();
            if(rs! = null)
                {
                    //定位到下一行数据
                    while(rs.next())
                    {
                        System.out.print("学号:" + rs.getString(1));
                        System.out.print("姓名:" + rs.getString(2));
                        System.out.print("性别:" + rs.getString(3));
                        System.out.println("年龄:" + rs.getInt(4));
                    }
```

```
            }
        }catch(Exception e)
        {
            e.printStackTrace();
        }
    }
}
```

练习题

一、选择题

1. 用来担当 JDBC 驱动管理者的类是________。

   A. Connection　　B. DriverManager　　C. Statement　　D. ResultSet

2. 用来担当 Java 程序和数据库之间的“桥梁”的接口是________。

   A. Connection　　B. DriverManager　　C. Statement　　D. ResultSet

3. 用来执行 SQL 语句的接口是________。

   A. Connection　　B. DriverManager　　C. Statement　　D. ResultSet

4. 用来执行数据库中存储过程的接口是________。

   A. PreparedStatement　　B. CallableStatement　　C. Statement　　D. ResultSet

5. JDBC 操作数据库的第一个步骤是________。

   A. 加载数据库驱动程序　　B. 创建数据库连接对象

   C. 释放资源　　D. 执行 SQL 语句,并处理执行结果

6. 能够对数据库事务进行操作的对象是________。

   A. Connection　　B. Statement　　C. ResultSet　　D. PreparedStatement

7. 用来保存查询语句返回的结果数据的对象是________。

   A. Connection　　B. Statement　　C. ResultSet　　D. DriverManager

8. 数据库连接池的作用是________。

   A. 提高 SQL 语句的执行效率　　B. 简化 JDBC 代码的编写量

   C. 实现对 Connection 对象的重复利用　　D. 避免发生 SQLException

9. 用来表示数据库元数据信息的类是________。

   A. Connection　　B. ResultSet

   C. DriverManager　　D. DatabaseMetaData

10. 用来表示查询结果所对应的元数据信息的类是________。

    A. ResultSetMetaData　　B. ResultSet

    C. DriverManager　　D. DatabaseMetaData

二、简答题

1. 通过 JDBC 操作数据库,一般都要经过哪些步骤?

2. 定义 JDBC 工具类的目的是什么？这个工具类中包含哪些操作？
3. 什么是 DAO 设计模式？该模式一般包含哪些类？分别起什么作用？

三、程序设计题

1. 假定当前 MySQL 数据库中有一个名为“mydb”的数据库，用户名和密码都是“root”，其中有一个表为“t_user”，该表的 DDL 信息如下所示，假定表中已经有若干条数据记录。

```
CREATE TABLE 't_user'(
    'id' bigint(20) NOT NULL auto_increment,
    'name' varchar(255) default NULL,
    'password' varchar(255) default NULL,
    'sex' char(2) default NULL,
    PRIMARY KEY  ('id')
) ENGINE = InnoDB AUTO_INCREMENT = 11 DEFAULT CHARSET = utf8
```

请根据以下要求编写相关的代码。

(1)定义“t_user”对应的 POJO 类——User。

(2)定义 UserDAO 接口，该接口中包含的方法有：

①按性别查询对应的用户信息。

②插入一条用户信息。

③按 id 查找对应的用户信息。

(3)定义 UserDAO 的实现类——UserDAOImp。

(4)定义测试类，创建 UserDAO 对象，分别执行其中的 3 个方法，观察运行结果。

2. 在上题“mydb”数据库中建立一个存储过程，名称为 p_user。该存储过程的作用是按照用户名称和密码查找对应的用户信息，利用 JDBC 操作来调用该存储过程(用户名和密码自行赋值)，输出调用结果。

第 12 章　多线程

本章学习目标：

(1)理解程序、进程和线程的基本概念。

(2)理解线程的生命周期和状态，线程的调度和控制方法。

(3)掌握实现多线程的方式。

(4)理解线程同步的基本概念，掌握实现线程同步的方法。

(5)理解线程间通信的基本概念，掌握线程通信的实现方法。

(6)理解死锁的基本概念。

12.1　程序、进程与线程

12.1.1　程序与进程

程序是指一段静态的代码，能够完成某些功能，它是应用软件执行的蓝本。进程是关于某个数据集合的一次运行活动，它是操作系统动态执行的基本单元，也是程序的一次动态执行过程。进程经历了从代码加载、运行到执行完毕的一个完整的过程，这个过程也是进程本身从产生、发展到最终消亡的过程。进程具有动态性、并发性、独立性和异步性。

(1)动态性：进程的实质是进程实体的执行过程。因此，动态性就是进程的最基本特性。动态性还表现在“它由创建而产生，由调度而执行，由撤销而消亡”。

(2)并发性：是指多个进程实体同时存于内存中，且能在一段时间内同时运行。

(3)独立性：进程实体是一个能独立运行、独立获得资源和独立接收调度的单位。

(4)异步性：进程按照各自独立、不可预知的速度向前推进。

由于多个进程在并发执行时共享系统资源，致使它们在运行过程中呈现间断性的运行规律，所以进程在其生命周期中存在多种状态。一般情况下，每一个进程应该处于就绪(Ready)状态、执行(Running)状态和阻塞(Block)状态这 3 种状态的一种。

12.1.2　线程

线程是进程中划分出来的更小的执行单位，一个进程在其执行过程中可以产生多个线程，每个线程代表一条执行线索，如图 12－1 所示。每个线程都有它各自产生、存在和消亡的过程。一个进程中所产生的多个线程之间共享由操作系统分配给所属进程的内存资源

(包括代码和数据),通过这些共享资源来实现数据交换、实时通信和同步操作。但与进程不同的是,线程的中断与恢复可以节省系统的开销。通过多线程进行程序设计可以更好地描述并解决现实世界中的问题,现实世界中的某个活动需要多个对象同时参与并完成,一个线程个体就可以描述现实中的一个对象。

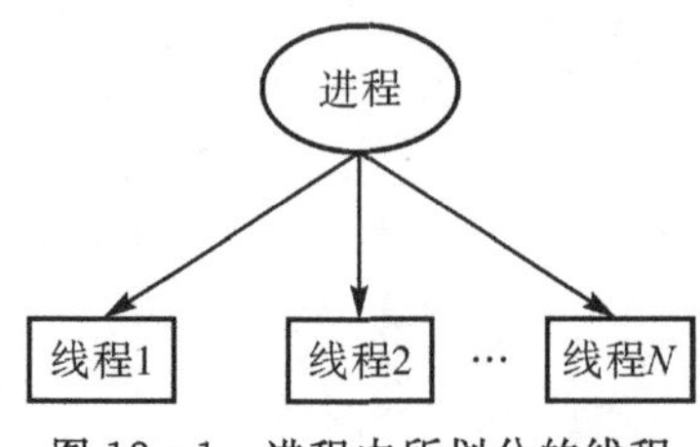

图 12-1 进程中所划分的线程

12.2 Java 中的多线程

12.2.1 Java 多线程机制

Java 语言内置了对多线程的支持,开发人员通过创建 Thread 或其子类对象就可以快速地创建线程对象并使用。通过在一个进程中创建多个线程并执行多个线索,可以使得开发人员很方便地开发出具有多线程功能、能同时处理多个任务的功能强大的应用程序。虽然执行线程给人一种几个事件同时发生的感觉,但实际上计算机在任何给定的时刻只能执行多个线程中的某一个线程。由于 Java 虚拟机能够非常快速地将执行的控制权由一个线程切换到另一个线程,使得这些线程可以轮流执行,给人们的感觉就好像是这些线程同时执行一样。

12.2.2 主线程(main 线程)

Java 应用程序的入口是 main 方法,当 JVM 加载 main 方法所属的字节码后,就会启动一个线程执行 main 方法,这个线程我们称为主线程,也是缺省的主线程。假如 main 方法中再没有创建并启动其他的线程,那么主线程就从 main 方法的第一句代码开始执行,一直到 main 方法中的最后一句代码执行完毕,此时主线程就结束了,应用程序也就结束了。如果 main 方法中创建并启动了其他的线程对象,此时 JVM 就会在主线程和其他的线程之间轮流切换,确保每个线程都有机会使用 CPU 资源。如果 main 方法的最后一句代码执行完毕,此时只是主线程结束执行,Java 应用程序并没有结束。只有当其他所有的线程都执行完毕,此时 Java 应用程序才会结束执行。

12.2.3 Java 多线程的调度策略

Java 虚拟机的一项任务就是负责线程的调度。线程的调度是指按照特定的机制为多个线程分配 CPU 的使用权。有两种调度模型:分时调度模型和抢占式调度模型。分时调度模型是指让所有线程轮流获得 CPU 的使用权,并且平均分配每个线程占用 CPU 的时间片。Java 虚拟机采用抢占式调度模型,是指优先让等待队列中处于就绪态的高优先级的线程对象获取 CPU 使用权(JVM 规范中规定每个线程都有优先级,且优先级越高越优先执行,但优先级高并不代表能独自占用执行时间片,可能是优先级高的得到越多的执行时间片;反之,优先级低的分到的执行时间少,但不会分配不到执行时间),如果等待队列中线程的优先级相同,那么就随机选择一个线程,使其占用 CPU,处于运行状态的线程会一直执行,直至它不得不放弃 CPU。一个线程会因为以下原因放弃 CPU:

(1)Java 虚拟机让当前线程暂时放弃 CPU,转到就绪态,让其他线程获得运行机会。

(2)当前线程因为某些原因而处于阻塞状态。

(3)线程运行结束。

注意:

(1)线程的调度不是跨平台的,它不仅取决于 Java 虚拟机,还依赖于操作系统。在某些操作系统中,即使运行中的线程没有遇到阻塞,也会在运行一段时间后放弃 CPU,给其他线程运行的机会。

(2)Java 线程的调度不是分时的,同时启动多个线程后,不能保证各个线程轮流获得均等的时间片。

12.2.4　线程的状态与生命周期

和其他有生命的物质一样,线程也有它完整的生命周期。Java 语言使用 Thread 类及其子类的对象来表示线程,在它的一个完整的生命周期中通常要经历新建态、就绪态、运行态、阻塞态和消亡态这几种状态。图 12-2 显示了线程生命周期中状态的转换关系。

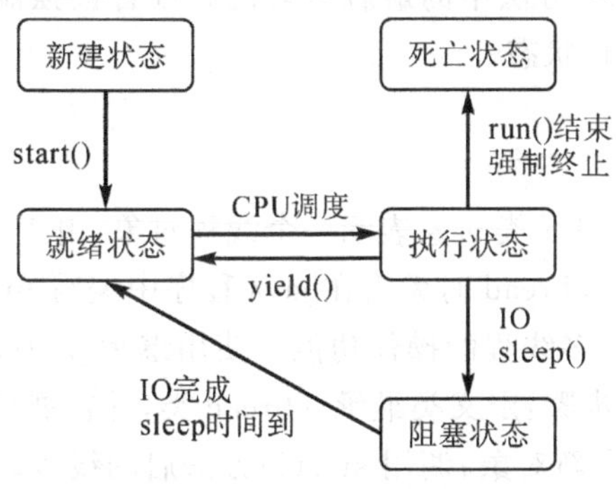

图 12-2　线程生命周期转换

1. 新建状态

通过 new 关键字创建一个线程对象后,就处于新建状态。此时,线程被分配内存空间,数据已经被初始化,但该线程对象还未被激活,不能获取 CPU 使用权。此时也可以把该线程对象变成消亡状态,但一般不会这样做。

2. 就绪状态

处于新建状态的线程调用 start()方法可以将线程的状态转换成就绪状态。进入就绪状态的线程对象就会进入 CPU 的等待队列,等待获取 CPU 的使用权,此时该线程对象已具备了运行的条件但还没有真正运行。

3. 运行状态

当处于就绪状态的线程被调度并获得 CPU 的使用权后,线程对象便进入运行状态。

在运行状态执行线程对象的 run()方法，这个方法是线程对象最重要的方法，因为该方法定义了线程对象需要完成的任务。

4. 阻塞状态

在某种特殊情况下，线程对象需要让出 CPU 的使用权，暂停 run()方法的执行，便进入阻塞状态。让线程进入阻塞状态的原因通常有以下几个。

(1)JVM 将 CPU 使用权从当前线程对象切换到另一个线程对象。

(2)当前线程对象执行了 sleep(int millsecond)方法进入阻塞状态，当 millsecond 时间过后，线程对象就会重新“苏醒”，重新进入就绪状态，等待下一次获得 CPU 的使用权，接着执行剩余的 run()方法。

(3)线程对象在运行状态时执行了 wait()方法，使得当前线程进入等待(阻塞)状态。进入等待状态的线程对象不会主动进入就绪队列排队等待 CPU 资源，必须由其他线程对象调用 notify()将线程对象从等待状态“唤醒”，被“唤醒”的线程对象才能重新进入就绪队列排队等待 CPU 资源。

(4)线程对象在运行状态执行了其他导致其进入阻塞状态的方法，例如 IO 操作。当引起阻塞的原因消除时，线程才重新进入到就绪队列中等待 CPU 资源，以便从原来阻塞处的代码往后继续执行。

(5)消亡(死亡)状态

处于消亡状态的线程已经不具备运行的能力，等待被 JVM 垃圾收集器回收并释放内存。当线程对象执行完 run()方法中的最后一句代码或者被强制性地终止 run()方法的执行后，线程对象就会进入消亡状态。

12.2.5 Thread 类

java.lang.Thread 类及其子类对象表示一个线程对象，由于 java.lang 包自动被导入每个 java 程序中，所以在使用 Thread 时无需在 java 程序中编写 import 语句。一个类在继承了 Thread 类之后，就具备了多线程的操作功能。使用继承 Thread 类的方法创建并执行一个线程，需要执行以下 4 个步骤：定义类继承 Thread 类，并扩展新的功能；重写 run()方法；通过 new 关键字实例化一个新对象；调用 start()方法启动线程。

Thread 类中定义了若干与线程操作有关的方法，具体见表 12-1 所示。

表 12-1 Thread 类的常用方法

方法	功能说明
Thread()	创建一个新的线程对象，采用默认的名称
Thread(String name)	创建一个名为 name 的线程对象
Thread(Runnable runner)	创建以实现 Runnable 接口的类的对象为参数的线程对象
Thread(Runnable runner,String name)	创建以实现 Runnable 接口的类的对象为参数的线程对象，线程名为 name

续表

方法	功能说明
void start() throws IllegalThreadStateExcpetion	启动线程,使线程由新建状态变为就绪状态。只能执行一次,否则抛出异常
void sleep(long milis) throws InterruptedException	让线程休眠一段时间,单位为毫秒,线程进入阻塞状态
void run()	线程获得 CPU 使用权后所执行的方法
void interrupte()	中断线程
static Thread currentThread()	返回当前正在使用 CPU 的线程对象
static void yield()	将 CPU 控制权主动移交到下一个线程
bollean isAlive()	判断线程对象是否还存活,只有处于就绪态、运行态和阻塞态的线程对象返回为 true
void setPriority(int n)	设置线程对象的优先级,n 取值为 1～10
void destroy()	销毁线程对象
void join() throws InterruptedException	在当前线程中等待调用此方法的线程执行完毕
void join(long millis) throws InterruptedException	在当前线程中等待调用此方法的线程执行,等待时间为 millis(毫秒)

实例代码 Demo12_1 中,通过继承 Thread 类定义了两个线程类 StudentThread 类和 TeacherThread 类,这两个线程类中调用 Thread 类的构造方法给线程起了名字,并重写了 run()方法,在主线程 main()方法中分别创建了它们的对象,并启动。

```
class TeacherThread extends Thread
{
    public TeacherThread(String str)
    {
        super(str); //调用父类构造方法给线程起名
    }
    public void run() //重写 run()方法
    {
        for(int i = 0;i<10;i ++ )
        {
            System.out.println("当前线程是 - >:" + Thread.currentThread().
                                    getName() + " 我要布置作业");
        }
    }
}
class StudentThread extends Thread
```

```
{
    public StudentThread(String str)
    {
        super(str);//调用父类构造方法给线程起名
    }
    public void run() //重写 run()方法
    {
        for(int i = 0;i<10;i ++ )
        {
            System.out.println("当前线程是 - >:" + Thread.currentThread().
                                getName() + " 我要好好学习");
        }
    }
}
public class Demo12_1
{
    public static void main(String args[])
    {
        TeacherThread t1 = new TeacherThread("教师线程");
        t1.start();//启动教师线程
        StudentThread t2 = new StudentThread("学生线程");
        t2.start(); //启动学生线程
    }
}
```

程序运行结果如下：

```
当前线程是->:教师线程 我要布置作业
当前线程是->:教师线程 我要布置作业
当前线程是->:教师线程 我要布置作业
当前线程是->:学生线程 我要好好学习
当前线程是->:学生线程 我要好好学习
当前线程是->:学生线程 我要好好学习
当前线程是->:学生线程 我要好好学习
当前线程是->:学生线程 我要好好学习
当前线程是->:学生线程 我要好好学习
当前线程是->:学生线程 我要好好学习
当前线程是->:学生线程 我要好好学习
当前线程是->:学生线程 我要好好学习
当前线程是->:学生线程 我要好好学习
```

```
当前线程是->:教师线程 我要布置作业
当前线程是->:教师线程 我要布置作业
当前线程是->:教师线程 我要布置作业
当前线程是->:教师线程 我要布置作业
当前线程是->:教师线程 我要布置作业
当前线程是->:教师线程 我要布置作业
当前线程是->:教师线程 我要布置作业
```

注意:对于多线程程序的多次运行可能出现不同的运行结果,这与当前操作系统以及 JVM 的线程调度都有很大关系,表明这些线程对象是并行执行自己的单独代码。

实例代码 Demo12_2 中展示了 Thread 类的 sleep()、join()、isAlive()方法的使用。sleep()方法是让当前正在运行的线程对象让出 CPU 使用权并进入阻塞状态,休眠一段时间后重新进入就绪状态等待获取 CPU 使用权。休眠的时间由参数 millis 决定,单位是毫秒。join()方法可以达到一个线程等待另一个线程运行结束后才运行的效果。如果 join()方法没有参数,那么表示等待线程必须无条件让被等待线程运行完毕后才运行;如果有参数 millis,那么表示等待线程在被等待线程运行结束后或等待 millis(毫秒)后再继续运行。isAlive()方法用来判断一个线程对象是否还存活,只有当线程对象处于就绪态、运行态和阻塞态时,该方法返回为 true;否则为 false。

```
class Thread1 extends Thread
{
    public void run()
    {
        try
        {
            Thread.sleep(10);
        }
        catch(InterruptedException e)
        {
            e.printStackTrace();
        }
        for(int i = 0;i<10;i ++ )
            System.out.println("当前线程:" + Thread.currentThread().getName
                                        () + ",正在运行");
    }
}

public class Demo12_2
{
    public static void main(String[] args)
```

```
    {
        Thread1 t1 = newThread1();
        t1.start();  //启动t1线程对象
        try
        {
            Thread.sleep(5000); //主线程休眠5秒
        }
        catch(InterruptedException e)
        {
            e.printStackTrace();
        }
        if(t1.isAlive()) //判断t1线程是否还存活
        {
            System.out.println("线程t1还存活");
            try
            {
            t1.join(); //主线程无条件等待t1线程执行完它的run()方法

            } catch (InterruptedException e)
            {
                e.printStackTrace();
            }
        }
            System.out.println("main线程运行结束了");
    }
}
```

程序运行结果如下：

```
当前线程:Thread－0,正在运行
当前线程:Thread - 0,正在运行
当前线程:Thread - 0,正在运行
当前线程:Thread - 0,正在运行
当前线程:Thread - 0,正在运行
当前线程:Thread - 0,正在运行
当前线程:Thread - 0,正在运行
当前线程:Thread - 0,正在运行
当前线程:Thread - 0,正在运行
当前线程:Thread - 0,正在运行
main线程运行结束了
```

实例代码 Demo12_2 中，main 线程启动 t1 线程后就休眠 5 秒钟放弃了 CPU 的使用权，t1 线程获得 CPU 使用权后休眠 20 毫秒并执行 10 次循环，等到 main 线程休眠过后并重新获得 CPU 使用权后，t1 线程已经在 main 线程休眠的时间内执行完了自己的 run()方法并进入了消亡态，所以 t1. isAlive()方法返回 false，运行结果中没有“线程 t1 还存活”字符串信息的输出。请读者自行调整 main 线程和 t1 线程的睡眠时间，重新运行程序，观察运行结果。

实例代码 Demo12_3 中展示了 Thread 类的 yield()、interrupte()方法的使用。调用 yield()方法可以使当前正在运行的线程让出 CPU 使用权，回到就绪状态，从而使其他线程对象有机会进入运行状态。interrupt()方法会改变线程的运行状态，结果有可能使线程消亡或者继续运行，结果取决于线程本身的逻辑。

```
class Thread1 extends Thread
{
    public Thread1(String name)
    {
        super(name); //调用父类构造方法给线程重命名
    }
    public void run()
    {
        try
        {
            Thread.sleep(1000);//休眠 1 秒钟
        }
        catch(InterruptedException e)
        {
            System.out.println(Thread.currentThread().getName() + "的休眠被
                                打断");
            return; //从 run()方法返回
        }
        for(int i = 0;i<10;i ++ )
        {
            System.out.println("当前线程:" + Thread.currentThread().getName
                                () + ",正在运行");
            if(i = =5)
            {
                Thread t = Thread.currentThread();
                t.yield();//当前线程让步
                System.out.println(t.getName() + "执行让步操作");
            }
        }
    }
```

```
}

public class Demo12_3
{
    public static void main(String[] args)
    {
        Thread1 t1 = new Thread1("线程 1");
        Thread1 t2 = new Thread1("线程 2");
        t1.start(); //启动 t1 线程
        try
        {
            Thread.sleep(5); //主线程休眠 5 毫秒,让出 CPU 使用权
        }
        catch(InterruptedException e)
        {
            e.printStackTrace();
        }
        t2.start();
        t1.interrupt();//对 t1 线程执行中断操作
    }
}
```

运行结果如下:

```
线程 1 的休眠被打断
当前线程:线程 2,正在运行
当前线程:线程 2,正在运行
当前线程:线程 2,正在运行
当前线程:线程 2,正在运行
当前线程:线程 2,正在运行
当前线程:线程 2,正在运行
线程 2 执行让步操作
当前线程:线程 2,正在运行
当前线程:线程 2,正在运行
当前线程:线程 2,正在运行
当前线程:线程 2,正在运行
```

在示例 Demo12_3 中,main 线程启动 t1 线程后进入休眠状态让出 CPU 使用权,此时 t1 线程获得 CPU 使用权并休眠 1 秒钟又让出 CPU 使用权。main 线程继续执行启动 t2 线程并执行 t1 线程的 interrupt()方法,t1 线程被中断后执行 InterruptedException 异常的 catch 代码块中逻辑,所以结果中输出“线程 t1 的休眠被打断”,并从 run()方法返回。t2 线

程在循环变量 i 为 5 时执行 yield()方法。

12.2.6　通过实现 Runnable 接口实现线程

由于 Java 单继承的限制，当一个类已经继承了一个类(不是 Thread 类)，但这个类还想要实现线程的功能，此时已经不能再继承 Thread 类。在这种情况下这个类可以实现 Runnable 接口。Runnable 接口只包含一个 run()方法，代码如下所示：

```
class MyThread implements Runnable
{   public void run()
    {
        //线程对象被调度后所执行的方法
    }
}
```

利用 Runnable 接口创建并运行线程的编程步骤如下。

(1)创建一个实现了 Runnable 接口的类的对象，调用 Thread 类带 Runnable 形参的构造方法，把 Runnable 接口实现类对象传递给 Thread 类的对象，为新线程提供代码和数据，代码如下所示：

```
MyThread t1 = new MyThread ();//MyThread 实现了 Runnable 接口
Thread t2 = newThread(t1);
```

(2)使用线程对象调用 start()方法启动线程。

示例代码 Demo12_4 是将 Demo12_1 中的线程采用 Runnable 接口的方式实现。

```
class TeacherThread implements Runnable //实现 Runnable 接口
{
    public void run() //实现 run()方法
    {
        for(int i = 0;i<10;i ++ )
        {
            System.out.println("当前线程是 ->:" + Thread.currentThread().
                                getName() + " 我要布置作业");
        }
    }
}
class StudentThread implements Runnable //实现 Runnable 接口
{
    public void run() //实现 run()方法
    {
        for(int i = 0;i<10;i ++ )
        {
```

```
                System.out.println("当前线程是－>:" + Thread.currentThread().
                                    getName() + " 我要好好学习");
            }
        }
    }
    public class Demo12_4
    {
        public static void main(String args[])
        {
            TeacherThread teaThread = new TeacherThread(); //创建实现 Runnable 接
                                                          口的类的对象
            StudentThread stuThread = newStudentThread();
            Thread t1 = new Thread(teaThread,"教师线程");//创建线程对象并命名
            t1.start();
            Thread t2 = new Thread(stuThread,"学生线程");//创建线程对象并命名
            t2.start();
        }
    }
```

运行结果如下：

```
当前线程是一>:教师线程 我要布置作业
当前线程是一>:学生线程 我要好好学习
当前线程是一>:学生线程 我要好好学习
当前线程是一>:教师线程 我要布置作业
当前线程是一>:学生线程 我要好好学习
当前线程是一>:学生线程 我要好好学习
当前线程是一>:教师线程 我要布置作业
当前线程是一>:学生线程 我要好好学习
当前线程是一>:学生线程 我要好好学习
当前线程是一>:学生线程 我要好好学习
当前线程是一>:教师线程 我要布置作业
当前线程是一>:学生线程 我要好好学习
当前线程是一>:教师线程 我要布置作业
当前线程是一>:学生线程 我要好好学习
当前线程是一>:教师线程 我要布置作业
当前线程是一>:学生线程 我要好好学习
当前线程是一>:教师线程 我要布置作业
当前线程是一>:教师线程 我要布置作业
当前线程是一>:教师线程 我要布置作业
当前线程是一>:教师线程 我要布置作业
```

12.2.7 通过实现 Callable 接口实现线程

由于 Runnable 接口中的 run()方法没有返回值，在某些实际应用中需要线程对象有返回值。所以在 java.util.concurrent 包中提供了一个 Callable〈V〉接口，该接口提供了一个 call()方法，格式如下面代码所示，其中 V 表示 call()方法的返回值，而且可以抛出异常。

```
V call() throws Exception;
```

实现 Callable 接口的对象无法直接与 Thread 类进行联系，因为 Thread 类的构造方法中不包含 Callable 接口类型的参数。所以，中间需要借助 FutureTask 类。FutureTask 类实现了 Runnable 接口，FutureTask 类的构造方法可以接受 Callable 接口类型的参数。FutureTask 类位于 java.util.concurrent 包中，用来表示一个异步计算的结果，通过该类的 get()方法可以得到 Callable 接口中 call()方法的返回值。

实例代码 Demo12_5 展示了 Callable 接口和 FutureTask 类的基本使用，运行结果是：5050。

```
import java.util.concurrent.Callable;
import java.util.concurrent.FutureTask;
public class Demo12_5
{
    public static void main(String[] args) throws Exception
    {
        //创建 FutureTask 类的对象，参数为 Callable 接口类型
        FutureTask<Integer> ft = new FutureTask<Integer>(new MyTask());
        //创建线程对象，参数类型是 FutureTask，因为 FutureTask 实现了 Runnable 接口。
        Thread myThread = new Thread(ft);
        myThread.start();
        //得到线程对象的计算结果，其实就是 call()方法的返回值
        Integer result = ft.get();
        System.out.println("线程的运算结果是:" + result);
    }
}
//实现 Callable 接口
class MyTask implements Callable<Integer>
{
    public Integer call() throws Exception
    {
        //sum 为返回值
        Integer sum = 0;
        for(int i = 0;i< = 100;i ++ )
            sum = sum + i;
```

```
        return sum;
    }
}
```

12.2.8 建立线程方法的比较

1. 继承 Thread 类

这种方式创建一个类继承 Thread 类，并且覆盖 Thread()类的 run()方法，描述线程对象所执行的操作。其优点是 Thread 类的子类对象就是线程对象，能够使用 Thread 类声明的方法且具有线程体。缺点是不能实现多继承。

2. 实现 Runnable 接口

当一个类已经继承了一个类，但还想要以线程方式运行时，就需要实现 Runnable 接口。一个实现 Runnable 接口的类的对象本身不是线程的对象。它作为一个线程对象的目标对象使用。因此，使用时需要声明一个 Thread 类对象，可以实现资源的共享。

3. 实现 Callable 接口

Callable 接口的 call()方法可以有返回值，而且能够抛出异常。Callable 接口无法直接作为参数来创建线程对象，需要借助 FutureTask 类。将实现 Callable 接口的类的对象作为参数创建 FutureTask 对象，再将 FutureTask 对象作为参数创建线程对象，所以实现 Callable 接口的类的对象也可以作为线程对象的目标对象使用。

注意：①当一个类只为了修改 run()方法，而其他方法不变的情况下，推荐使用 Runnable 接口的方式；②当一个类继承了另外一个类，而又想实现多线程的情况下，可以使用实现 Runnable 接口的方式，也可以使用实现 Callable 接口的方式（此方式可以得到子线程的运行结果），因为 Java 不支持多继承；③当多个线程要共享同一个资源时（见线程同步章节描述），推荐使用 Runnable 接口的方式。

12.3 线程同步

12.3.1 什么是同步

由于同一个进程的多个线程共享同一块存储空间，在带来方便的同时，也会带来访问冲突的问题。为了解决此问题，Java 语言提供专门的机制来避免同一个对象被多个线程同时访问，这个机制就是线程同步。

当两个或多个线程同时访问同一个变量，并且有线程需要修改这个变量时，就必须采用同步的机制对其进行控制，否则就会出现逻辑错误的运行结果。

实例代码 Demo12_6 采用三个线程对象模拟火车票售票场景，并没有采取同步措施。

```
class SellTickets implements Runnable
{
    private int tickets = 20;//共有 20 张票
```

```
    public void run()
    {
        while(tickets>0)
        {
            System.out.println(Thread.currentThread().getName() + "卖出第"
                                    + tickets + "张票");
            tickets--;
        }
    }
}
public class Demo12_6
{
    public static void main(String args[])
    {
        //创建一个售票类对象
        SellTickets t = new SellTickets();
        //创建三个线程对象模拟售票窗口售票,共用一个售票类对象
        new Thread(t,"窗口1").start();
        new Thread(t,"窗口2").start();
        new Thread(t,"窗口3").start();
    }
}
```

程序运行结果如下(多次运行 Demo12_6 可能会产生不同的结果):

```
窗口1:卖出第20张票
窗口3:卖出第20张票
窗口2:卖出第20张票
窗口2:卖出第17张票
窗口2:卖出第16张票
窗口3:卖出第18张票
窗口1:卖出第19张票
窗口1:卖出第13张票
窗口1:卖出第12张票
窗口1:卖出第11张票
窗口1:卖出第10张票
窗口1:卖出第9张票
窗口3:卖出第14张票
窗口3:卖出第7张票
窗口3:卖出第6张票
```

```
窗口 2:卖出第 15 张票
窗口 2:卖出第 4 张票
窗口 2:卖出第 3 张票
窗口 2:卖出第 2 张票
窗口 2:卖出第 1 张票
窗口 3:卖出第 5 张票
窗口 1:卖出第 8 张票
```

从运行结果可以发现出现了多个窗口卖了同一张票的错误情况。造成这种错误逻辑结果的原因是:可能有多个线程取得的是同一个值,各自修改并存入,从而造成修改慢的后执行的线程把执行快的线程的修改结果覆盖掉了。因为线程在执行过程中不同步。

多个线程在访问同一资源时,需要进行同步操作,被访问的资源称为共享资源。同步的本质是加锁,Java 中的任何一个对象都有一把锁以及和这个锁对应的等待队列,当线程要访问共享资源时,首先要对相关的对象进行加锁。如果加锁成功,线程对象才能访问共享资源并且在访问结束后要释放锁;如果加锁不成功,那么线程进入被加锁对象对应的等待队列。

Java 用 synchronized 关键字给针对共享资源进行操作的方法加锁。每个锁只有一把钥匙,只有得到这把钥匙之后才可以对被保护的资源进行操作,而其他线程只能等待,直到拿到这把钥匙。实现同步的具体方式有同步代码块和同步方法两种。

12.3.2 同步代码块

使用 synchronized 关键字声明的代码块称为同步代码块。在任意时刻,只能有一个线程访问同步代码块中的代码,所以同步代码块也称为互斥代码块。

同步代码块格式如下所示:

```
synchronized(同步对象)
{
    //需要同步的代码,对共享资源的访问
}
```

synchronized 关键字后面括号内的对象就是被加锁的对象,同步块内要实现对共享资源的访问。

```
class SellTickets implements Runnable
{   private int tickets = 20;//一共有 20 张票,共享资源
    private Object obj = new Object();//被加锁的对象,同步对象
public void run()
{
    while(true)
    {
        synchronized(obj)//同步块
```

```
        {
            if(tickets>0) {
                System.out.println("同步块:" + Thread.currentThread().get-
                                          Name() + "卖出第" + tickets + "张票");
                tickets--;//修改共享资源
                try{
                    Thread.sleep(1000);//每卖出一张票,休息一秒钟
                }
                catch(InterruptedException e)
                {
                    e.printStackTrace();
                }
        }
        else
            break;
        }
        }
    }
}
    public class Demo12_7
    {
        public static void main(String args[])
        {
            SellTickets t = new SellTickets();
            Thread t1 = new Thread(t,"窗口 1");
            Thread t2 = new Thread(t,"窗口 2");
            Thread t3 = new Thread(t,"窗口 3");
            t1.start();
            t2.start();
            t3.start();
        }
    }
```

程序运行结果如下(多次运行 Demo12_7 可能会产生不同的结果):

```
同步块:窗口 1 卖出第 20 张票
同步块:窗口 1 卖出第 19 张票
同步块:窗口 1 卖出第 18 张票
同步块:窗口 1 卖出第 17 张票
同步块:窗口 1 卖出第 16 张票
```

```
同步块:窗口 1 卖出第 15 张票
同步块:窗口 1 卖出第 14 张票
同步块:窗口 1 卖出第 13 张票
同步块:窗口 3 卖出第 12 张票
同步块:窗口 3 卖出第 11 张票
同步块:窗口 3 卖出第 10 张票
同步块:窗口 3 卖出第 9 张票
同步块:窗口 2 卖出第 8 张票
同步块:窗口 2 卖出第 7 张票
同步块:窗口 2 卖出第 6 张票
同步块:窗口 2 卖出第 5 张票
同步块:窗口 3 卖出第 4 张票
同步块:窗口 3 卖出第 3 张票
同步块:窗口 3 卖出第 2 张票
同步块:窗口 3 卖出第 1 张票
```

再次运行后发现不会出现多个售票口卖同一张票的情况。在上面的修改中，仅仅是将需要互斥的代码放入了同步块中。此时，各售票窗口在售票的过程中通过给同一个 obj 对象加锁来实现互斥，从而保证线程的同步执行。

12.3.3　同步方法

synchronized 关键字也可以出现在方法的声明部分，该方法称为同步方法。当多个线程对象同时访问共享资源时，只有获得锁对象的线程才能进入同步方法执行，其他访问共享资源的线程将会进入锁对象的等待队列。执行完同步方法的线程会释放锁。同步方法的声明格式如下：

```
[权限访问限定] synchronized 方法返回值 方法名称(参数列表)
{
    //……需要同步的代码,对共享资源的访问
}
```

实例代码 Demo12_8 是对 Demo12_7 的改造，采用同步方法实现售票程序。

```
class SellTickets implements Runnable
{
    private int tickets = 20;//一共有 20 张票,共享资源
    public void run()
    {
        while(true)
        {
            if(tickets>0)
```

```
                sell(); //调用同步方法
            else
                break;
        }
    }
public synchronized void sell() //同步方法
{
    if(tickets>0)
    {
        System.out.println("同步方法:" + Thread.currentThread().getName()
                                + "卖出第" + tickets + "张票");
        tickets--;//修改共享资源
        try{
            Thread.sleep(100);
        }
        catch(InterruptedException e)
        {
            e.printStackTrace();
        }
        }
    }
}
public class Demo12_8
{
    public static void main(String args[])
    {
        SellTickets t = new SellTickets();
        Thread t1 = new Thread(t,"窗口1");
        Thread t2 = new Thread(t,"窗口2");
        Thread t3 = new Thread(t,"窗口3");
        t1.start();
        t2.start();
        t3.start();
    }
}
```

程序运行结果如下(多次运行 Demo12_8 可能会产生不同的结果):

```
同步方法:窗口 1 卖出第 20 张票
同步方法:窗口 3 卖出第 19 张票
```

```
同步方法:窗口 3 卖出第 18 张票
同步方法:窗口 3 卖出第 17 张票
同步方法:窗口 3 卖出第 16 张票
同步方法:窗口 3 卖出第 15 张票
同步方法:窗口 3 卖出第 14 张票
同步方法:窗口 3 卖出第 13 张票
同步方法:窗口 3 卖出第 12 张票
同步方法:窗口 3 卖出第 11 张票
同步方法:窗口 3 卖出第 10 张票
同步方法:窗口 3 卖出第 9 张票
同步方法:窗口 3 卖出第 8 张票
同步方法:窗口 3 卖出第 7 张票
同步方法:窗口 3 卖出第 6 张票
同步方法:窗口 2 卖出第 5 张票
同步方法:窗口 2 卖出第 4 张票
同步方法:窗口 2 卖出第 3 张票
同步方法:窗口 2 卖出第 2 张票
同步方法:窗口 2 卖出第 1 张票
```

同步方法的本质也是给对象加锁,但是是给同步方法所在类的 this 对象加锁,所以相对于 Demo12_7,在 SellTickets 类中就删除了 obj 对象的定义。

实例代码 Demo12_9 是对 Demo12_7 的改造,采用两个线程对象实现售票程序,其中一个线程对象执行同步代码块,另一个线程执行同步方法。

```
class SellTickets implements Runnable
{
    private int tickets = 100;
    boolean tag = false; //设置此变量的作用是为了让一个线程进入同步块,另外一
                          个线程进入同步方法
    public void run()
    {
        if(tag)
        {
            while(true)
            sell();
        }
        else
        {
            while(true)
            {
```

```
            synchronized(this)
            {
                if(tickets>0)
                {
                    System.out.println("同步块:" + Thread.currentThread().
                                        getName() + "卖出第" + tickets + "张
                                        票");
                    tickets--;
                    try
                    {
                        Thread.sleep(50);
                    }
                    catch(InterruptedException e)
                    {
                        e.printStackTrace();
                    }
                }
                else
                    return;
            }
        }
    }
}
public synchronized void sell()
{
    if(tickets>0)
    {
        System.out.println("同步方法:" + Thread.currentThread().getName
                        () + "卖出第" + tickets + "张票");
        tickets--;
        try
        {
            Thread.sleep(50);
        }
        catch(InterruptedException e)
        {
            e.printStackTrace();
        }
    }
```

```
            else
                return;
        }
    }
    public class Demo12_9
    {
        public static void main(String args[])
        {
            SellTickets t = new SellTickets();
            Thread t1 = new Thread(t,"窗口 1");
            t1.start();
            //主线程让出 CPU 使用权,t1 线程进入运行状态
            try
            {
                Thread.sleep(1000);
            }
            catch(InterruptedException e)
            {
                e.printStackTrace();
            }
            t.tag = true; //将标记设为 true
            Thread t2 = new Thread(t,"窗口 2");
            t2.start();
        }
    }
```

运行结果如下(多次运行 Demo12_9 可能会产生不同的结果):

```
同步块:窗口 1 卖出第 20 张票
同步块:窗口 1 卖出第 19 张票
同步方法:窗口 2 卖出第 18 张票
同步方法:窗口 2 卖出第 17 张票
同步方法:窗口 2 卖出第 16 张票
同步方法:窗口 2 卖出第 15 张票
同步方法:窗口 2 卖出第 14 张票
同步方法:窗口 2 卖出第 13 张票
同步方法:窗口 2 卖出第 12 张票
同步方法:窗口 2 卖出第 11 张票
同步方法:窗口 2 卖出第 10 张票
同步方法:窗口 2 卖出第 9 张票
```

```
同步块:窗口 1 卖出第 8 张票
同步块:窗口 1 卖出第 7 张票
同步块:窗口 1 卖出第 6 张票
同步块:窗口 1 卖出第 5 张票
同步块:窗口 1 卖出第 4 张票
同步块:窗口 1 卖出第 3 张票
同步块:窗口 1 卖出第 2 张票
同步块:窗口 1 卖出第 1 张票
```

通过程序运行结果可以看出:线程 t1 执行同步代码块,线程 t2 执行同步方法,两个线程之间形成了同步。由于同步代码块是给 this 对象加锁,所以表明同步方法也是给 this 对象加锁。否则,两者之间不能形成同步。

注意:多线程的同步程序中,不同的线程对象必须给同一个对象加锁,否则这些线程对象之间无法实现同步。

12.4 线程组

线程组可以看作是包含了许多线程的对象集,它拥有一个名字以及一些相关的属性,可以当作一个组来管理其中的线程。每个线程都是线程组的一个成员,线程组把多个线程集成一个对象,通过线程组可以同时对其中的多个线程进行操作。在生成线程时必须将线程放到指定的线程组,也可以放在缺省的线程组中,缺省的就是生成该线程的线程所在的线程组。一旦一个线程加入了某个线程组,就不能被移出这个组。

java.lang 包的 ThreadGroup 类表示线程组。在创建线程之前,可以创建一个 ThreadGroup 对象。下面代码是创建线程组并在其中加入两个线程。

```
ThreadGroup  myThreadGroup = new ThreadGroup("a");
Thread  myThread1 = new Thread(myThreadGroup, "worker1");
Thread  myThread2 = new Thread(myThreadGroup, "worker2");
myThread1.start();
myThread2.start();
```

如上述代码所示,首先创建一个线程组,然后再创建两个线程,并传递 ThreadGroup 对象,表示线程对象加入到了线程组。最后每个线程调用 start()方法启动。ThreadGroup 类还提供了一些方法对线程组中的线程和子线程组进行操作,相关方法描述见表 12-2 所示。

表 12-2 线程组提供的相关方法

方法	功能说明
String getName()	返回线程组的名字
ThreadGroup getParent()	返回父线程组
in tactiveCount()	返回线程组中当前激活的线程的数目,包括子线程组中的活动线程

续表

方法	功能说明
int enumerate(Thread list[])	将所有线程组中激活的线程复制到一个线程数组中
void setMaxPriority(int pri)	设置线程的最高优先级,pri 是该线程组的新优先级
void interrupt()	向线程组及其子组中的线程发送一个中断信息
boolean isDaemon()	判断是否为 Daemon 线程组
boolean isDestoryed()	判断线程组是否已经被销毁
boolean parentOf(ThreadGroup g)	判断线程组是否是线程组 g 或 g 的子线程
toString()	返回一个表示本线程组的字符串

实例代码 Demo12_10 展示了线程组对象的基本应用。

```
class MyThreadGroup
{   public void test()
    {
        ThreadGroup tg = new ThreadGroup("test");//创建名称是 test 的线程组
        Thread A = new Thread(tg,"线程 A"); //创建线程对象并加入线程组
        Thread B = new Thread(tg,"线程 B");
        Thread C = new Thread(tg,"线程 C");
        A.setPriority(6);//设置线程 A 的优先级
        C.setPriority(4);
        A.start();
        B.start();
        C.start();//启动线程对象
        System.out.println("tg 线程组正在活动的个数:" + tg.activeCount());
        System.out.println("线程 A 的优先级:" + A.getPriority());
        System.out.println("线程 B 的优先级:" + B.getPriority());
        System.out.println("线程 C 的优先级:" + C.getPriority());
        tg.setMaxPriority(7);
        System.out.println("tg 线程组的优先级是:" + tg.getMaxPriority());
        System.out.println("线程组名称是:" + tg.getName());//输出线程组的名称
    }
}
public class Demo12_10
{
    public static void main(String[] args)
    {
        MyThreadGroup tg = new MyThreadGroup();
        tg.test();
```

```
    }
}
```

程序运行结果如下：

```
tg线程组正在活动的个数:1
线程A的优先级:6
线程B的优先级:5
线程C的优先级:4
tg线程组的优先级是:7
线程组名称是:test
```

12.5 线程间的通信

某些情况下，多个线程之间需要相互配合来完成一件事情，这些线程之间就需要进行“通信”，把一方线程的执行情况告诉给另一方线程。“通信”的方法在 java.lang.Object 类中定义了，具体见表 12-3。我们可以通过“生产者-消费者”模型来理解线程间的通信。有两个线程对象，其中一个是生产者，另一个是消费者。生产者线程负责生产产品并放入产品缓冲区，消费者线程负责从产品缓冲区取出产品并消费。当生产者线程获得 CPU 使用权后，先判断产品缓冲区是否有产品，如果有产品就调用 wait()方法进入产品缓冲区对象的等待队列并释放产品缓冲区对象的锁；如果发现产品缓冲区中没有产品，就生产产品并放入缓冲区并调用 notify()方法发送通知给消费者线程。当消费者线程获得 CPU 使用权后，先判断产品缓冲区是否有产品，如果有产品就拿出来消费并调用 notify()方法发送通知给生产者线程；如果发现产品缓冲区中没有产品，调用 wait()方法进入产品缓冲区对象的等待队列并释放产品缓冲区对象的锁。具体见实例代码 Demo12_11。

注意：线程间通信是建立在线程同步基础上的，所以 wait()、notify()和 notifyAll()方法的调用要出现在同步代码块或同步方法中。

表 12-3 java.lang.Object 提供的 3 个与线程通信相关的方法

方法	功能说明
void wait()	在当前线程锁住对象的锁之后，调用该对象的 wait()方法，当前线程进入该对象的等待队列，并释放当前对象的锁
void notify()	当前线程调用对象的 notify()方法时，将从该对象的等待队列中唤醒一个线程（随机唤醒），并释放当前对象的锁。被唤醒的线程将以常规方式与在该对象上主动同步的其他所有线程进行竞争
void notifyAll()	当调用对象的 notifyAll()方法时，将从该对象的等待队列中唤醒所有的等待线程，并释放当前对象的锁

```
class Box  //产品缓冲区
{
    public String fruitName = "苹果"; //表示产品的名称
    public boolean isFull = true; //表示当前缓冲区中是否有产品
}
class Comsumer implements Runnable //消费者
{
    Box box;
    Comsumer(Box box)
    {
        this.box = box;
    }
    public void run()
    {
        while(true)
        {
            synchronized(box) //对产品缓冲区对象加锁
            {
                if(box.isFull = = true) //缓冲区中有产品
                {
                    System.out.println("消费者拿出------:" + box.fruitName);
                    box.isFull = false; //设置缓冲区中产品为空
                    box.notify(); //发送通知给生产者线程对象
                }
                else
                {
                    try
                    {
                        box.wait();//消费者线程进入产品缓冲区的等待队列并
                                   释放锁
                    }
                    catch(InterruptedException e)
                    {
                        e.printStackTrace();
                    }
                }
            }
        }
    }
```

```
}
class Producer implements Runnable //生产者
{
    Box box;
    int count = 0;
    Producer(Box box)
    {
        this.box = box;
    }
    public void run()
    {
        while(true)
        {
            synchronized(box) //对产品缓冲区对象加锁
            {
                if(box.isFull = = true) //缓冲区中有产品
                {
                    try
                    {
                        box.wait(); //生产者线程进入等待队列并释放锁
                    }
                    catch(InterruptedException e)
                    {
                        e.printStackTrace();
                    }
                }
                else
                {
                    if(count = = 0)
                    {
                        box.fruitName = "橘子";
                        System.out.println("生产者放入+++++:" + box.
                                                fruitName);
                    }
                    else
                    {
                        box.fruitName = "苹果";
                        System.out.println("生产者放入+++++:" + box.
                                                fruitName);
```

```
                        }
                        count = (count + 1) % 2;
                        box.isFull = true; //设置缓冲区中有产品
                        box.notify();  //发送通知给消费者线程对象
                    }
                }
            }
        }
}
public class Demo12_11 {
    public static void main(String args[])
    {
        Box b = new Box(); //创建产品缓冲区对象
        Producer p = newProducer(b);
        Comsumer c = new Comsumer(b); //生产者和消费者对象要共享同一个产品缓冲区
        Thread t1 = new Thread(p);//创建生产者线程对象
        Thread t2 = new Thread(c);//创建消费者线程对象
        t1.start(); //启动生产者线程对象
        t2.start();//启动消费者线程对象
    }
}
```

程序运行结果如下(部分运行结果):

```
生产者放入+++++:橘子
消费者拿出-----:橘子
生产者放入+++++:苹果
消费者拿出-----:苹果
生产者放入+++++:橘子
消费者拿出-----:橘子
生产者放入+++++:苹果
消费者拿出-----:苹果
生产者放入+++++:橘子
消费者拿出-----:橘子
生产者放入+++++:苹果
消费者拿出-----:苹果
```

从运行结果可以看出:生产者线程向缓冲区放入什么产品,消费者就从缓冲区中取出什么产品,生产者生产一个产品,消费者就消费一个产品,两者之间实现了通信。

12.6 线程死锁

线程死锁是指两个或者两个以上的线程在执行过程中，由于竞争资源或者彼此通信而造成的一种阻塞的现象，若无外力的作用，它们都将无法继续执行下去。此时应用系统就处于了死锁状态，这些永远在互相等待的线程称为死锁线程。如图 12-3 所示，在某个状态线程 A 对对象 A 进行了加锁，并试图对对象 B 加锁后继续运行程序；而线程 B 对对象 B 进行了加锁，并试图对对象 A 加锁后继续运行程序。由于线程 A 无法释放对象 A 的锁而又不能对对象 B 加锁，线程 B 无法释放对象 B 的锁而又不能对对象 A 加锁，因此两个线程处于了相互等待状态，出现死锁。

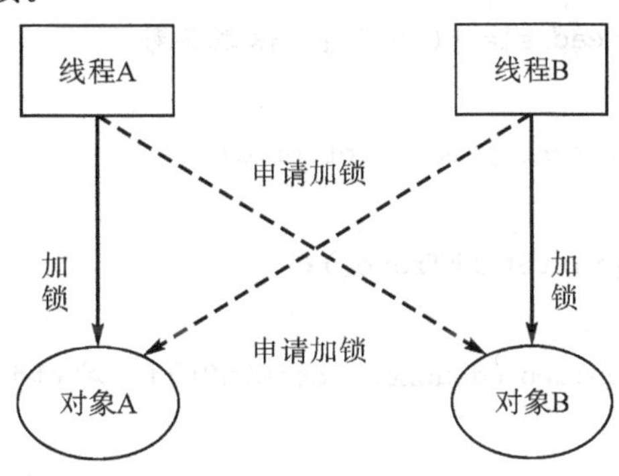

图 12-3　线程死锁示意图

实例代码 Demo12_12 展示了线程死锁的发生。

```
class DeadLock {
    private Object obj1 = new Object();
    private Object obj2 = new Object();
    public Object getObj1()
    {
        return this.obj1;
    }
    public Object getObj2()
    {
        return this.obj2;
    }
}
class Lock1 implements Runnable
{
    private DeadLock deadLock;
    public Lock1(DeadLock deadLock)
    {
        this.deadLock = deadLock;
```

```
    }
    public void run()
    {
        System.out.println("Lock1 线程对象正在运行....");
        //对 obj1 对象进行加锁
        synchronized(deadLock.getObj1())
        {
            System.out.println("Lock1 线程对象对 obj1 加了锁");
            try
            {
                Thread.sleep(3000);//休眠 3 秒
            }
            catch(InterruptedException e)
            {
                e.printStackTrace();
            }
            synchronized (deadLock.getObj2())//对 obj2 对象进行加锁
            {
                System.out.println("Lock1 线程对象对 obj2 加了锁");
            }
        }
        System.out.println("Lock1 线程对象运行结束....");
    }
}
class Lock2 implements Runnable
{
    private DeadLock deadLock;
    public Lock2(DeadLock deadLock)
    {
        this.deadLock = deadLock;
    }
    public void run()
    {
        System.out.println("Lock2 线程对象正在运行....");
        //对 obj2 对象进行加锁
        synchronized(deadLock.getObj2())
        {
            System.out.println("Lock2 线程对象对 obj2 加了锁");
            try
```

```
                {
                    Thread.sleep(1000);//休眠 1 秒
                }
                catch(InterruptedException e)
                {
                    e.printStackTrace();
                }
                synchronized (deadLock.getObj1())//对 obj1 对象进行加锁
                {
                    System.out.println("Lock2 线程对象对 obj1 加了锁");
                }
            }
            System.out.println("Lock2 线程对象运行结束....");
        }
    }
    public class Demo12_12
    {
        public static void main(String args[])
        {
            /创建锁对象
            DeadLock deadLock = newDeadLock();
            Lock1 lock1 = newLock1(deadLock);
            Lock2 lock2 = newLock2(deadLock);
            //分别创建两个线程对象并启动
            new Thread(lock1).start();
            new Thread(lock2).start();
        }
    }
    }
    }
```

程序运行结果如下：

```
Lock1 线程对象正在运行....
Lock2 线程对象正在运行....
Lock1 线程对象对 obj1 加了锁
Lock2 线程对象对 obj2 加了锁
```

上述实例代码中，lock1 所在的线程执行 run()方法后获得 obj1 对象的锁，然后休眠让出 CPU 的使用权。lock2 所在的线程执行 run()方法后获得 obj2 对象的锁，然后休眠让出 CPU 的使用权。lock1 所在的线程下一次运行时要申请对 obj2 对象加锁，由于 obj2 已经被

lock2 所在的线程加锁而且没有释放,所以 lock1 所在的线程对象就等待;lock2 所在的线程下一次运行时要申请对 obj1 对象加锁,由于 obj1 已经被 lock1 所在的线程加锁而且没有释放,所以 lock2 所在的线程就等待,两者之间相互等待对方的锁,从而形成了死锁的状态,程序不再继续执行。所以运行结果中并没有出现"Lock1 线程对象运行结束...."和"Lock2 线程对象运行结束...."这两行字符串。

12.7 ThreadLocal 的使用

ThreadLocal 的本质是一个 Map,ThreadLocal 中存储的数据和当前线程相关。可以使用 ThreadLocal 解决线程范围内的数据共享问题。ThreadLocal 提供的相关方法如表 12 - 3 所示。

表 12 - 3 ThreadLocal 的相关方法

方法	功能说明
void set(T value)	将值放入线程局部变量中
T get()	从线程局部变量中获取值
void remove()	从线程局部变量中移除值
T initialValue()	返回线程局部变量中的初始值

假定有这样一个应用场景:有模块 A 和模块 B 或者更多其他的模块,这些模块在一个线程生命周期范围内要访问"同一个"数据,这里的同一个不是指数据的值相同,而是指不能与其他线程对象混淆的数据。实例代码 Demo12_13 展示了上述场景的应用情况。

```
class DataThread implements Runnable
{
    public void run()
    {
        int x = (int)(Math.random() * 100); //随机生成一个 100 以内的整数
        Demo12_13.threadScopeData.set(new Data(x));
                          //将生成的随机数封装成 Data 存储到 ThreadLocal 对象中
        new ShowDataA().show(); //模块 A 显示数据
        new ShowDataB().show(); //模块 B 显示数据
    }
}
class Data //此类封装要显示的数据
{
    private int number;
    public Data(int number)
    {
        this.number = number;
```

```
    }
    public int getData()
    {
        return this.number;
    }
}
class ShowDataA //表示输出模块 A
{
    public void show()
    {
        Data data = Demo12_13.threadScopeData.get();//从当前线程中拿到数据
        System.out.println("模块 A 从" + Thread.currentThread().getName() + "
                        取出的数据是:" + data.getData());
    }
}
class ShowDataB//表示输出模块 B
{
    public void show()
    {
        Data data = Demo12_13.threadScopeData.get();//从当前线程中拿到数据
        System.out.println("模块 B 从" + Thread.currentThread().getName() + "
                        取出的数据是:" + data.getData());
    }
}
public class Demo12_13
{
    //创建 ThreadLocal 对象,存储 Data 类型的数据
    public static ThreadLocal<Data> threadScopeData = new ThreadLocal<Data>();
    public static void main(String args[])
    {
        for(int i = 0;i<3;i ++ )
        {
            DataThread dataThread = new DataThread();
            new Thread(dataThread,"线程" + i).start();//创建线程并启动
        }
    }
}
```

代码某一次的运行结果如下：

```
模块 A 从线程 2 取出的数据是:63
模块 A 从线程 0 取出的数据是:33
模块 A 从线程 1 取出的数据是:14
模块 B 从线程 0 取出的数据是:33
模块 B 从线程 2 取出的数据是:63
模块 B 从线程 1 取出的数据是:14
```

从运行结果可以看出:模块 A 和模块 B 在同一个线程对象中从 ThreadLocal 中取出的数据是相同的,实现了不同模块在同一个线程中获取"同一个"数据的需求。

注意:

(1)ThreadLocal 为每一个线程提供了一个独立的副本。

(2)当一个类中使用了 static 变量,如果多线程环境中每个线程要独享这个 static 变量,此时需要考虑使用 ThreadLocal 来存储这个变量。

练习题

一、选择题

1. 当创建了一个 Thread 类或者其子类的对象后,就可以说明该对象处于________。
   A. 新建态　B. 就绪态　C. 运行态　D. 阻塞态
2. 将一个线程对象从新建态转为就绪态,需要调用的方法是________。
   A. yield()　B. run()　C. start()　D. sleep()
3. 不能被开发人员手动调用的方法是________。
   A. stop()　B. run()　C. start()　D. sleep()
4. 能够将一个线程对象进入阻塞状态的方法是________。
   A. stop()　B. run()　C. start()　D. sleep()
5. 当一个线程对象被 CPU 调度后,执行的方法是________。
   A. run()　B. join()　C. start()　D. stop()
6. 当多个线程对象需要对同一个变量进行操作,那么需要对这多个线程对象进行________操作。
   A. 静态　B. 隔离　C. 同步　D. 死锁
7. 在线程间通信操作过程中,能够将线程对象从阻塞队列唤醒的方法是________。
   A. wait()　B. notify()　C. sleep()　D. join()
8. 能够实现在线程范围内数据共享的类是________。
   A. Thread　B. ThreadGroup　C. ThreadLocal　D. Runnable
9. 能够有返回值的方法是________。
   A. Runnable. run()　B. Thread. sleep()　C. Callable. call()　D. Thread. join()

二、简答题

1. 什么是进程？什么是线程？它们有什么区别与联系？
2. 一个线程对象在其生命周期中会经历哪几种状态？这些状态之间是如何转换的？
3. 如何在 Java 中实现多线程？试简述使用 Thread 类和实现 Runnable 接口两种方法的异同。
4. 什么情况下要采用同步机制？实现同步机制有哪些方式？
5. 什么是死锁，什么情况下会发生死锁？

三、程序设计题

1. 创建三个线程对象，分别命名为 T1、T2、T3，启动这 3 个线程对象，确保 T1 先执行，然后是 T2 执行，最后是 T3 执行。
2. 编写两个线程，第一个线程计算 1～50 的累加和，第二个线程计算 51～100 的累加和，最后把两个线程的结果相加并输出。
3. 对 Demo12_11 进行修改，要求生产者生产 5 次产品、消费者消费 5 次产品后，程序运行就终止。

参考文献

[1]黑马程序员.Java 基础案例教程[M].北京:人民邮电出版社,2019.
[2]黑马程序员.Java 基础入门[M].2 版.北京:清华大学出版社,2018.
[3]陈国君.Java 程序设计基础[M].6 版.北京:清华大学出版社,2019.
[4]张晓龙,吴志祥,刘俊.Java 程序设计简明教程[M].北京:电子工业出版社,2019.
[5]耿祥义,张跃平.Java 2 实用教程[M].5 版.北京:清华大学出版社,2017.
[6]王维虎,刘忠,李从.JAVA 程序设计[M].武汉:华中科技大学出版社,2013.
[7]段新娥,贾宗维.Java 程序设计教程[M].北京:人民邮电出版社,2015.
[8]张晓龙,吴志祥,刘俊.Java 程序设计简明教程[M].北京:电子工业出版社,2018.
[9]赵国玲,王宏,柴大鹏.Java 语言程序设计[M].2 版.北京:机械工业出版社,2010.